当代中国建筑实录
CONTEMPORARY CHINESE 第2辑 ARCHITECTURE RECORDS Ⅱ

黄元炤 主编

中国建筑工业出版社

图书在版编目（CIP）数据

当代中国建筑实录 . 第 2 辑 = CONTEMPORARY CHINESE
ARCHITECTURE RECORDS Ⅱ / 黄元炤主编 . -- 北京：中
国建筑工业出版社，2024.12. -- ISBN 978-7-112
-30532-2

Ⅰ. TU206

中国国家版本馆 CIP 数据核字第 2024FW6576 号

策　　划：陆新之
责任编辑：刘　丹　刘　静　黄习习
文字编辑：郑诗茵　赵　赫
书籍设计：张悟静
数字编辑：魏　鹏
责任校对：王　烨

当代中国建筑实录　　第 2 辑
CONTEMPORARY CHINESE ARCHITECTURE RECORDS Ⅱ
黄元炤　主编

*
中国建筑工业出版社出版、发行（北京海淀三里河路 9 号）
各地新华书店、建筑书店经销
北京雅盈中佳图文设计公司制版
北京富诚彩色印刷有限公司印刷
*
开本：880 毫米 ×1230 毫米　1/16　印张：26　字数：636 千字
2025 年 5 月第一版　2025 年 5 月第一次印刷
定价：199.00 元
ISBN 978-7-112-30532-2
　　（43821）

前言

当今建筑书籍浩如烟海，但缺乏一部能够全方位展示当代中国建筑创作新发展、新思维、新理念的图书。

为反映中国建筑创作百花齐放的盛景，记录当代中国建筑创作实践历程，向世界推介我国优秀建筑师和建筑作品，弘扬当代中国先进建筑文化，引领当代建筑创作实践，中国建筑出版传媒有限公司（中国建筑工业出版社，简称建工社）策划了《当代中国建筑实录》（简称《实录》）。

《实录》是当代中国建筑创作实践的大记录、大检阅、大总结，代表我国当代建筑师群体创作水准的建筑作品合集。两年前《实录》（第1辑）出版后，引起国内建筑设计行业的强烈反响，并受到国际建筑界的广泛关注。

为将《实录》打造成为我国建筑图书优秀品牌，寻找中国好建筑，寻找中国更多优秀建筑师，建工社将继续秉持长期主义宗旨，通过高质量、高标准的策划与组织，以每两年一辑的方式陆续出版《实录》。经严格的审核和编校工作，《实录》（第2辑）今正式发行。

《实录》（第2辑）收录的近百个项目，以我国建成作品为对象，不限建筑类型和规模，不限建筑创作主体，建成时间为2022年1月1日至2023年12月31日，具有广泛性、先进性、典型性、当代性、开创性等特点，全面展示当代中国建筑创作的生动实践。

《实录》（第2辑）采用定版设计，每个作品4页，内容包括项目介绍、设计说明、建成实景图片和技术图纸。为扩展图书容量，作品首页设置了二维码，扫码即可阅读该作品的视频和更多的图片、图纸信息，带来"纸数交互"的阅读新体验。章节目录按建筑类型划分，每一类型按照建成时间倒序排列。同一年的建成作品，以项目名称首字的汉语拼音字母排序。

《实录》（第2辑）采用先进印刷工艺，完美呈现建筑实景图片和CAD技术图纸。其书籍设计和印装品质，是国内建筑图书当之无愧的"天花板"，达到了国际一流水准。

我非常荣幸受建工社委托来完成本书的组织编写工作。本书是集大成之作，汇聚了众人智慧，过程之艰难超乎想象。从整体策划、拟定框架、多方约稿、反复校核到最终出版，得到了业界建筑师的广泛支持。感谢每一位供稿的建筑师在出版过程中精益求精、不厌其烦地修改。书中所有素材都由建筑师所属设计单位提供，作品著作权归设计单位所有。

感谢丛书策划陆新之先生的大力支持，感谢本书编辑刘丹、刘静、黄习习、郑诗茵、赵赫，书籍设计张悟静，数字编辑魏鹏等同志，为本书出版所付出的努力。

本书为《实录》系列第2辑，希望读者能更多地了解当代中国新建筑和建筑师群体，学习优秀建筑师的创作理念和创作手法，也期待本书能促进中国建筑界学术交流和建筑文化传播，并在世界舞台上展现当代中国建筑师的风采和作品，讲好中国建筑故事，传递中国建筑师声音。

我期待在广大建筑师同仁的帮助下，秉持立足当下、面向未来，立足中国、面向世界的宗旨，将《实录》系列做成反映当代中国建筑创作实践的优秀范本。

受本人学识所限，本辑所收录项目如有不妥或疏漏，敬请广大读者批评指正。

黄元炤

2025年3月

目录

博览·观演

教科 · 文化

商业 · 休闲娱乐

餐饮·旅馆民宿

体育·医疗

工业物流 · 交通

居住 · 办公

CONTEMPORARY
CHINESE ARCHITECTURE
RECORDS II

当代中国建筑实录 2

博览 · 观演
Exhibition & Performance

北京大运河博物馆（首都博物馆东馆）
The Grand Canal Museum of Beijing（Capital Museum East Branch）

扫码观看
更多内容

开发单位：首都博物馆 / 北京城市副中心投资建设集团有限公司
设计单位：中国建筑设计研究院有限公司
合作单位：法国 AREP 设计集团
项目地点：北京市通州区
设计 / 建成时间：2018 年 / 2023 年

主持建筑师：崔愷
主要设计人员：崔愷，景泉，李静威，任庆英，吴南伟，郑旭航，
　　　　　　　王哲宁，黎靓，徐松月，刘文琬，杨杰，朱琳，杜江，
　　　　　　　汪春华，常立强，唐艺，郑爱龙，关午军，申韬，
　　　　　　　韩文文，顾大海，滕飞

获奖情况
2023 年 中国钢结构金奖、中国钢结构金奖年度杰出工程大奖

技术经济指标
结构体系：钢筋混凝土隔震框架结构 + 钢结构屋盖
主要材料：石材，玻璃，铝合金，竹木
用地面积：102350m²　　　　　建筑面积：99700m²
绿地率：27%　　　　　　　　停车位：222 个

　　北京大运河博物馆（首都博物馆东馆）坐落在北京城市副中心城市绿心西北部、京杭大运河南侧，是一座特大型综合类博物馆。设计方案取意"运河之舟"，建筑分为共享大厅和展陈大楼两部分。北侧的共享大厅如同停靠在漕运码头的大木船，南侧的展陈大楼则像 5 片高高扬起的洁白风帆，两者之间是开放的运河水街，形成一幅繁荣、浪漫的运河画卷。展陈大楼以展览、陈列功能为主，共享大厅则为文化体验、公共服务、社会教育等灵活开放空间，两者相对独立又彼此联系，实现自然的动静分区，满足当代博物馆多元化服务的需求。展陈大楼地下设有 1.8 万 m² 的隔震层，确保馆舍、文物、仪器设备免受地震损坏。建筑综合运用地源热泵、光伏发电、高性能立面等技术，达到国家绿色建筑三星级标准，每年可减排二氧化碳近 5000t。

夜景

自西向东看水街

远眺全景

003

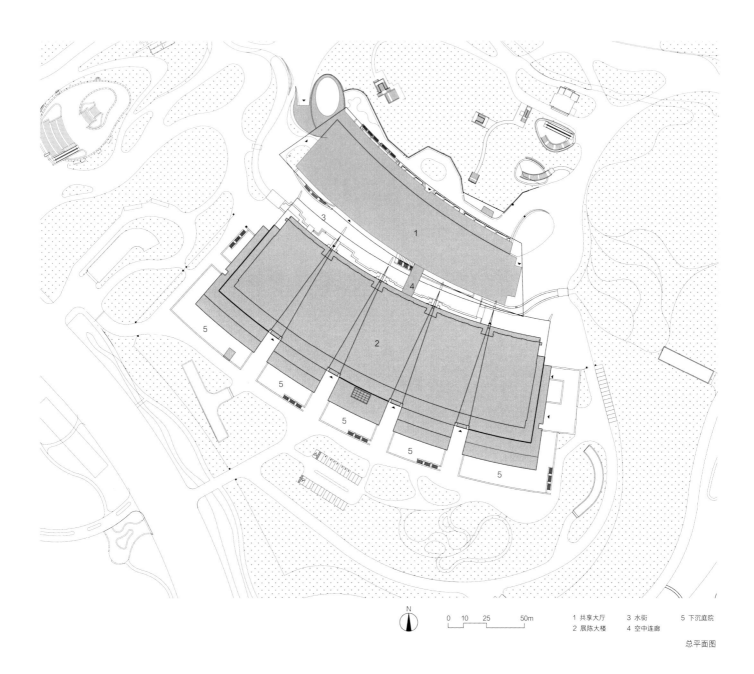

N

0 10 25   50m

1 共享大厅　　3 水街　　　5 下沉庭院
2 展陈大楼　　4 空中连廊

总平面图

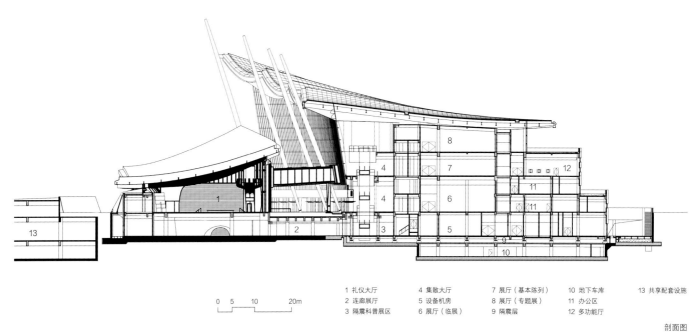

0 5 10   20m

1 礼仪大厅　　4 集散大厅　　7 展厅（基本陈列）　10 地下车库　　13 共享配套设施
2 连廊展厅　　5 设备机房　　8 展厅（专题展）　　11 办公区
3 隔震科普展区　6 展厅（临展）　　9 隔震层　　　　12 多功能厅

剖面图

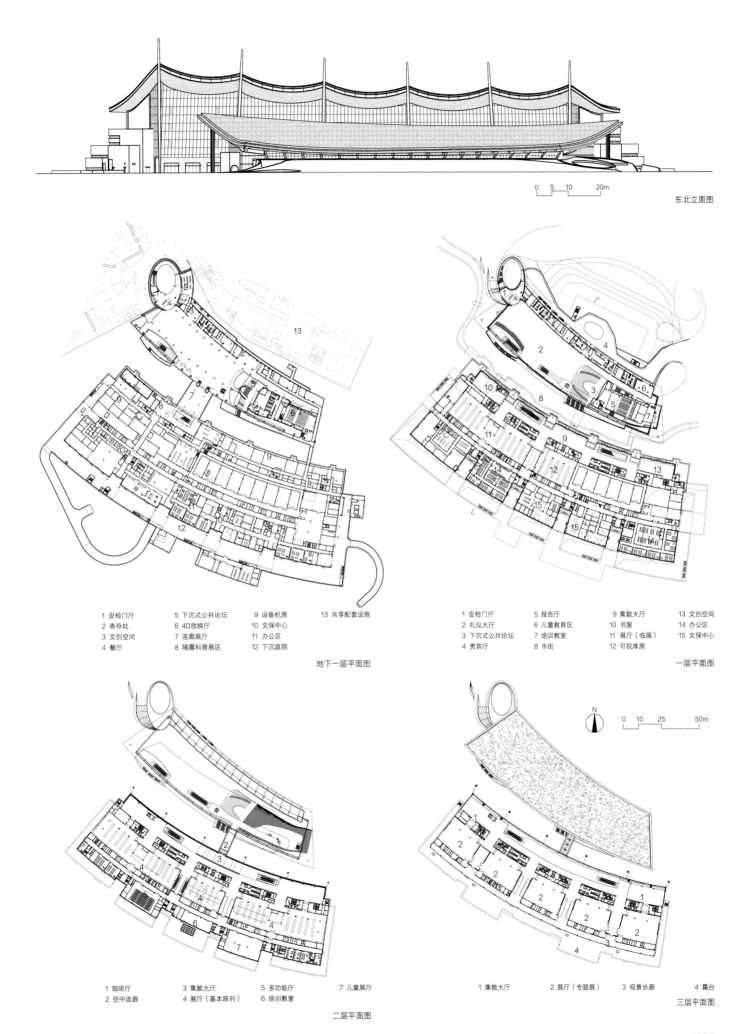

东北立面图

0 5 10   20m

地下一层平面图

1 安检门厅	5 下沉式公共论坛	9 设备机房	13 共享配套设施
2 寄存处	6 4D放映厅	10 文保中心	
3 文创空间	7 连廊展厅	11 办公区	
4 餐厅	8 隔震科普展区	12 下沉庭院	

一层平面图

1 安检门厅	5 报告厅	9 集散大厅	13 文创空间
2 礼仪大厅	6 儿童教育区	10 书屋	14 办公区
3 下沉式公共论坛	7 培训教室	11 展厅（临展）	15 文保中心
4 贵宾厅	8 水街	12 可视库房	

二层平面图

1 咖啡厅	3 集散大厅	5 多功能厅	7 儿童展厅
2 空中连廊	4 展厅（基本陈列）	6 培训教室	

三层平面图

N

0 10 25   50m

1 集散大厅	2 展厅（专题展）	3 观景长廊	4 露台

红盒子
Red Box

开发单位：南京工程机械厂有限公司
设计单位：米思建筑设计事务所
项目地点：江苏省南京市鼓楼区
设计 / 建成时间：2021 年 / 2023 年

主持建筑师：周苏宁
主要设计人员：吴子夜，杨科，史倩，唐涛
结构顾问：上海源规建筑结构设计事务所
灯光顾问：麓米照明设计（上海）有限公司
施工图设计：南京兴华建筑设计研究院股份有限公司

技术经济指标
结构体系：钢+混凝土结构
主要材料：红色清水混凝土，红色水磨石，钢，玻璃
用地面积：760m²
建筑面积：700m²

这是一座红房子，我们称之为红盒子。红盒子位于南京红山之麓，在一片绿色茂林的衬托下，红色雕塑般的体积感使之与众不同。红盒子采用红色清水混凝土浇筑而成。红色回应环境，具有具象与抽象双重含义：首先回应周边原有厂房建筑红砖之红，采用的木模板宽度与红砖尺寸相近，为有形具象之红；其次回应红山之红，山无红，山名有红，为无形抽象之红。

红盒子与自然紧密相连。首层两个主要使用空间均对应各自的院落：西侧空间西面正对的水院围绕基地内一棵保留大树，一圈围廊围绕着一片如镜水面，季候变换，叶落叶生，光影莫测；东侧空间南面则对着一方松院，四季常青。二层两个主要空间均面向红山森林敞开，南侧为露台，使红山融进红盒子。

二楼空间布展（光之盒）

楼梯与展示大厅

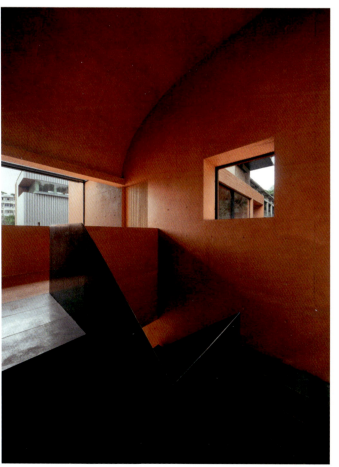

楼梯过道空间

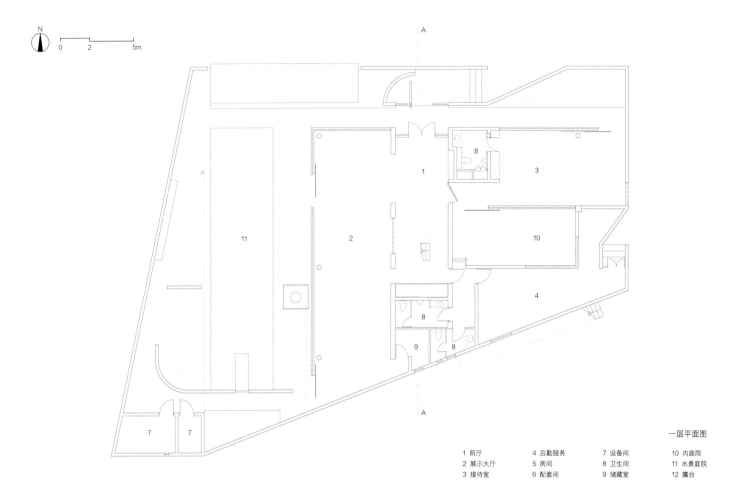

N

0 2   5m

A

A

0 2   5m

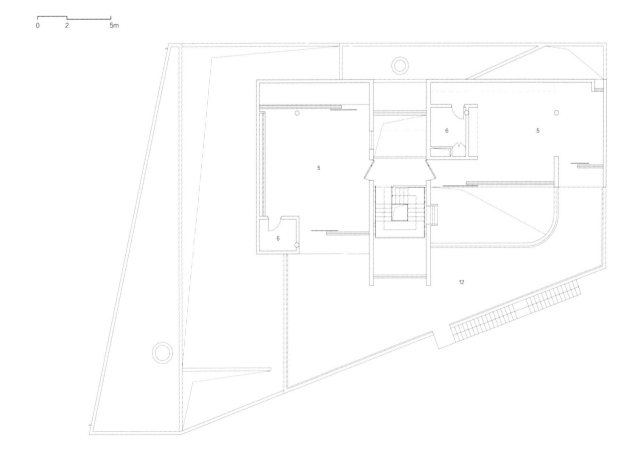

二层平面图

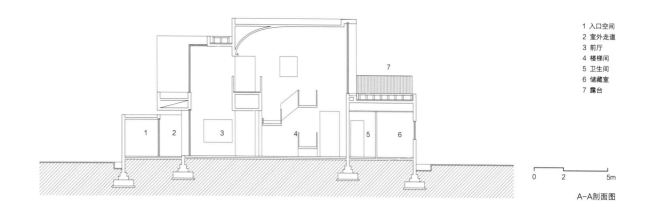

1 入口空间
2 室外走道
3 前厅
4 楼梯间
5 卫生间
6 储藏室
7 露台

0　2　5m

A-A剖面图

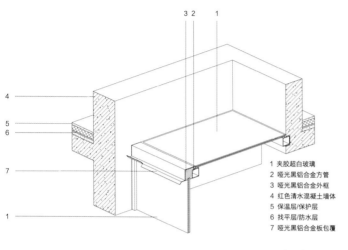

1 夹胶超白玻璃
2 哑光黑铝合金方管
3 哑光黑铝合金外框
4 红色清水混凝土墙体
5 保温层/保护层
6 找平层/防水层
7 哑光黑铝合金板包覆

天窗区域节点大样

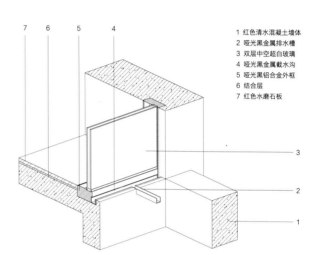

1 红色清水混凝土墙体
2 哑光黑金属排水槽
3 双层中空超白玻璃
4 哑光黑金属截水沟
5 哑光黑铝合金外框
6 结合层
7 红色水磨石板

落地窗台节点大样

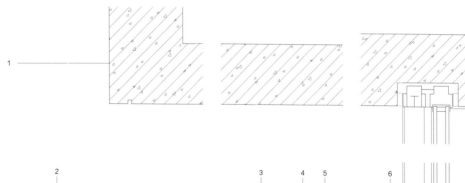

1 200mm厚现浇红色清水混凝土外墙
2 600mm×600mm×30mm中国黑花岗岩
　石板支撑器
3 预埋排水管
4 预埋溢流管
5 25mm厚预制红色水磨石板，
　120mm×120mm×5mm 预埋热镀锌钢板
6 镀锌钢排水沟
7 20mm厚水泥砂浆保护层，
　聚合物水泥防水涂料，涂刷3遍，
　最薄 20mm厚水泥砂浆找平层，
　150mm厚钢筋混凝土，
　100mm厚混凝土垫层，
　100mm厚碎石垫层，
　素土夯实

庭院水池区域节点大样

世界计算・长沙智谷——数字空间站

Digital Space Station in Changsha Intelligent Valley

扫码观看
更多内容

开发单位：长沙麓谷城市发展建设有限公司
设计单位：WCY 地方工作室 / 湖南大学设计研究院有限公司
合作单位：中国建筑科学研究院有限公司
项目地点：湖南省长沙市湘江新区
设计 / 建成时间：2021 年 / 2023 年

主持建筑师：魏春雨
结构师：肖从真
主要设计人员
WCY 地方工作室：蒋康宁，曹开元，张添翼，游佑萱，张懿，裴伟华，
　　　　　　　　燕良峰，潘旭阳，刘骞，张广宁，黄文琦，
　　　　　　　　杜城汐（实习），陈奕彤（实习），官小楚（实习），
　　　　　　　　赵芃昊（实习），韦雨彤（实习），王一欣（实习），
　　　　　　　　刘传奇（实习）
湖南大学设计研究院有限公司：郭健，汪刘英，孙建辉，黄频，康旦，
　　　　　　　　　　　　　　康迪，张海洋，伍俊，刘剑，吴逊，
　　　　　　　　　　　　　　毛颖杰，罗轶伦，郑少平，段煜钦，
　　　　　　　　　　　　　　刘质宽，钟鸣，刘付华
中国建筑科学研究院有限公司：姜鋆，杨博

技术经济指标
结构体系：钢支撑框架 + 钢筋混凝土核心筒组合结构
主要材料：清水混凝土，钢，张拉铝网，泡沫铝板
用地面积：93578m²　　　　　建筑面积：12305m²
绿地率：16%　　　　　　　　停车位：186 个（E12 地块）

梳理建设方诉求及场地的线索，似乎都存在着二元对立：工业建筑与文化建筑、科技性与文化性、荒芜杂乱的城郊环境与展望中的城市客厅定位。

以往体现科技性，往往采用空的、轻的、透明的、反光的材料，而建筑与土地的关系一般采取锚固式的"密接"或"硬接"，这种材料与锚固的表达或多或少体现着科技的力量。相较于惯常的表达，设计尝试提出悬浮的"浮石"图式，以期颠覆以往的锚固方式。从锚固的到悬浮的，是对科技与建筑内在逻辑的思辨：基于材料学与结构力学的持续发展，建筑抵抗重力的结构建构也是一种科技力量的直接体现。

悬浮的"浮石"区别于锚固式建筑与土地的关系，它在"浮石"与土地之间存在一种"空"的关系，这种关系可以在不增加建筑基底面积的情况下，创造出一个既非室内、也非室外的"第三空间"。这种权属相对模糊、"非功能"的空间，不同于锚固式建筑与城市图底清晰、界限鲜明，它旨在模糊城市、建筑之间的边界，扩大城市生活的交往空间，为文化活动提供载体。

自此，悬浮的操作实现了意义上的隐喻：数字科技的力量。它可以改变我们的传统认知与行为模式，改变传统表达科技的语言；并且"浮石"自身体现科技，它与土地之间的"空"，亦可作为场所承载多种活动。

展厅室内一隅

西南角檐板、基台限定的城市空间

沿街西立面

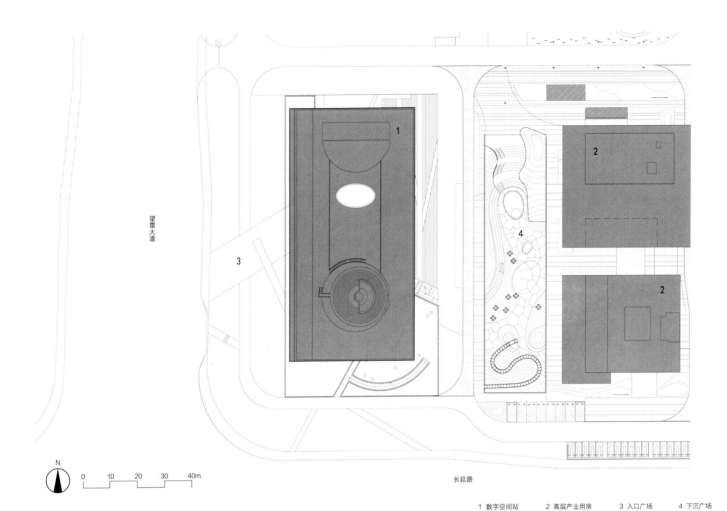

望雷大道

长延路

1 数字空间站　　　2 高层产业用房　　　3 入口广场　　　4 下沉广场

总平面图

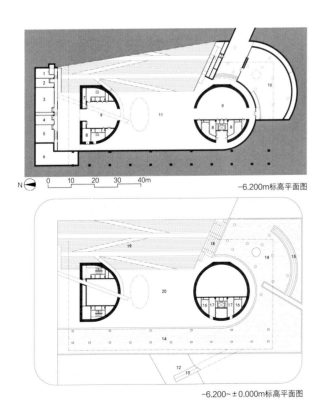

−6.200m标高平面图

−6.200~±0.000m标高平面图

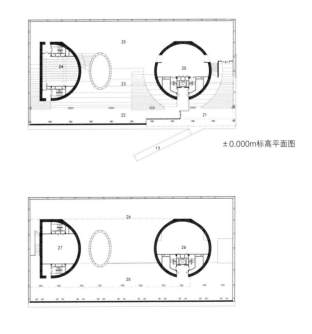

±0.000m标高平面图

7.900m标高平面图

1 设备用房	6 消防水池	11 "穴居"下沉广场	16 卫生间上空	21 半室外空间	26 展览大厅上空
2 数据机房	7 配电间	12 入口广场	17 设备间上空	22 入口大厅	27 多功能厅上空
3 消防控制室	8 送风机房	13 入口坡道	18 无障碍坡道	23 展览阶梯	
4 生活水泵房	9 架空展示空间	14 景观水池	19 下沉台阶	24 多功能厅	
5 消防水泵房	10 招商展示中心	15 下沉坡道	20 "穴居"下沉广场上空	25 展览大厅	

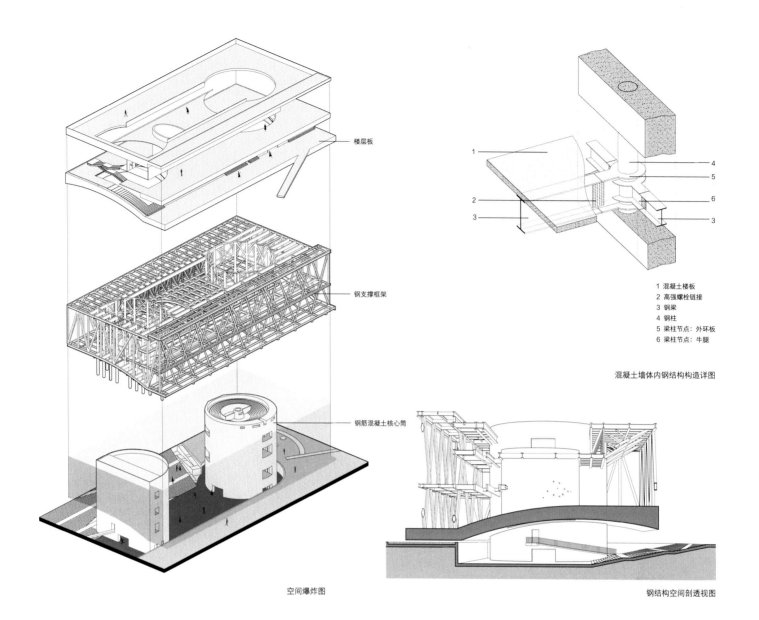

楼层板

钢支撑框架

钢筋混凝土核心筒

空间爆炸图

1 混凝土楼板
2 高强螺栓链接
3 钢梁
4 钢柱
5 梁柱节点：外环板
6 梁柱节点：牛腿

混凝土墙体内钢结构构造详图

钢结构空间剖透视图

1 仿清水混凝土屋面   5 3mm厚张拉铝网板   1 入口门厅
2 钢结构斜撑腹杆   6 架空复合木地板   2 阶梯展览
3 12mm厚泡沫铝板内饰面   7 清水混凝土挂板   3 展览大厅
4 3mm厚氟碳铝板外饰面   8 清水混凝土地面   4 "穴居"下沉广场
                                                         5 屋顶室外庭院

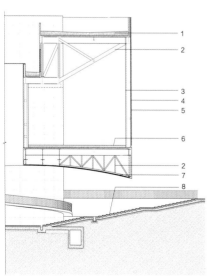

墙身节点大样图

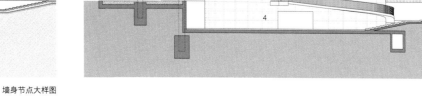

剖面图

三星堆古蜀文化遗址博物馆
Sanxingdui Ancient Shu Culture Site Museum

开发单位：四川广汉三星堆博物馆
设计单位：中国建筑西南设计研究院有限公司
项目地点：四川省广汉市
设计 / 建成时间：2021 年 / 2023 年

主持建筑师：刘艺
主要设计人员：肖波，杨扬，杨鹏程，沙澎，万雅玲，辛振，杨文，
　　　　　　　赖程钢，杨久洲，刘帅，杨玲，魏明华，文玲，李慧，
　　　　　　　徐建兵，敖发兴，董彪，吴寰，张灿，李文婷，陈宏宇，
　　　　　　　许东亮，胡芳

获奖情况
2023 年　第十三届"创新杯"建筑信息模型应用大赛一等奖
2023 年　ArchDaily 世界百大建筑

技术经济指标
结构体系：钢结构
主要材料：花岗石，玻璃
用地面积：316567m²
建筑面积：54400m²
绿地率：78%

三星堆遗址位于成都以北 40km，广汉城西鸭子河畔。三星堆古蜀文化遗址博物馆（简称新馆）总面积约 54400m²，在 16 个月内建成，承担全部文物展览和游客服务功能。

"整与零"

新馆不是一个孤立项目，而是着眼于整个园区功能和流线的重新梳理。设计重新规划了整个园区的参观动线，让园区重新融合成为一个整体。同时新馆采用化整为零的手法拆分体量，让新馆与老馆、园区尺度相宜。

"显与隐"

遗址区的建筑需要在显与隐之间找到平衡。建筑被构想为一片隆起的地景——三个沿中轴排列、连绵起伏的堆体望向遗址，屋顶采用斜坡覆土形态，使建筑消隐地融入场地，寓意"堆列三星"。堆体外墙上的巨大"眼睛"赋予立面生动的表情，也是室内空间的采光窗口。

"新与旧"

设计将老馆经典的螺旋曲线外墙延续发展，作为三个堆体外形和空间的控制曲线，生成独特的形体韵律。"眼睛"内部在中庭的环形青铜坡道螺旋向下，与二号馆环绕青铜神树螺旋向上的中庭遥相呼应，形成新旧建筑之间的对话与传承。在二层边庭的开放式剧场，游客可透过"眼睛"欣赏老馆与遗址的景色。

新馆落成后持续火热，节假日日均参观人数超过两万人，一票难求。

凝望遗址区之"眼"

中庭的"时空螺旋"是馆内动线的枢纽

"堆列三星"的建筑形态

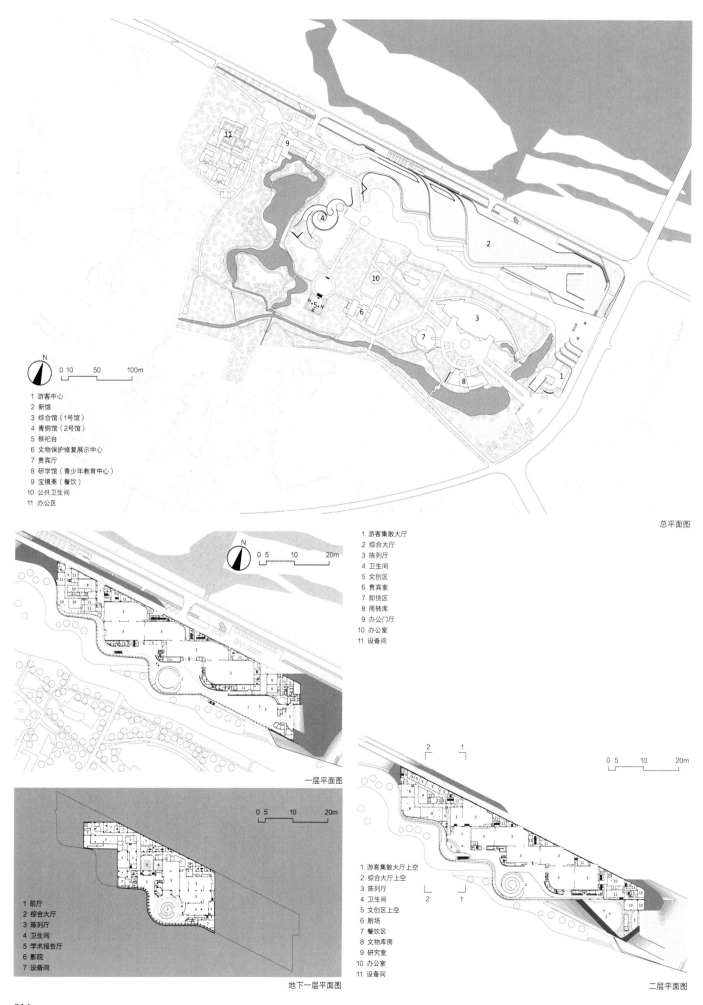

总平面图

1 游客中心
2 新馆
3 综合馆（1号馆）
4 青铜馆（2号馆）
5 祭祀台
6 文物保护修复展示中心
7 贵宾厅
8 研学馆（青少年教育中心）
9 宝镜斋（餐饮）
10 公共卫生间
11 办公区

1 游客集散大厅
2 综合大厅
3 陈列厅
4 卫生间
5 文创区
6 贵宾室
7 卸货区
8 周转库
9 办公门厅
10 办公室
11 设备间

一层平面图

1 前厅
2 综合大厅
3 陈列厅
4 卫生间
5 学术报告厅
6 影院
7 设备间

地下一层平面图

1 游客集散大厅上空
2 综合大厅上空
3 陈列厅
4 卫生间
5 文创区上空
6 剧场
7 餐饮区
8 文物库房
9 研究室
10 办公室
11 设备间

二层平面图

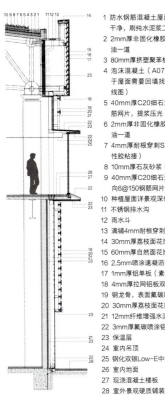

1 防水钢筋混凝土屋面板（抗渗等级P6），基层处理干净，刷纯水泥浆二道（水灰比0.4~0.5）抹平
2 2mm厚非固化橡胶沥青防水涂料，施工前刷冷底子油一道
3 80mm厚挤塑聚苯板XPS（B₁级）专用粘接剂满粘
4 泡沫混凝土（A07）回填找平，表面提浆压光（用于屋面需要回填找坡的区域，厚度详屋面回填等高线图）
5 40mm厚C20细石混凝土找平，内配双向6@150钢筋网片，提浆压光
6 2mm厚非固化橡胶沥青防水涂料，施工前刷冷底子油一道
7 4mm厚耐根穿刺SBS弹性改性沥青防水卷材（同材性胶粘接）
8 10mm厚石灰砂浆（白灰浆），石灰膏：砂=1：4
9 40mm厚C20细石混凝土（加5%防水剂），内配双向6@150钢筋网片，提浆压光
10 种植屋面详景观深化设计
11 不锈钢排水沟
12 雨水斗
13 满铺4mm耐根穿刺防水卷材，2mm聚脲防水保护层
14 30mm厚荔枝面花岗石压顶
15 60mm厚自然面花岗石开放式石材幕墙
16 2.5mm喷涂速凝沥青防水涂料
17 1mm厚铝单板（素板）
18 4mm厚拉网铝板双面喷涂
19 钢龙骨，表面氟碳喷涂
20 30mm厚荔枝面花岗石挂板
21 12mm纤维增强水泥板，表面质感涂料
22 3mm厚氟碳喷涂铝板
23 保温层
24 室内吊顶
25 钢化双银Low-E中空（充氩气）夹角玻璃（全超白）
26 室内地面
27 现浇混凝土楼板
28 室外景观硬质铺装

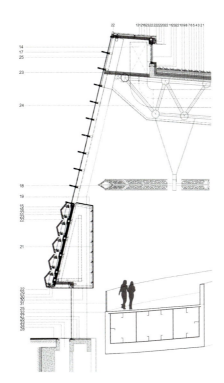

1 防水钢筋混凝土屋面板（抗渗等级P6），基层处理干净，刷纯水泥浆二道（水灰比0.4~0.5）抹平
2 2mm厚非固化橡胶沥青防水涂料，施工前刷冷底子油一道
3 80mm厚挤塑聚苯板XPS（B₁级）专用粘接剂满粘
4 泡沫混凝土（A07）回填找平，表面提浆压光（用于屋面需要回填找坡的区域，厚度详屋面回填等高线图）
5 40mm厚C20细石混凝土找平，内配双向6@150钢筋网片，提浆压光
6 2mm厚非固化橡胶沥青防水涂料，施工前刷冷底子油一道
7 4mm厚耐根穿刺SBS弹性改性沥青防水卷材（同材性胶粘接）
8 10mm厚石灰砂浆（白灰浆），石灰膏：砂=1：4
9 40mm厚C20细石混凝土（加5%防水剂），内配双向6@150钢筋网片，提浆压光
10 种植屋面详景观深化设计
11 防雨百叶
12 3mm铝单板盒子（素板）
13 50mm厚砾石，粘接固定
14 风管
15 花岗石石材幕墙（弧段80mm厚，直段60mm厚）
16 2.5mm喷涂速凝沥青防水涂料
17 氧化铜绿色铜蜂窝板防水材料
18 吊灯
19 室内不锈钢吊顶
20 30mm厚荔枝面花岗石石材幕墙
21 混凝土装饰挂板
22 3mm厚氟碳喷涂铝板
23 保温层
24 室内吊顶
25 钢化双银Low-E中空（充氩气）夹胶玻璃（全超白）
26 室内地面
27 现浇混凝土楼板
28 室外景观硬质铺装
29 泛光灯具
30 不锈钢吊顶
31 室内玻璃栏板
32 仿铜不锈钢板
33 风井
34 景观金属格栅

外墙节点详图

2-2剖面图

1-1剖面图

3-3剖面图

1-1剖面图

太仓美术馆
Taicang Art Museum

扫码观看
更多内容

开发单位：太仓市文体广电和旅游局
设计单位：同济大学建筑设计研究院（集团）有限公司
项目地点：江苏省太仓市
设计/建成时间：2019年/2023年

主持建筑师：李立
主要设计人员：冷先强，陈继良，宋丹峰，李霁原，孙士博，张溯之

技术经济指标
结构体系：钢筋混凝土框架，框架-剪力墙结构，钢结构
主要材料：白色清水混凝土
用地面积：17631m² 　　　建筑面积：16650m²
绿地率：40% 　　　停车位：70个

"苏湖熟，天下足"。历史文化名城太仓所在的区域经济发达、文风兴盛，这里曾诞生了在中国美术史上具有重要影响力的"娄东画派"，其私家园林之盛，亦有甲东南之誉。太仓美术馆基地毗邻太仓市新城中心，场地平坦规整，周围是已经建造成形的各类居住、教育、商业办公以及公共绿地。在这块中心区仅存的空地中，建筑师面临的核心问题是如何塑造与太仓传统文脉相承的当代艺术空间。

当代艺术空间的尺度日趋宏大，与传统文人画的创作时空是一对明显的矛盾。在双向的思考中，我们尝试通过对具身性园林空间尺度的抽取与重构，建立一种当代语境下的园林空间秩序，营造与传统园林空间和而不同的空间氛围。为了强调空间的抽象性与当代性，建筑整体材料选用白色清水混凝土一体成型，室内外材料质感统一，建筑的体量感和空间的纯粹性得以呈现。

在尺度回溯的基础上，建筑功能设计突出美术馆的公共性，将当代的艺术展示与公共空间活动相结合，形成美术馆展览、文创、休闲、教育等多功能复合的空间结构，将太仓美术馆打造成可观、可游、可望、可想的开放性公共艺术空间。

现代水院

室内的行走观景体验

厚重的清水混凝土密肋梁体系营造的光影空间

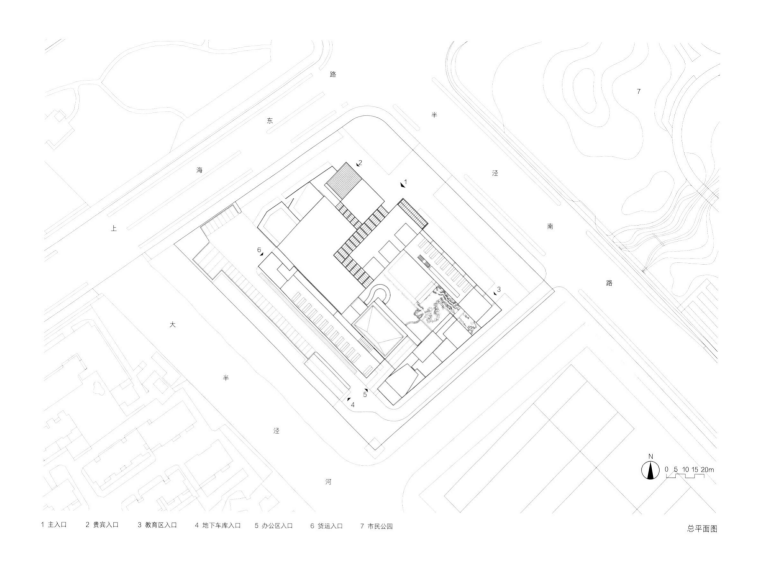

1 主入口　　2 贵宾入口　　3 教育区入口　　4 地下车库入口　　5 办公区入口　　6 货运入口　　7 市民公园

总平面图

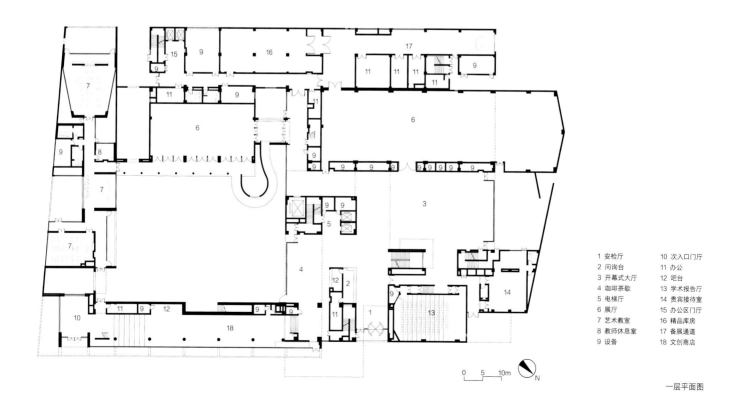

1 安检厅	10 次入口门厅
2 问询台	11 办公
3 开幕式大厅	12 吧台
4 咖啡茶歇	13 学术报告厅
5 电梯厅	14 贵宾接待室
6 展厅	15 办公区门厅
7 艺术教室	16 精品库房
8 教师休息室	17 备展通道
9 设备	18 文创商店

一层平面图

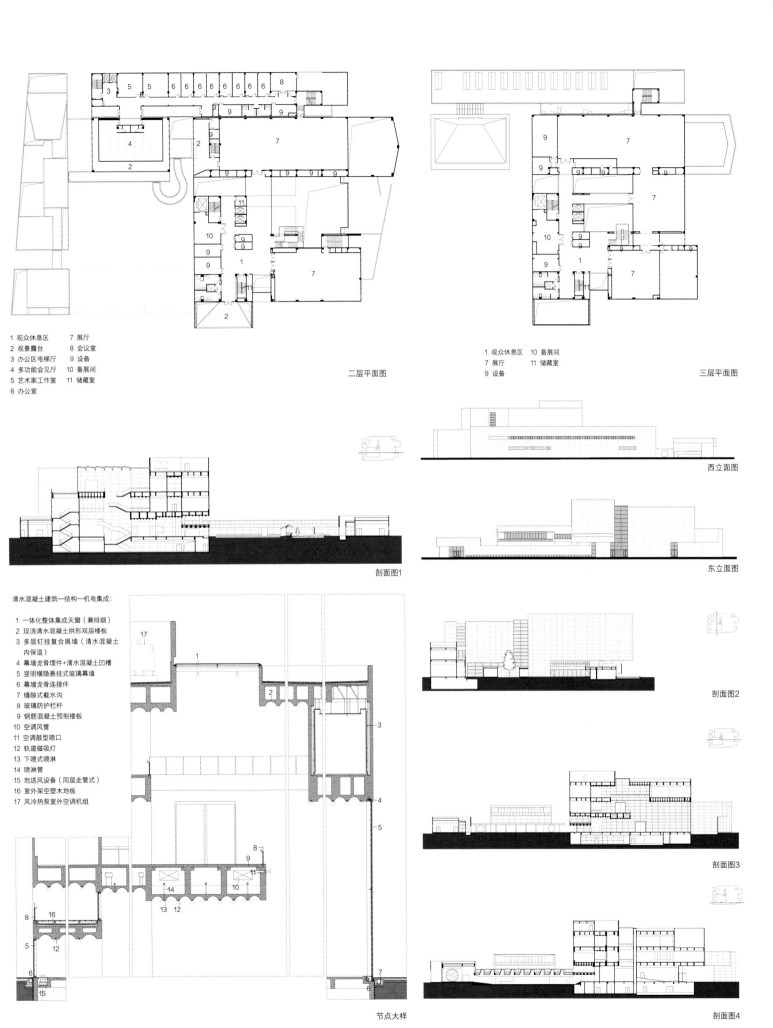

1 观众休息区　　7 展厅
2 观景露台　　　8 会议室
3 办公区电梯厅　9 设备
4 多功能会见厅　10 备展间
5 艺术家工作室　11 储藏室
6 办公室

二层平面图

1 观众休息区　　10 备展间
7 展厅　　　　　11 储藏室
9 设备

三层平面图

剖面图1

清水混凝土建筑—结构—机电集成：

1 一体化整体集成天窗（兼排烟）
2 现浇清水混凝土拱形双层楼板
3 多层钉挂复合墙（清水混凝土
　内保温）
4 幕墙龙骨埋件+清水混凝土凹槽
5 竖明横隐悬挂式玻璃幕墙
6 幕墙龙骨连接件
7 缝隙式截水沟
8 玻璃防护栏杆
9 钢筋混凝土预制楼板
10 空调风管
11 空调鼓型喷口
12 轨道磁吸灯
13 下喷式喷淋
14 喷淋管
15 地送风设备（同层走管式）
16 室外架空塑木地板
17 风冷热泵室外空调机组

节点大样

西立面图

东立面图

剖面图2

剖面图3

剖面图4

021

"同源馆·行政同属"展馆
In-between Pavilion

开发单位：深圳市南山区建筑工务署
设计单位：迹·建筑事务所（TAO）
合作单位：深圳市博万建筑设计事务所
项目地点：广东省深圳市南山区
设计／建成时间：2020 年／2023 年

主持建筑师：华黎
主要设计人员：华黎，许挺，张政远，栗若昕，张婧仪，
　　　　　　　谢依澄，王喆

技术经济指标
结构体系：钢框架结构
主要材料：钢，混凝土，柔性金属网，水泥纤维板，超白玻璃，
　　　　　半透明玻璃，防腐木
用地面积：150m²
建筑面积：506m²

　　"同源馆·行政同属"展馆是深圳南头古城城市更新项目之一，展馆向游客讲述了以南头为中心的珠江口地区政治权利变化与复杂地理环境之间相互塑造的故事。

　　项目通过见缝插针的形式进行加减与拆改，外层采用轻质金属表皮，以一种轻盈、柔软的姿态回应城中村瞬时变换的空间环境。同时，为呼应城市空间的进退与联系，底层街巷中的建筑体量与外层表皮脱离，以后退的方式，将空间让与城市，供行人通过、窥探；建筑框架结构体系以斜柱的形式，生成多种不同的空间形态，体现轻盈的结构美感。缠绕建筑而上的垂直漫游路径，将公共领域渗透到建筑的周边及屋顶，为访客提供不同高度和视角下城中村独特的城市景观体验。

　　作为南头古城保护与利用项目历史与文化的叙事载体，展馆以柔和轻盈的姿态衔接起南头古城的新与旧、当代与历史、公共与私密，重构公共开放空间，并将其持续融入周边有机生长的变化当中，为南头带来更加多元、富有活力的空间体验。

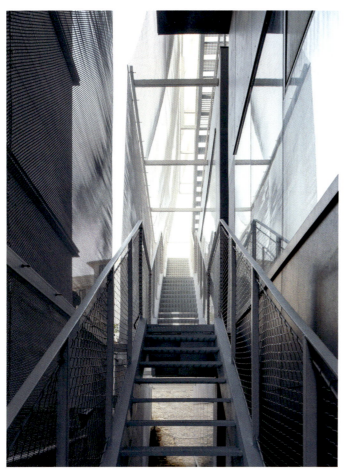

竖向交通空间

建筑远景

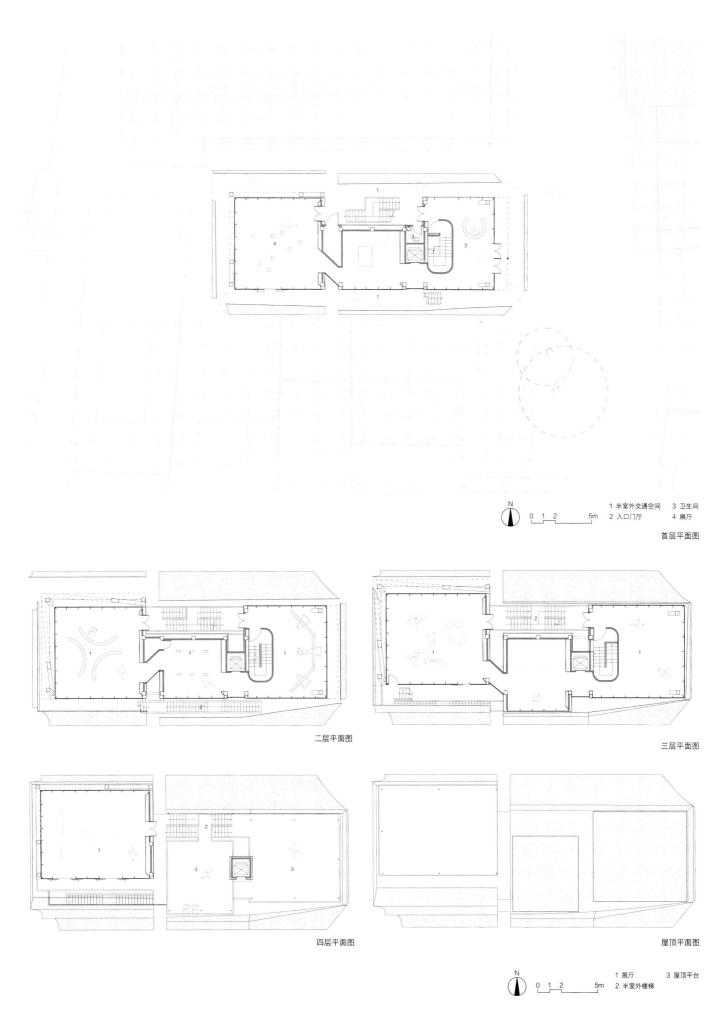

N

0 1 2　　5m

1 半室外交通空间　3 卫生间
2 入口门厅　　　　 4 展厅

首层平面图

二层平面图

三层平面图

四层平面图

屋顶平面图

N

0 1 2　　5m

1 展厅　　　　 3 屋顶平台
2 半室外楼梯

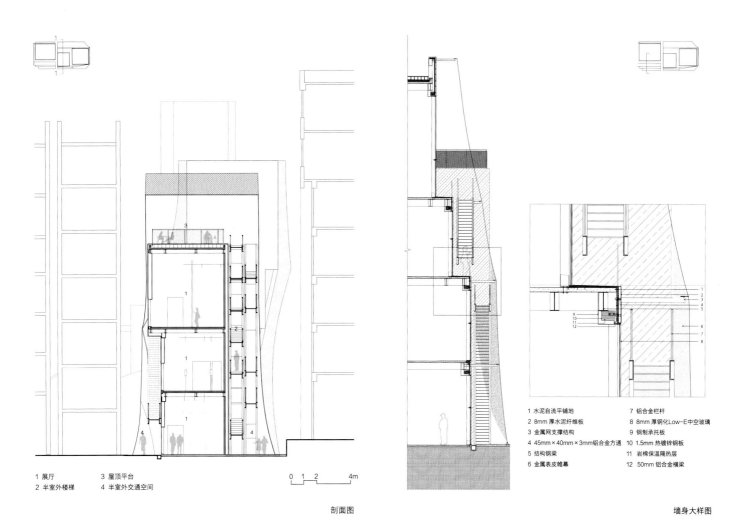

1 展厅　　　　　　　　3 屋顶平台
2 半室外楼梯　　　　　4 半室外交通空间

0　1　2　　　　4m

剖面图

1 水泥自流平铺地　　　　　　7 铝合金栏杆
2 8mm 厚水泥纤维板　　　　　8 8mm 厚钢化Low-E中空玻璃
3 金属网支撑结构　　　　　　9 钢制承托板
4 45mm×40mm×3mm铝合金方通　10 1.5mm 热镀锌钢板
5 结构钢梁　　　　　　　　　11 岩棉保温隔热层
6 金属表皮帷幕　　　　　　　12 50mm 铝合金横梁

墙身大样图

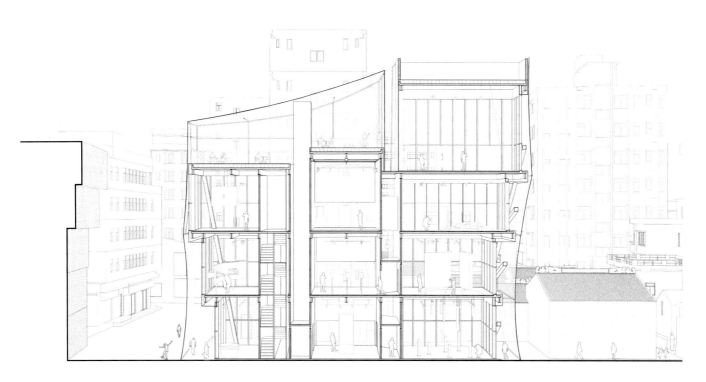

剖透视图

陶一球纪念馆
Taoyiqiu Memorial

开发单位：昆山市陆家镇人民政府
设计单位：大舍建筑设计事务所 / 和作结构建筑研究所 / 同济大学建筑
　　　　　设计研究院（集团）有限公司
项目地点：江苏省昆山市陆家镇
设计 / 建成时间：2020 年 / 2023 年

主持建筑师：陈屹峰，马丹红
主要设计人员：陈屹峰，马丹红，梁俊，杜尚芳（建筑）；张准，
　　　　　　陈学剑（结构）；赵时光，石优，姜浩清，王晨璐，
　　　　　　鲁泓（机电）

获奖情况
2024 年 德国设计奖杰出建筑奖
2023 年 美国建筑大师奖（AMP）文化建筑类最佳建筑奖

技术经济指标
结构体系：钢筋混凝土剪力墙+框架结构
主要材料：钢筋混凝土，钢
用地面积：2334m²
建筑面积：563m²
绿地率：27%

陶一球 1905 年出生于昆山市夏驾桥镇（现为陆家镇夏桥社区），1939 年在家乡组建起昆山第一支抗日武装队伍。陆家镇建有一座陶一球纪念馆，2020 年由于周边修建地铁，纪念馆计划迁至陶一球的出生地夏桥社区。新址处于三幢社区配套建筑的半围合之中，基地呈东西走向的矩形，周边状况较为芜杂。根据政府要求，建筑面积不超过 1000m²，能安放下老馆内为数不多的实物展品和两尊雕像即可。

设计将纪念馆视为记忆保存和传递的场所，通过营造沉静内敛的氛围，让参观者能从周遭的庸常中抽离出来，专注于凝视、聆听和沉思，由缅怀先贤进而引发对生命的思索。设计借助两种高度不同的围墙将纪念馆所属领域与周遭环境适度分离，把社区配套建筑屏蔽在参观者视线之外。建筑的内部领域被划分为前院、主庭院、序厅、展厅和雕塑庭院五个主题空间，沿场地的深度方向串联成一个逐步脱离周边日常场景的递进序列。

建筑从老馆充满宣教意味的单一室内展厅，拓展为一个包含向天空和草坡的投射并稍许带有"超验"色彩的静谧场所。在供参观者缅怀先贤的同时，它也可以用作夏桥社区的冥想花园。它从一座要求被凝视的建筑，转而成为一个让观者凝视自己内心的场所。

主庭院望向序厅

展厅内部空间

序厅入口空间

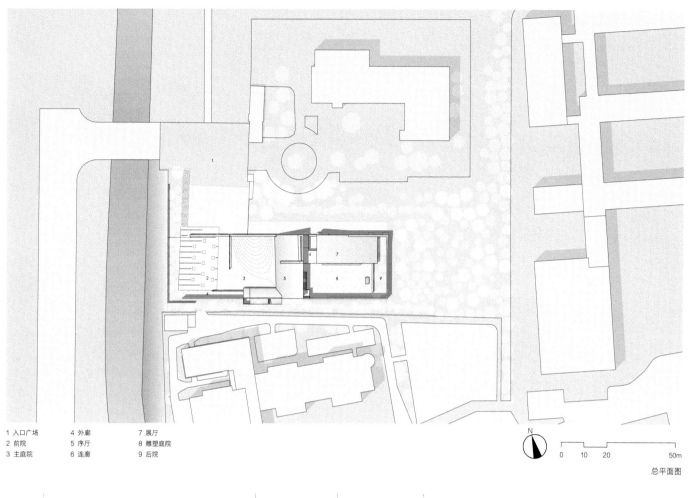

1 入口广场　　4 外廊　　7 展厅
2 前院　　　　5 序厅　　8 雕塑庭院
3 主庭院　　　6 连廊　　9 后院

N

0　10　20　　　　50m

总平面图

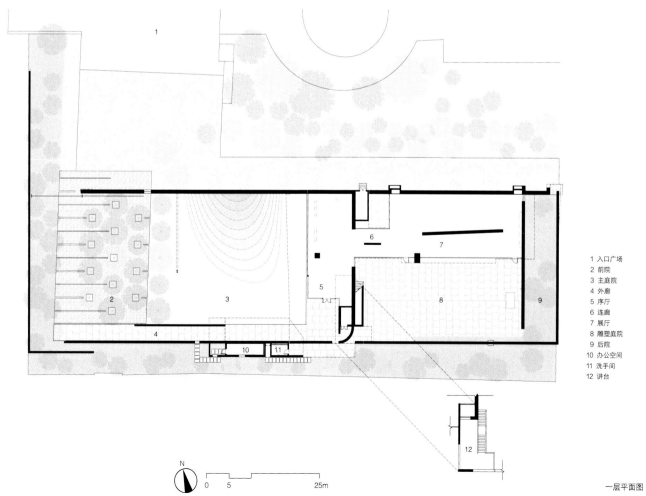

1 入口广场
2 前院
3 主庭院
4 外廊
5 序厅
6 连廊
7 展厅
8 雕塑庭院
9 后院
10 办公空间
11 洗手间
12 讲台

N

0　5　　　　25m

一层平面图

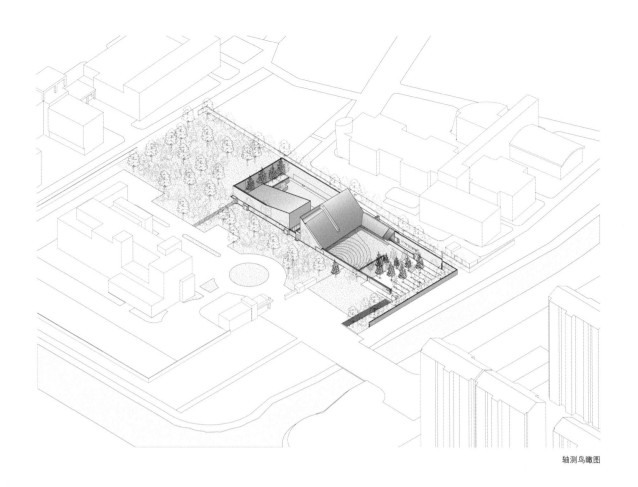

轴测鸟瞰图

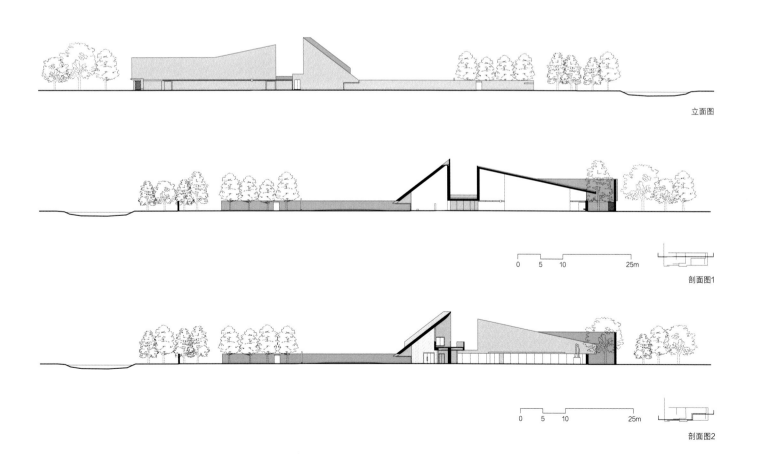

立面图

0   5   10   25m

剖面图1

0   5   10   25m

剖面图2

武林美术馆
Wulin Art Museum

开发单位：杭州市拱墅区城市建设集团有限公司 /
　　　　　浙江跨贸小镇建设投资发展有限公司
设计单位：杭州中联筑境建筑设计有限公司
项目地点：浙江省杭州市拱墅区
设计 / 建成时间：2018 年 / 2023 年

主持建筑师：王幼芬
主要设计人员：王幼芬，祝狄烽，孙铭，胡泊，陈立国，李嘉蓉，
　　　　　　　骆晓怡，纪圣霖，江丽华，宋子雨，岳凯，王菁蔓

技术经济指标
结构体系：钢框架核心筒
主要材料：铝，玻璃，钢，混凝土
用地面积：14866m²　　　　建筑面积：48905m²
绿地率：25%　　　　　　　停车位：208 个

这是一座集美术展览和文化产业为一体的文化综合体。设计结合场地特点及两种功能未来的日常使用，将美术馆的艺术空间置于建筑的高区，将文化产业空间置于城市街道层面，并以空中庭园联系二者。一方面，这样的布局使美术馆的艺术空间远离城市喧嚣，并能凸显其在城市空间中的重要地位；另一方面，它又使美术馆的文化产业空间贴近城市，使其与城市的日常活动紧密关联，增强其与城市的互动，也为其自身带来更多的活力与可能性。

空中庭园

西侧展廊光影

建筑局部

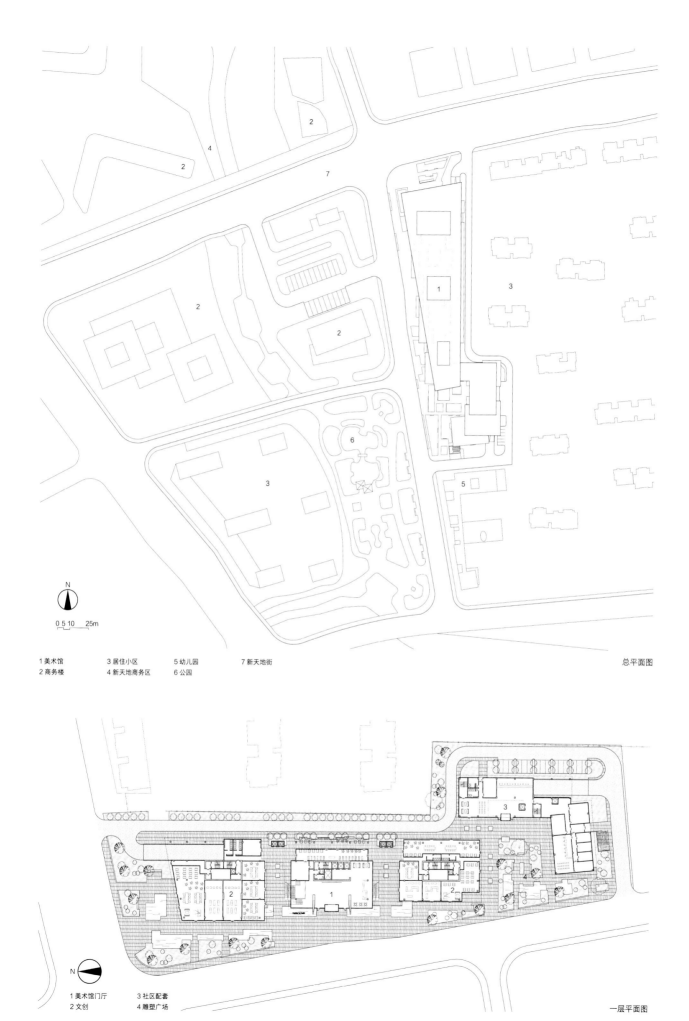

1 美术馆　　3 居住小区　　5 幼儿园　　7 新天地街　　　　　　　　　　総平面图
2 商务楼　　4 新天地商务区　6 公园

1 美术馆门厅　　3 社区配套　　　　　　　　　　　　　　　　　　　　　一层平面图
2 文创　　　　　4 雕塑广场

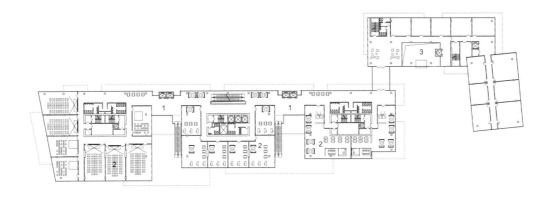

1 文创内街
2 文创
3 社区配套

二层平面图

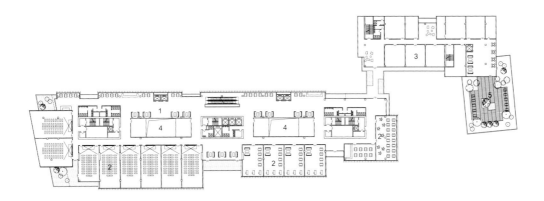

1 文创内街
2 文创
3 社区配套
4 内庭上空
5 屋顶花园

三层平面图

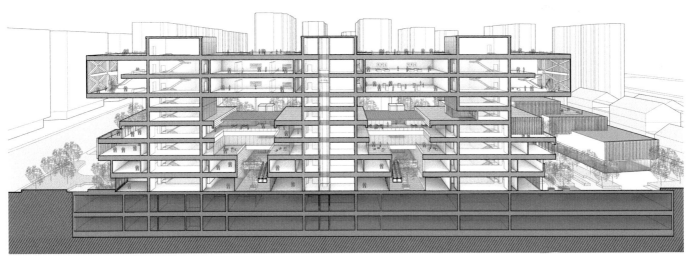

1 文创内街
2 文创
3 社区配套
4 内庭上空
5 屋顶花园
6 空中庭园

四层平面图

剖透视图

安徽省美术馆
Anhui Art Museum

开发单位：合肥市滨湖新区建设投资有限公司
设计单位：北京市建筑设计研究院有限公司 /
　　　　　北京王戈建筑设计事务所（普通合伙）
项目地点：安徽省合肥市滨湖新区
设计 / 建成时间：2012 年 / 2022 年

主持建筑师：王戈
主要设计人员：张镝鸣，盛辉，杨威，陈威，王东亮，马天龙，
　　　　　　　杜春枝，朱彦墨，郭彪

获奖情况：
2023 年"北京市优秀工程勘察设计成果评价"公共建筑设计一等成果
2023 年"北京市优秀工程勘察设计成果评价"人文建筑设计三等成果

技术经济指标
结构体系：混凝土结构＋钢结构
主要材料：钢材，混凝土，金属格栅，砌体，石材
用地面积：50200m²　　　建筑面积：50000m²
绿地率：30%　　　　　　停车位：225 个

规划

城市设计的构思是把美术馆和科技馆凑成一对，促成科学和艺术的牵手。两座建筑相向面对，激发共鸣。

功能

设计以培养本地艺术人才和提高市民美学素养为目标。在通常的展览主体之外，增加了研究中心和艺术 Mall 两大部分。

缘起

归隐山水间是文人士大夫的归宿。作为千年古徽州的安徽省美术馆，设计缘起于中国人心中对山水诗意的向往，融于水天一色是超越视觉意象的内心想象。

空间

空间如书法，既讲求章法，又不乏灵动。公共大厅在方正之中斜向运笔，升起的格栅墙体形成了空间的飞升，水边园林带来随性和自由的气息。

视觉

色调提炼于万壑争奇的山脉和粉墙黛瓦的民居。在黑白之间，灰色影调晕染过渡，建筑体量仿佛失去重量，展现出朦胧和轻盈。

共享大厅中悬索吊桥连接各层展厅

展厅两端的螺旋楼梯成为视觉焦点

白色的金属格栅在光影下半隐半透，朦胧而含蓄

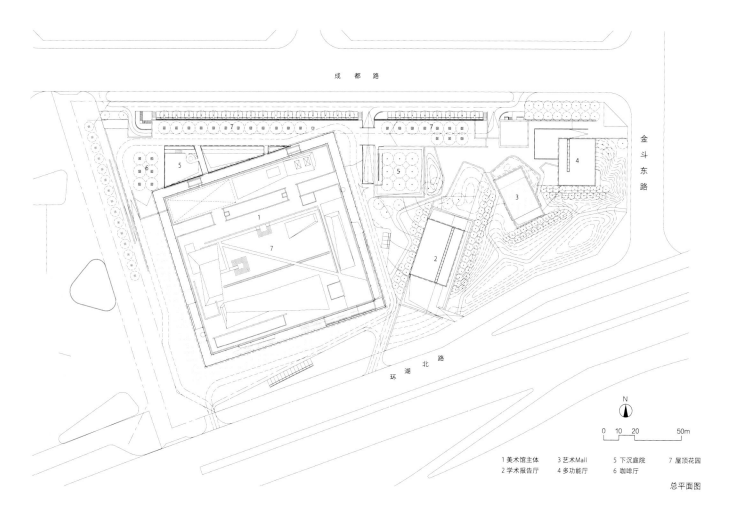

成 都 路

金 斗 东 路

环 湖 北 路

N

0 10 20   50m

1 美术馆主体   3 艺术Mall   5 下沉庭院   7 屋顶花园
2 学术报告厅   4 多功能厅   6 咖啡厅

总平面图

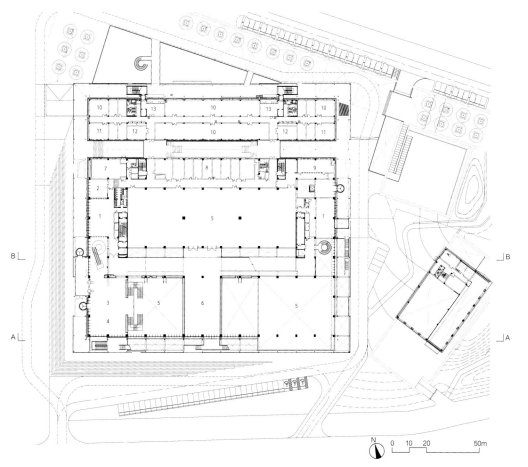

B

B

A

A

N

0 10 20   50m

1 前厅   8 办公室
2 票务/寄存处   9 备品库
3 观众服务区   10 创作间
4 服务台   11 会议室
5 展厅   12 设备机房
6 开放式展厅   13 后勤门厅
7 消防监控室

1.200m标高平面图

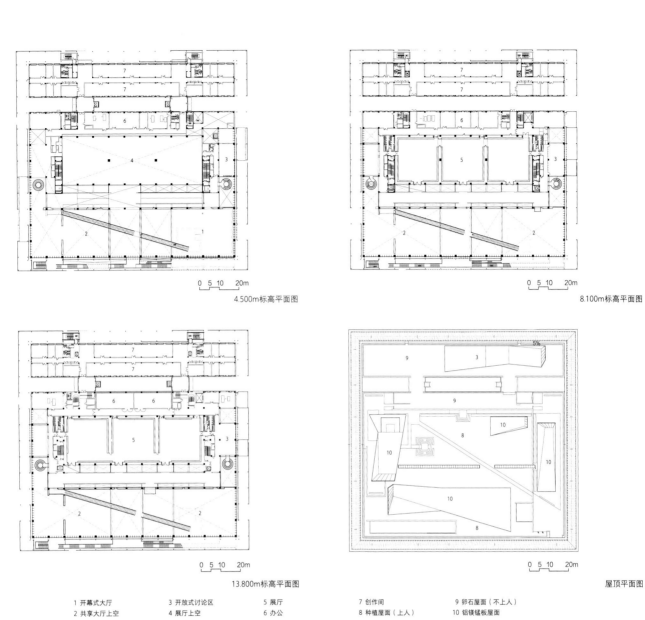

0 5 10 20m

4.500m标高平面图

0 5 10 20m

8.100m标高平面图

0 5 10 20m

13.800m标高平面图

0 5 10 20m

屋顶平面图

1 开幕式大厅	3 开放式讨论区	5 展厅
2 共享大厅上空	4 展厅上空	6 办公

7 创作间	9 卵石屋面（不上人）
8 种植屋面（上人）	10 铝镁锰板屋面

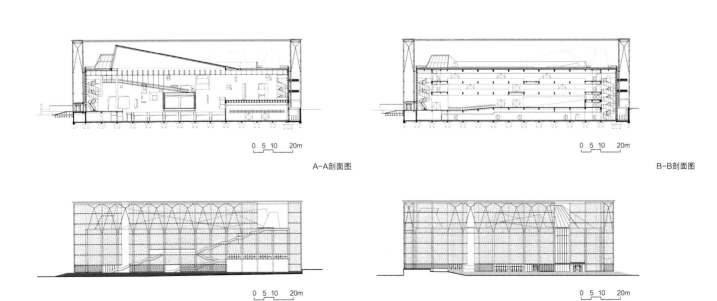

0 5 10 20m

A-A剖面图

0 5 10 20m

B-B剖面图

0 5 10 20m

南立面图

0 5 10 20m

西立面图

第十三届中国（徐州）国际园林博览会
"一云落雨"国际馆

"One Cloud with Rain" International Hall of the 13th
China International Garden Expo in Xuzhou

开发单位：徐州市新盛投资控股集团有限公司
设计单位：东南大学建筑设计研究院有限公司 /
　　　　　南京究竟建筑设计研究有限公司
项目地点：江苏省徐州市铜山区
设计 / 建成时间：2020 年 / 2022 年

主持建筑师：韩冬青，葛文俊
主要设计人员：张妙，陆在飞，陈东晓，金宁园，肖灵丹，
　　　　　　　杨豪广，陈俊安，欧阳良佳（方案设计）；
　　　　　　　石峻垚，王继飞（建筑）

技术经济指标
结构体系：钢桅杆-拉索结构体系
主要材料：钢筋混凝土，钢，木材
用地面积：416m²
建筑面积：1332m²

本项目力图诠释理性主义与浪漫主义的对立与统一。建筑采用正四棱锥作为母题，表达了纯粹的理性主义。建筑的屋顶呈正四棱锥，基座呈倒四棱锥，如同芭蕾舞者踮起脚尖，单足站立在一片柔美浪漫的园林之上。建筑代表的理性主义与景观呈现的浪漫主义形成巨大反差，折射出国际上不同文化的差异与融合。

为了获得轻触大地的优雅姿态，倒四棱锥形建筑基座的接地面积仅为1m²，独柱结构通过三角形桁架悬挑承受楼板与屋面的重力荷载，为了抵抗水平力，在倒四棱锥的每条棱上引出 3 根拉索，与埋于地下的基础相连接，12 根拉索协同作用，可以抵抗地震或飓风带来的水平力。

为保证建筑与地面相接点的尺寸足够小、形式足够简约，项目所需的设备管线，包括上下水、冷媒管、强弱电，都通过坡道下方的结构腔体与地面相连接，从而保证倒四棱锥与地面相接处只是纯粹的结构——截面为1m X 1m 的混凝土基础。

为展示植物与花卉，每个展馆都是一个玻璃顶的温室，可以确保植物生长所需要的足够阳光，并且减少冬季采暖能耗，然而玻璃顶也会导致夏季温度过高。为解决过热问题，我们在每个展馆上方竖立一根立柱，在最高处喷射雾化水，形成一团不会飘走的云朵。同时在立柱与屋面的连接处设置喷水装置，用来冷却屋面。

实景1

实景2

实景3

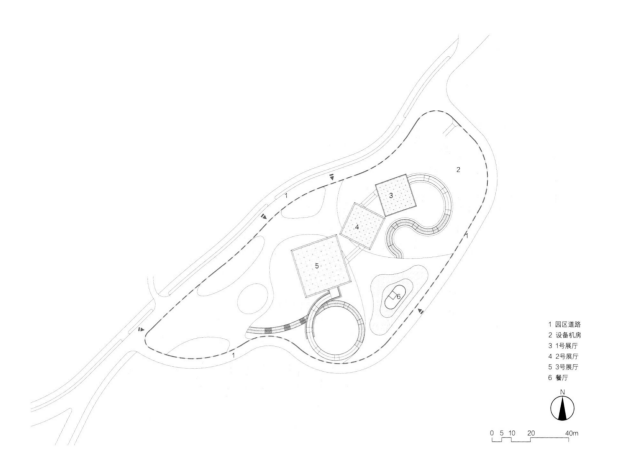

1 园区道路
2 设备机房
3 1号展厅
4 2号展厅
5 3号展厅
6 餐厅

N

0 5 10   20   40m

总平面图

┌A
┌C
┌A
B┐
5
4
4
1
2
3
5
C┐
B┐
┌A

1 1号展厅-乔木馆
2 2号展厅-种子馆
3 3号展厅-花卉馆
4 连廊
5 坡道

N

0 1   5   10m

展厅二层平面图

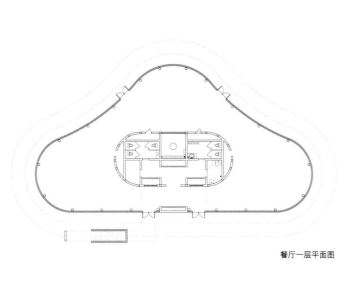

餐厅一层平面图

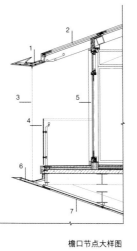

檐口节点大样图

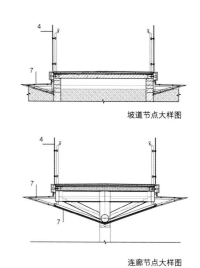

坡道节点大样图

连廊节点大样图

1 屋顶金属檐沟　　3 金属雨链　　5 隐框玻璃幕墙　　7 灰色蜂窝铝板
2 玻璃幕墙盖顶　　4 户外玻璃栏板　　6 走廊金属檐沟

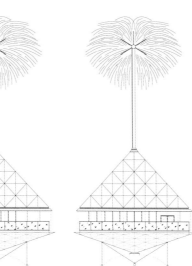
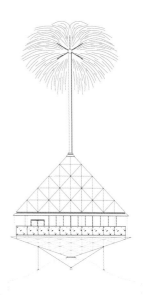

展厅立面图

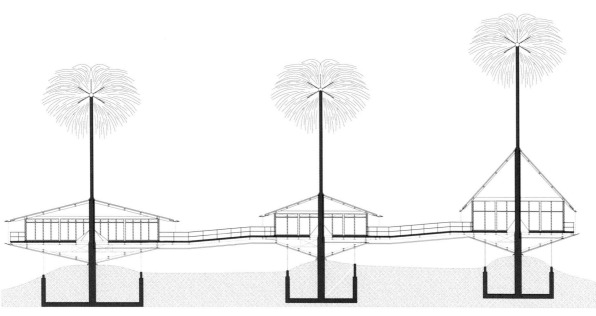

3号展厅C-C剖面图　　　　　　2号展厅B-B剖面图　　　　　　1号展厅A-A剖面图

第十三届中国（徐州）国际园林博览会
综合馆暨自然馆

Comprehensive Hall · Nature Hall of the 13th China
International Garden Expo in Xuzhou

开发单位：徐州市新盛投资控股集团有限公司
设计单位：东南大学建筑设计研究院有限公司
合作单位：南京工业大学建筑设计研究院
项目地点：江苏省徐州市铜山区
设计 / 建成时间：2020 年 / 2022 年

主持建筑师：王建国，葛明
主要设计人员：徐静，蒋梦麟，姚昕悦，吴昌亮，张一楠，韩思源
　　　　　　　（建筑）；杨波，李亮（结构）；陆伟东，程小武，
　　　　　　　孙小鸾（钢木结构）；孙菁，李鑫（暖通）；贺海涛，
　　　　　　　蒋爱玲（给水排水）；周桂祥，凌洁，屈建球，
　　　　　　　李艳丽（电气）；王晓俊，钱筠（景观）

技术经济指标
结构体系：主体混凝土结构，屋顶钢木结构
主要材料：耐候钢，混凝土，砌体，砂浆，木材
用地面积：52000m²
建筑面积：26700m²

第十三届中国（徐州）国际园林博览会综合馆暨自然馆建于丘陵地带，同时也是一片废弃的矿区。因此，如何恢复自然、联系自然成为首要命题，其次需要考虑设计如何结合自然、技术、文化与多重功能的使用要求。为此，设计在思考场地建构的基础上，充分融合了传统营造文化中"与山同构"的思想，提出了补山、藏山、望山、融山的设计方法与目标，使建筑与场地充分结合，营造层台琼阁之意象，表达可持续建造和使用的理念，帮助建筑恰如其分地与自然共生并传递文化意义。

设计有效赋予建筑人为、自然而然的古意，对主要空间、屋顶、台地等一系列元素进行了统合，折射出古今一体的特点，其中的混合建造尤其反映了中国现当代建筑的地域特性。设计同时还通过地形、空间、设备以及生态系统的相互叠合，实现了技术思维和设计方法两者之间的相互配合，进而对建造方式、设计方法以及文化意义作出有效的思考，初步探索了中国现代建筑的发展方向，并形成具有中国特征和文化意义的设计模式。

天庭展厅钢木结构局部

北侧外景

室内

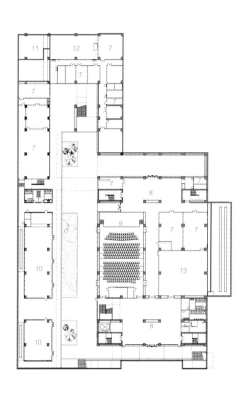

N
0 4 10 20m

地下一层平面图

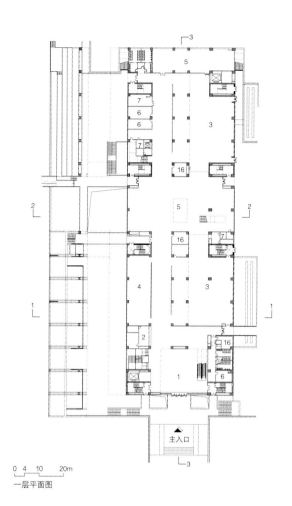

主入口

0 4 10 20m

一层平面图

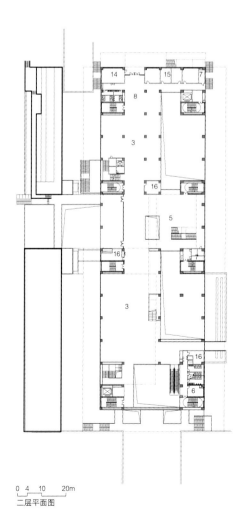

0 4 10 20m

二层平面图

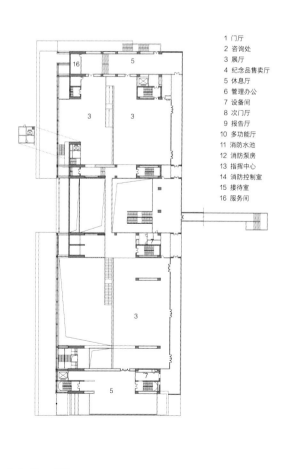

1 门厅
2 咨询处
3 展厅
4 纪念品售卖厅
5 休息厅
6 管理办公
7 设备间
8 次门厅
9 报告厅
10 多功能厅
11 消防水池
12 消防泵房
13 指挥中心
14 消防控制室
15 接待室
16 服务间

0 4 10 20m

三层平面图

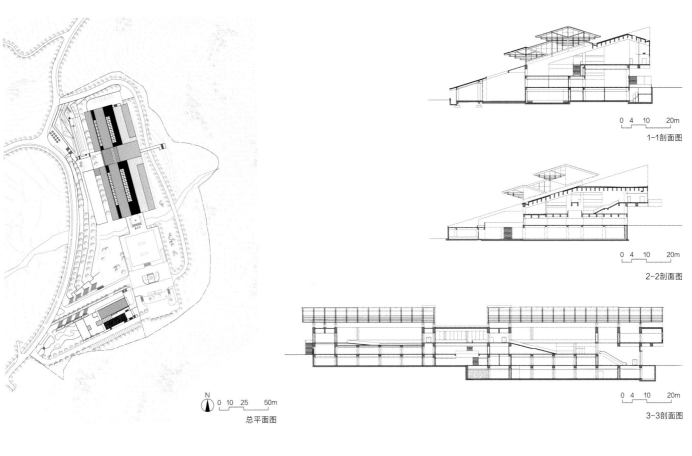

0 4 10 20m

1-1剖面图

0 4 10 20m

2-2剖面图

0 4 10 20m

3-3剖面图

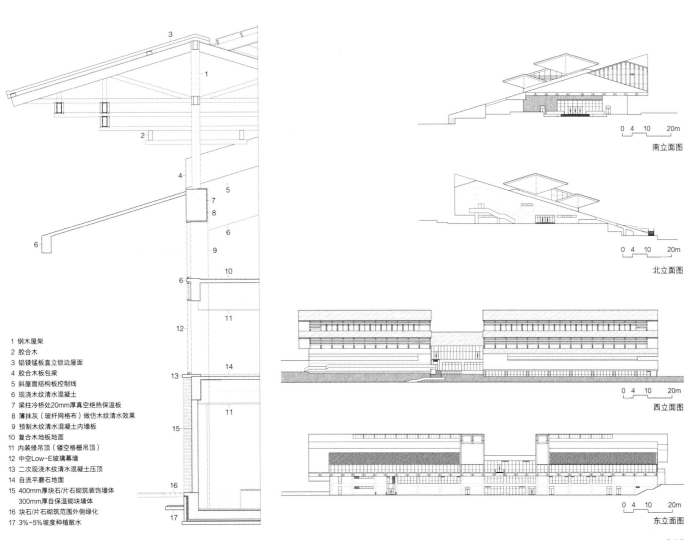

3

1

2

4

5

7
8

6

6

9

10

6

11

12

11

14

13

15

11

16

17

1 钢木屋架
2 胶合木
3 铝镁锰板直立锁边屋面
4 胶合木板包梁
5 斜屋面结构板控制线
6 现浇木纹清水混凝土
7 梁柱冷桥处20mm厚真空绝热保温板
8 薄抹灰（玻纤网格布）做仿木纹清水效果
9 预制木纹清水混凝土内墙板
10 复合木地板地面
11 内装修吊顶（镂空格栅吊顶）
12 中空Low-E玻璃幕墙
13 二次现浇木纹清水混凝土压顶
14 自流平磨石地面
15 400mm厚块石/片石砌筑装饰墙体
　　300mm厚自保温砌块墙体
16 块石/片石砌筑范围外侧绿化
17 3%~5%坡度种植散水

N

0 10 25 50m

总平面图

0 4 10 20m

南立面图

0 4 10 20m

北立面图

0 4 10 20m

西立面图

0 4 10 20m

东立面图

国家科技传播中心

National Communication Center for Science and Technology, Cast

扫码观看
更多内容

开发单位：中国科协科学技术传播中心
设计单位：中国航空规划设计研究总院有限公司
项目地点：北京市朝阳区
设计 / 建成时间：2019 年 / 2022 年

主持建筑师：傅绍辉
主要设计人员：傅绍辉，葛家琪，徐岩，张曼生，洪芸，郝琛，
　　　　　　　朱晓山，李力军，陈泽毅，张超，任海，吴亚妮，
　　　　　　　许明，张慧，陈达

技术经济指标
结构体系：地上为钢框架-中心支撑结构
　　　　　地下为钢筋混凝土框架-剪力墙结构
主要材料：超高性能混凝土挂板，蜂窝铝板，铝板，玻璃，清水混凝土

用地面积：23600m²
建筑面积：62600m²
绿地率：13%
停车位：266 个

本项目是我国首个以科技成果传播和转化服务为目的的国家级科技服务平台，是科技强国建设的国家级基础设施、传播我国科技创新成果成就和科学家精神的重要工程，也是开展国际科技交往的活动载体。

该建筑注重北京中轴线北端的建筑形象与布局，在汲取中国悠久传统文化的基础之上，运用"楼+台"的建筑形制，将传统色彩与现代科学精神、现代科学技术相融合，兼顾建筑的文化性、美观性、功能性及经济性。依托建筑"台"的圆形体量设置环形坡道，沿坡道漫步而上可观赏奥林匹克公园景观。屋顶花园可 360° 俯瞰奥林匹克公园中心区文化核心区。建筑空间层次丰富，极具仪式感。建筑结构与空间特征吻合，结合建筑多变的曲线，利用巨型桁架结构，充分发挥钢结构大跨度、大悬挑以及吊挂体系的优势，在建筑内形成首层大跨度序厅空间，连续三层、45m 跨度的展示空间，顶层 60m 跨度的预应力悬支穹顶空间以及沿城市街道的 16~19m 大悬挑的城市公共空间。折板幕墙源自中国传统折扇，通过折板使得双曲幕墙平板化，同时利用折板解决幕墙的结构受力问题。设计充分考虑建筑全生命周期运营，基于 BIM 技术的机电系统统筹设计与施工，保证了空间界面的纯粹性。运用声学 MLS 序列、热动力学模拟、色彩设计理论与装饰一体化整合，从技术、功能、视觉角度达到完美融合，赋予建筑空间强烈的科技特质及时代气息。

展示序厅采用建筑照明一体化设计，形成"科技星云"震撼效果

顶层"蓝色大厅"助力科技成果发布

环形边厅内坡道之上步移景异

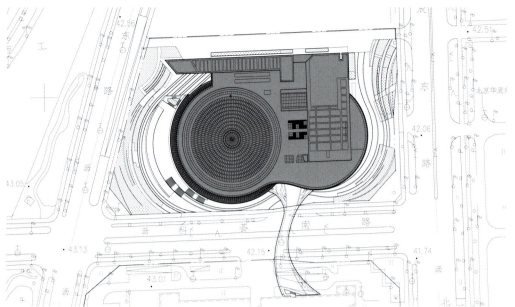

总平面图

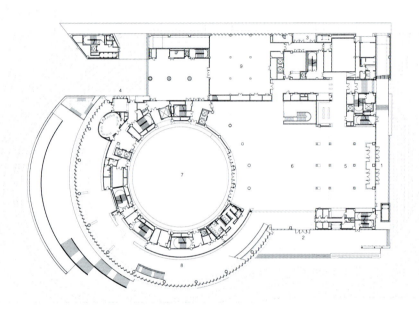

1 东侧公众主要出入口
2 南侧公众次要出入口
3 内部工作人员出入口
4 贵宾出入口
5 公众入口前厅
6 展示序厅
7 展厅
8 弧形边厅
9 临时展厅

0 4 8
2 6 10m

一层平面图

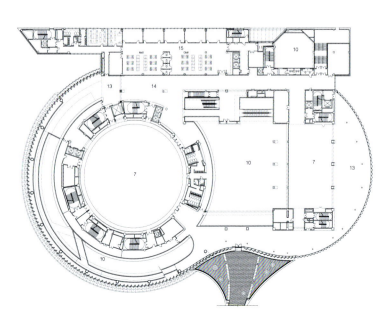

7 展厅
10 上空
13 公共流通区
14 过厅
15 双创服务区

二层平面图

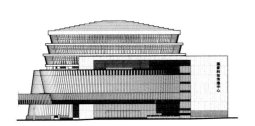

东侧立面图

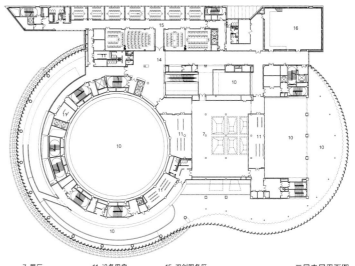

7　展厅　　　　11　设备用房　　　15　双创服务区
10　上空　　　　14　过厅　　　　　16　演播厅及辅助用房

二层夹层平面图

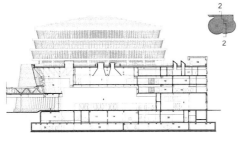

11　设备用房　　　15　双创服务区　　　21　员工餐厅及厨房区
12　报告厅及辅助用房　16　演播厅及辅助用房　23　人防车库
14　过厅　　　　　18　屋顶学术花园

2-2剖面图

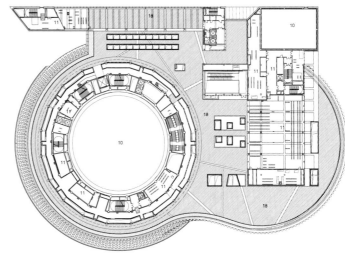

10　上空　　　11　设备用房　　　18　屋顶学术花园

三层夹层平面图

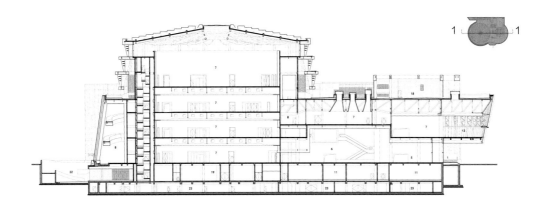

1　东侧公众主要出入口
2　南侧公众次要出入口
5　公众入口前厅
6　展示序厅
7　展厅
8　弧形边厅
9　临时展厅
11　设备用房
12　报告厅及辅助用房
13　公共流通区
15　双创服务区
16　演播厅及辅助用房
17　管理保障区
18　屋顶学术花园
19　文物库房及辅助区
20　物业用房

1-1剖面图

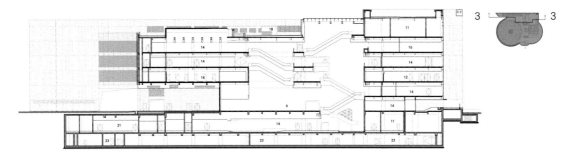

3-3剖面图

金威啤酒厂改造
Kingway Brewery Renovation

开发单位：广东粤海置地集团有限公司
设计单位：URBANUS 都市实践建筑设计事务所
合作单位：中国建筑科学研究院有限公司（施工图合作）
　　　　　Studio 10 深圳市十间设计咨询有限公司，深圳九思室内设计
　　　　　有限公司（室内合作）
　　　　　上海大界机器人科技有限公司（C 栋"在地铸造"空间装置技
　　　　　术支持及实施）
　　　　　深圳市团河幕墙工程设计咨询有限公司（幕墙设计）
　　　　　张烁设计文化传播（深圳）有限公司（标识设计）
　　　　　北京远瞻照明设计有限公司（灯光合作设计）
项目地点：广东省深圳市罗湖区
设计 / 建成时间：2019 年 / 2022 年

主持建筑师：孟岩
主要设计人员
项目建筑师：Milutin Cerovic（投标）；文汀（深化实施）
项目经理：张海君（深化实施）；吴然（投标）
项目组：倪若宁，程知谛，苑瑞哲，董文涵，岳然，林燕玉，廖国通
　　　　（深化实施）；郑植，岳然（投标）；李睿，Rachael H. Gaydos，
　　　　黄婧娴，王誉初，林侃，高晴月，陈以宁，张丞杰，周杰（实习）

景观设计组：张雪娟，李冠达，朱江晨，高宇峰

获奖情况
2023 年 第二届三联人文城市奖—公共空间奖
2023 年 AIA Hong Kong Honors & Awards—建筑类荣誉奖
2023 年 卷宗 Wallpaper＊设计大奖—"最佳公共建筑奖"

技术经济指标
结构体系：剪力墙，框架–剪力墙，钢结构　　　用地面积：11577m²
主要材料：定制水磨石，陶砖，泡沫铝，铝板，　建筑面积：12309m²
　　　　　玻璃，预制掺骨混凝土板，耐候钢

　　　占地 11577m² 的金威啤酒厂工业遗存是深圳城市发展的重要印迹。项目利用基地高差形成基座，统合零散分布的工业遗存，内部结合现状开挖出一系列下沉庭院与通道，评估每一座建筑的外观、结构、承重能力，作个性化改造，进行节点性空间介入，创造灵活可变的活动场地。2022年，深港城市建筑双城双年展在改造后的金威啤酒厂开展，金威成为啤酒厂"零号展品"。金威啤酒厂的改造在延续城市记忆的同时，让所在城市街区从单一生产的工厂区域转变为多元文化艺术交融的文化地标。

局部鸟瞰

C栋顶部连桥

南向鸟瞰

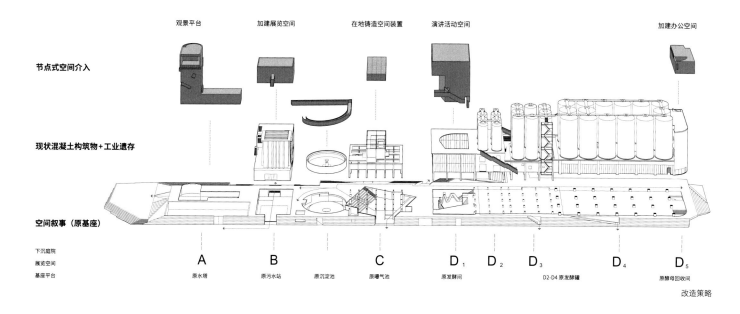

节点式空间介入

观景平台　　加建展览空间　　在地铸造空间装置　　演讲活动空间　　　　　　加建办公空间

现状混凝土构筑物+工业遗存

空间叙事（原基座）

下沉庭院
展览空间
基座平台

A　　　　　B　　　　　C　　　　　D_1　D_2　D_3　　D_4　　　D_5

原水塔　　　原污水站　　原沉淀池　　原曝气池　　原发酵间　　D2-D4 原发酵罐　　　原酵母回收间

改造策略

1 下沉庭院　　　　8 燃气调压站　　　15 管理办公　　　22 车库入口
2 问询/信息中心　　9 入口广场　　　　16 创意办公　　　23 空中连桥
3 门厅　　　　　　10 观光交通空间　　17 啤酒体验中心　24 观景平台
4 展厅　　　　　　11 室外展场　　　　18 卫生间　　　　25 腔体
5 景观水池　　　　12 展场/水处理设施遗存　19 厨房　　　　26 检修栈道
6 通道　　　　　　13 筒仓展厅/工坊　　20 筒仓屋面
7 展厅/多功能厅　　14 常设展厅　　　　21 设备房

0　4　12　24m　N

地下一层平面图

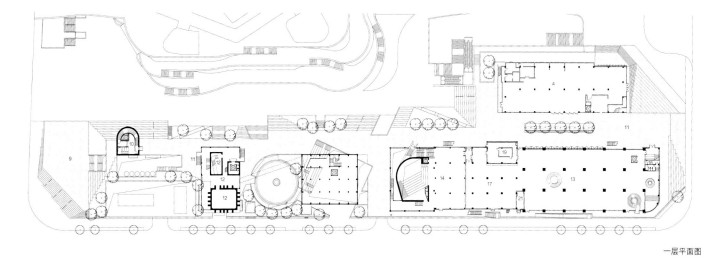

一层平面图

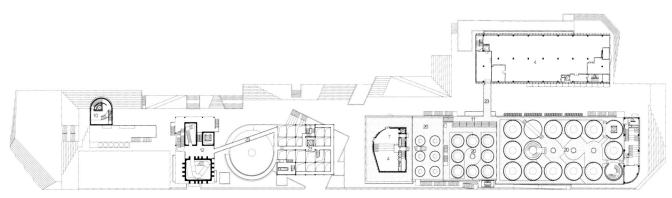

二层平面图

0 4   12   24m

剖面图

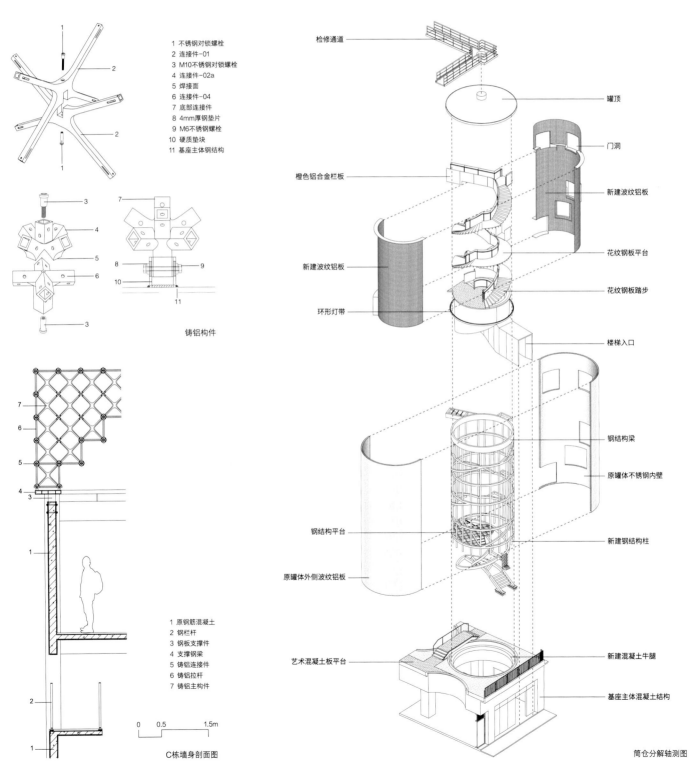

1 不锈钢对锁螺栓
2 连接件-01
3 M10不锈钢对锁螺栓
4 连接件-02a
5 焊接面
6 连接件-04
7 底部连接件
8 4mm厚钢垫片
9 M6不锈钢螺栓
10 硬质垫块
11 基座主体钢结构

铸铝构件

1 原钢筋混凝土
2 钢栏杆
3 钢板支撑件
4 支撑钢梁
5 铸铝连接件
6 铸铝拉杆
7 铸铝主构件

0   0.5   1.5m

C栋墙身剖面图

检修通道
罐顶
门洞
新建波纹铝板
橙色铝合金栏板
花纹钢板平台
新建波纹铝板
花纹钢板踏步
环形灯带
楼梯入口
钢结构梁
原罐体不锈钢内壁
钢结构平台
新建钢结构柱
原罐体外侧波纹铝板
艺术混凝土板平台
新建混凝土牛腿
基座主体混凝土结构

筒仓分解轴测图

宁波国际会议中心
Ningbo International Conference Center

扫码观看
更多内容

开发单位：宁波国际会议中心发展有限公司
设计单位：深圳汤桦建筑设计事务所有限公司 /
　　　　　北京市建筑设计研究院股份有限公司
项目地点：浙江省宁波市鄞州区东钱湖镇
设计 / 建成时间：2019 年 / 2022 年

汤桦建筑团队
主持建筑师：汤桦
项目负责人：邓芳
主要设计人员：彭舰，张秋龙，陈文锋，汤孟禅，于文博，黄真吉，
　　　　　　　易熙豪，王鲲，刘华伟，汪田浩，刘滢，郑昕，王心足
BIAD 总包团队
项目总负责人：谢欣，禚伟杰，彭琳，周俊仙
项目经理：刘越
主要设计人员：杨姗，滕俊，乔一兵，郭晓晨，抗莉君，孙尚文，
　　　　　　　赵岩灏，赵大伟，金依润，李舒静，刘琛，魏成蹊，
　　　　　　　蒋辰希

获奖情况
2023 年 WAF 世界建筑节入围奖

技术经济指标
结构体系：钢空间网架＋钢筋混凝土框架结构
主要材料：钢网架，钢筋混凝土，胶合木，重组木
用地面积：489000m²　　　建筑面积：398400m²
绿地率：53%　　　　　　停车位：1064 个

　　宁波国际会议中心位于东钱湖，建筑以架空廊桥的形式跨越两岸，以典型的服务空间和被服务空间的架构组织空间，创造连续的地面空间，在场地红线中集中保留了 360000m² 的原生土地和水系。集约的建筑布局，避免了分散式布局对场地特质的消解，也为宁波厚重农耕文明留下一个公共样本。同时，该项目也为宁波作为一个工业化城市在迈向高生产率的创新型城市，提出一种紧缩型城市开发模式。

　　该项目在建成之后很快成为代表宁波城市的一座标志，看似简单但精心设计的建筑本体和生态景观，创造了独特的视域和景色，更是将场地原生特点充分表达，为城市的大型活动以及市民游玩创造了一处有生态以及历史意识的目的地。

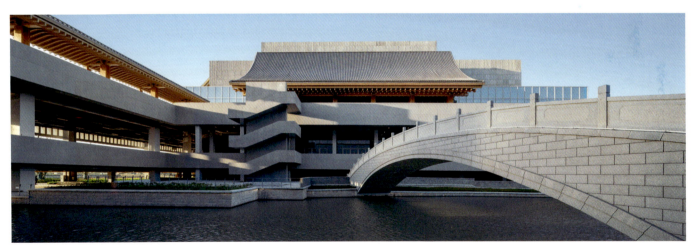

会议中心酒店区域

建筑与场地中河流相交处的水口

从城市到湖区的过渡：农田、建筑、湿地

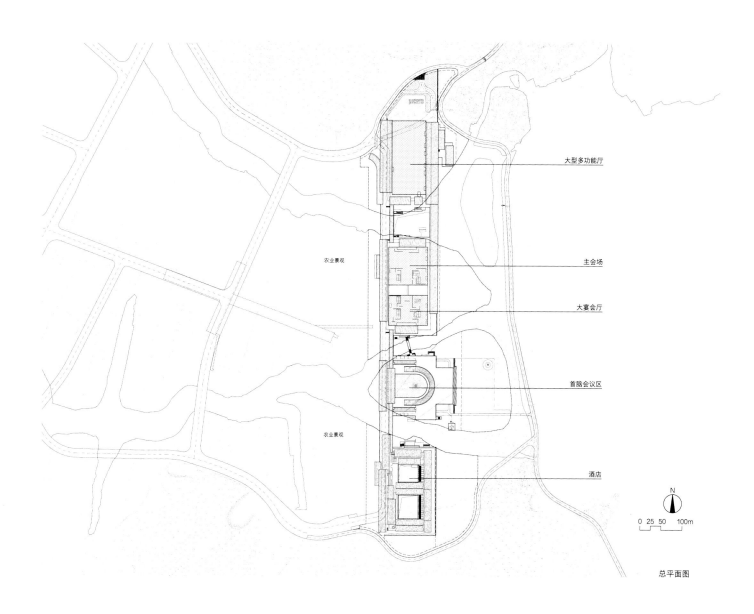

大型多功能厅

农业景观

主会场

大宴会厅

首脑会议区

农业景观

酒店

N

0 25 50 100m

总平面图

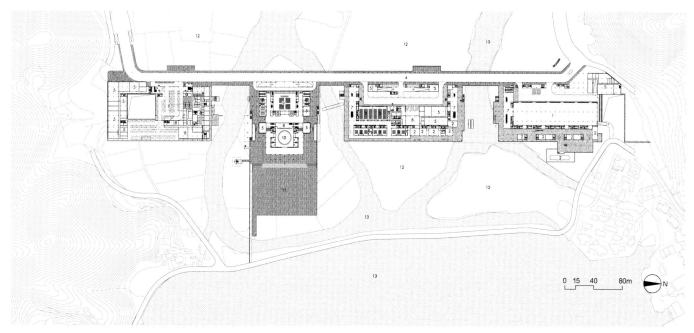

0 15 40 80m

N

一层平面图

1 展厅   5 设备   9 新闻发布   13 河流湖泊
2 商业   6 车库   10 宴会
3 会议室   7 前厅   11 广场
4 车道   8 后勤用房   12 田野景观

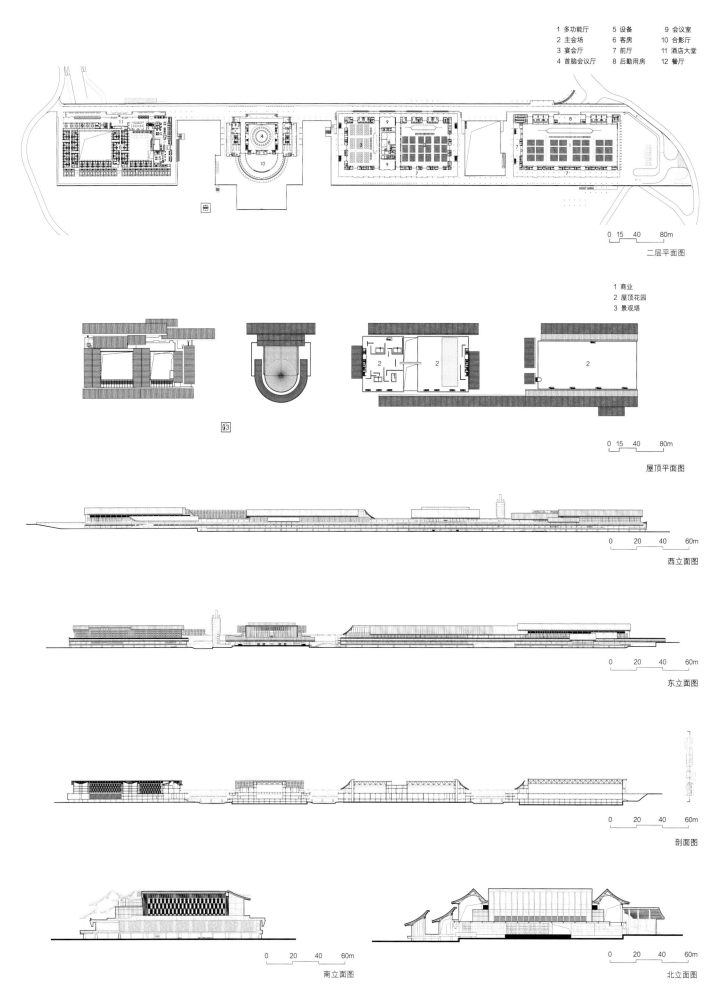

1 多功能厅　　5 设备　　9 会议室
2 主会场　　　6 客房　　10 合影厅
3 宴会厅　　　7 前厅　　11 酒店大堂
4 首脑会议厅　8 后勤用房　12 餐厅

0 15 40 80m

二层平面图

1 商业
2 屋顶花园
3 景观塔

0 15 40 80m

屋顶平面图

0 20 40 60m

西立面图

0 20 40 60m

东立面图

0 20 40 60m

剖面图

0 20 40 60m

南立面图

0 20 40 60m

北立面图

南京城墙博物馆改扩建

Nanjing City Wall Museum Renovation and Expansion

扫码观看
更多内容

开发单位：南京城墙保护管理中心
设计单位：华南理工大学建筑设计研究院有限公司
项目地点：江苏省南京市秦淮区
设计／建成时间：2017年／2022年

主持建筑师：倪阳，何镜堂
主要设计人员：倪阳，何镜堂，李绮霞，何炽立，刘涛，杨浩腾，
　　　　　　　谢敏奇，郑惠婷，苏皓，何小欣，周越洲，何耀炳，
　　　　　　　张邦图，陈欣燕，黄光伟，晏忠，许名鑫，李宗泰，
　　　　　　　范细妹，蒙倩彬，陈志城

获奖情况
2023年 广东省优秀工程勘察设计奖公共建筑设计一等奖

技术经济指标
结构体系：框架-剪力墙结构
主要材料：钢筋混凝土，玻璃
用地面积：6881m² 　　　　建筑面积：12598m²
绿地率：29% 　　　　　　停车位：42个

场地关系：场地位于南京明城墙中华门瓮城的东侧，北侧为内秦淮河，南临古城墙及外秦淮河，与大报恩寺塔隔河相望。场地内部建有原沈万三陈列馆（仿古建筑）。博物馆设计为"近城低、远城高"逐级跌落态势，与原沈万三陈列馆的第二、第三进院落形成L形咬合关系，构成新旧共构的整体，既延续了老门东历史文化街区的肌理和尺度，又同构了中华门瓮城马道的体量。

体量逻辑：建筑体量呼应城墙马道的原型，形成逐步抬升的三折造型斜坡，连接高低错动的平台，与古城墙的马道形成和谐统一的形体语汇，同时形成了有别于内部常规观展场所的外部观展台，让参观者在各个方位和高度上真切地感受到城墙的存在。

表皮策略：建筑外观采用夹丝反射玻璃，自外向内看，模糊映射，相融共生；自内向外看，清晰透明，新旧对话。通过模糊映射的方式，让博物馆消隐建筑体量，同时接收周边的环境反馈。

夹丝玻璃幕墙立面

屋顶看中华门城墙和大报恩寺

地下展厅集散空间

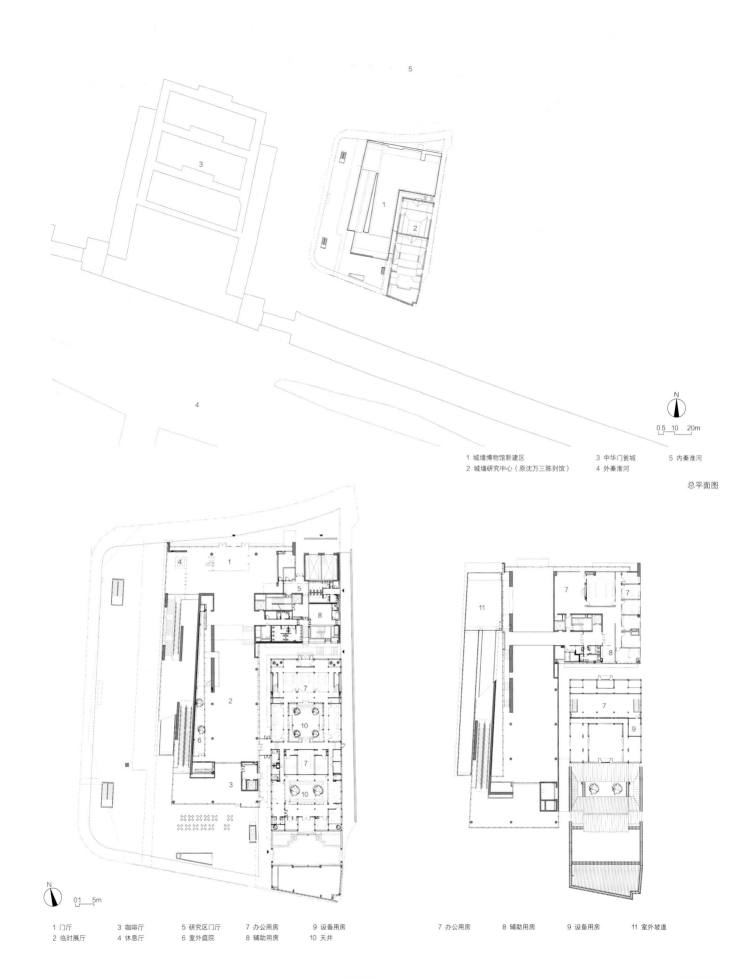

5

1 城墙博物馆新建区   3 中华门瓮城   5 内秦淮河
2 城墙研究中心（原沈万三陈列馆）   4 外秦淮河

总平面图

N
0 5 10 20m

1 门厅   3 咖啡厅   5 研究区门厅   7 办公用房   9 设备用房
2 临时展厅   4 休息厅   6 室外庭院   8 辅助用房   10 天井

7 办公用房   8 辅助用房   9 设备用房   11 室外坡道

N
0 1 5m

一层平面图   二层平面图

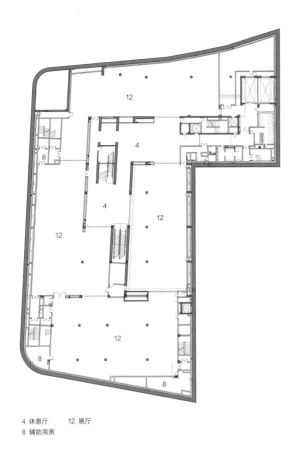

4 休息厅   12 展厅
8 辅助用房

地下一层平面图

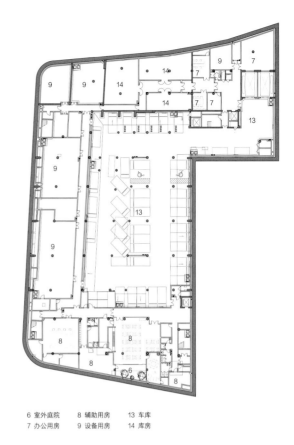

6 室外庭院   8 辅助用房   13 车库
7 办公用房   9 设备用房   14 库房

地下二层平面图

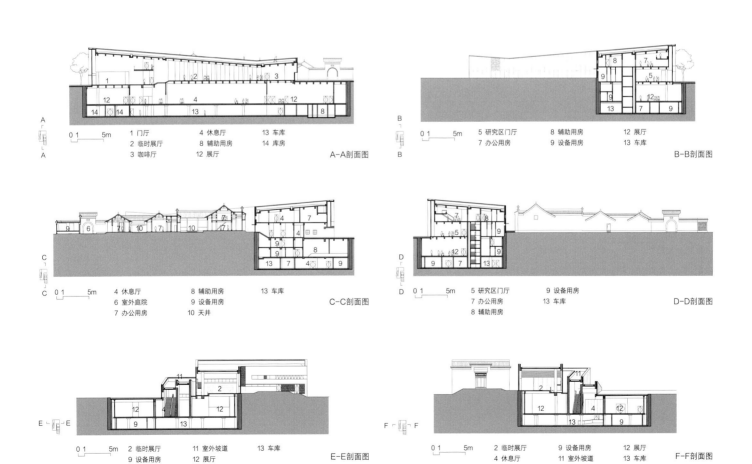

0 1   5m   1 门厅   4 休息厅   13 车库
    2 临时展厅   8 辅助用房   14 库房
    3 咖啡厅   12 展厅   A-A剖面图

0 1   5m   5 研究区门厅   8 辅助用房   12 展厅
    7 办公用房   9 设备用房   13 车库   B-B剖面图

0 1   5m   4 休息厅   8 辅助用房   13 车库
    6 室外庭院   9 设备用房
    7 办公用房   10 天井   C-C剖面图

0 1   5m   5 研究区门厅   9 设备用房
    7 办公用房   13 车库
    8 辅助用房   D-D剖面图

0 1   5m   2 临时展厅   11 室外坡道   13 车库
    9 设备用房   12 展厅   E-E剖面图

0 1   5m   2 临时展厅   9 设备用房   12 展厅
    4 休息厅   11 室外坡道   13 车库   F-F剖面图

天府农博园"瑞雪"多功能展示馆

Tianfu Agricultural Expo Park "Ruixue" Multi-Functional Exhibition Hall

扫码观看
更多内容

开发单位：四川天府农博园投资有限公司
设计单位：上海创盟国际建筑设计有限公司
合作单位：上海一造科技有限公司
项目地点：四川省成都市新津区
设计 / 建成时间：2021 年 / 2022 年

主持建筑师：袁烽（同济大学建筑与城市规划学院）
主要设计人员：高伟哲，张蓓，刘康，胡樱子（建筑设计）；
　　　　　　　陈泽赳，程鹏（结构设计）；
　　　　　　　魏大卫，王勇，张卿，陈建栋（机电设计）

技术经济指标
结构体系：互承木结构
主要材料：3D 打印板，胶合木
用地面积：3689m²
建筑面积：1836m²
绿地率：25%

"瑞雪"的设计从线性的场地边界条件出发，将苛刻的用地限制转化为自由连续的整体线性流动空间；起伏错落，形态类似于雪后的地面，也像是正在消融的积雪，描摹出雪落大地、冬雪消融的景象，与周遭景观及人文精神悄然融合。"瑞雪"的设计通过创造出自由连续的一体化空间，赋予了室内功能灵活布局调整的余地，并带来超线性的体验。在特定的空间节点，人们打开天窗、引入天光，感受树木、花草的悄然生长，室内外的边界渐渐消弭，人工与自然的疏离实现溶解，建筑与周边环境实现了高度的和谐统一。

"瑞雪"的整体形态通过基于结构性能化的壳体找形方法生成。该方案建筑设计界面由于需要绕过场地若干保留树木，形成了较为复杂的边界形态，最终通过若干半径不同的圆弧相切拟合而成，找到边界最优解。设计边界确定后的找形阶段，设计团队将建造相关的前置条件，如重力、材料强度、结构参数、壳体曲率等作为参数和限制条件综合考虑，构建出基于力学性能的纯受压壳体体系模拟系统。通过运算结果进行多次迭代和筛选，最终得到了形态顺滑、受力合理的壳体。

整体鸟瞰

展示馆漫游与周边花草

展示馆的半室外灰空间

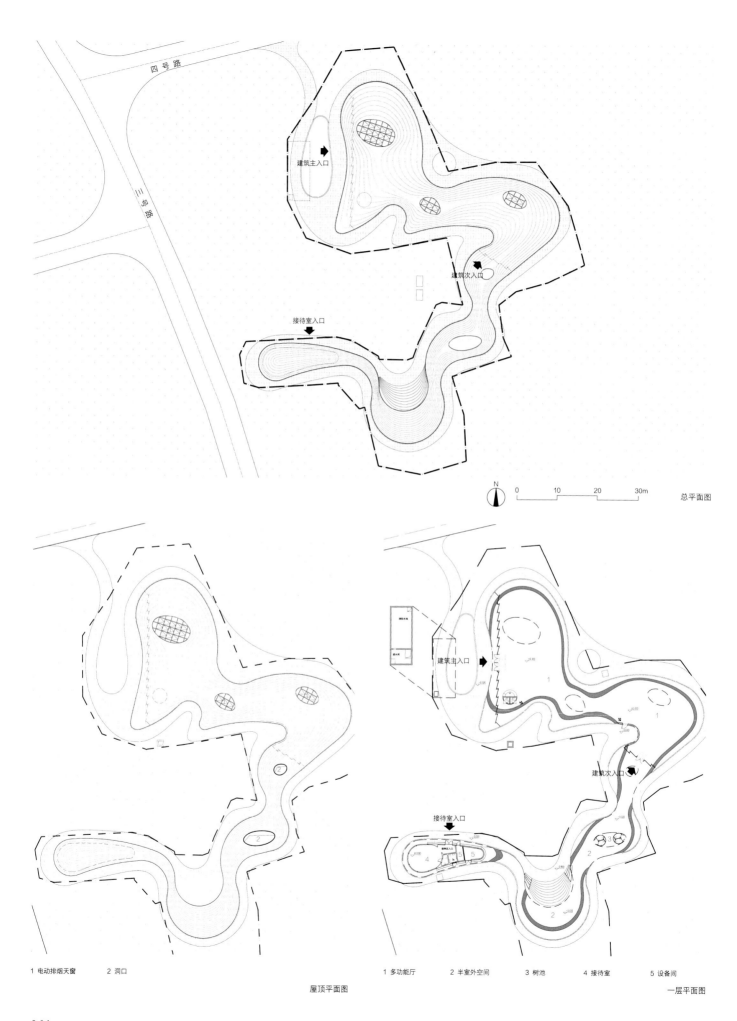

四号路

建筑主入口

建筑次入口

接待室入口

N

0   10   20   30m

总平面图

建筑主入口

建筑次入口

接待室入口

1 电动排烟天窗   2 洞口

屋顶平面图

1 多功能厅   2 半室外空间   3 树池   4 接待室   5 设备间

一层平面图

064

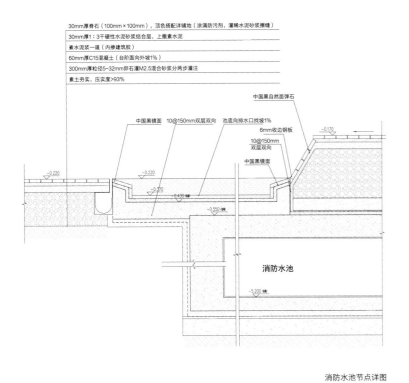

30mm厚脊石（100mm×100mm），顶色搭配详铺地（涂满防污剂，灌稀水泥砂浆擦缝）
30mm厚1：3干硬性水泥砂浆结合层，上撒素水泥
素水泥浆一道（内掺建筑胶）
60mm厚C15混凝土（台阶面向外坡1%）
300mm厚粒径5～32mm卵石灌M2.5混合砂浆分两步灌注
素土夯实，压实度度>93%

中国黑自然面弹石
中国黑镜面
10@150mm双层双向
池底向排水口找坡1%
6mm收边钢板
10@150mm双层双向
中国黑镜面

消防水池

消防水池节点详图

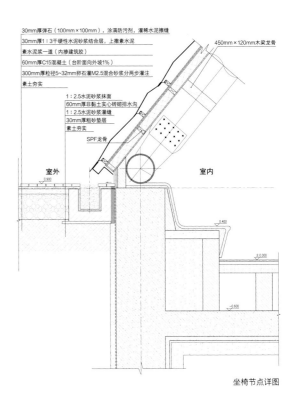

30mm厚弹石（100mm×100mm），涂满防污剂，灌稀水泥砂浆擦缝
30mm厚1：3干硬性水泥砂浆结合层，上撒素水泥
素水泥浆一道（内掺建筑胶）
60mm厚C15混凝土（台阶面向外坡1%）
300mm厚粒径5～32mm卵石灌M2.5混合砂浆分两步灌注
素土夯实

450mm×120mm木梁龙骨

1：2.5水泥砂浆抹面
60mm厚非黏土实心砖砌排水沟
1：2.5水泥砂浆灌缝
30mm厚粗砂垫层
素土夯实
SPF龙骨

室外
室内

坐椅节点详图

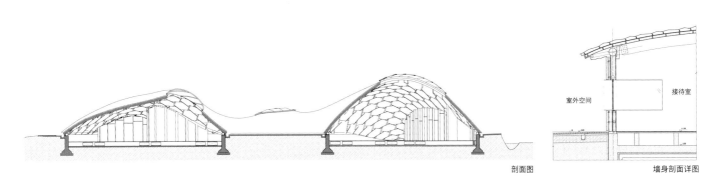

剖面图

室外空间
接待室

墙身剖面详图

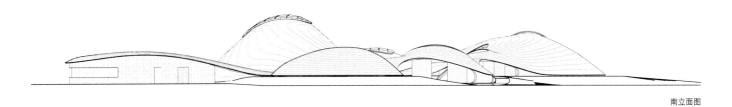

南立面图

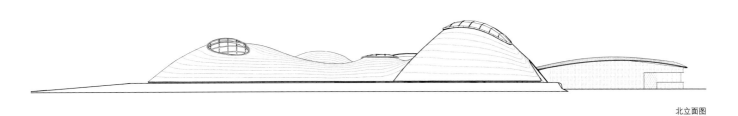

北立面图

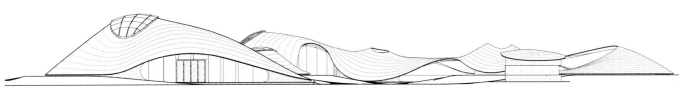

西立面图

统万城遗址博物馆
Tongwancheng Site Museum

扫码观看
更多内容

开发单位：靖边县文化和旅游文物广电局
建设单位：榆林文化旅游产业投资有限公司
设计单位：西安建筑科技大学设计研究总院
　　　　　刘克成设计工作室
合作单位：中国建筑科学研究院
项目地点：陕西省榆林市靖边县
设计/建成时间：2015年/2022年

主持建筑师：刘克成，吴迪
主要设计人员：高元丰，杨思然，王子玥
建设管理团队：李艳鹏，吕国涛，谷正金，高涛，刘兴宇

技术经济指标
结构体系：钢筋混凝土结构，钢结构
主要材料：艺术混凝土挂板，金属柳椽，砍头柳，沙柳
用地面积：163570m²
建筑面积：9922m²

　　统万城遗址博物馆位于榆林市靖边县统万城遗址公园南侧无定河对岸坡地的一处天然凹陷处，是展示北朝匈奴王赫连勃勃所建立的大夏国都的一座专题博物馆，与统万城遗址隔岸相望。在博物馆中，既能远眺雄浑的统万城遗址，又可俯瞰岁月沧桑的无定河，还将接近10000m²的建筑体量完全地隐藏在地形之中，保持了遗址环境真实性。

　　建筑利用起伏的地形与沙丘，隐藏了在进入博物馆前的所有设施系统，让人们穿越沟壑、沿着自然地形接近博物馆，全身心感受遗址氛围。

　　博物馆的形式以考古探坑为原型，通过内部庭院与空间组织，让游客逐渐进入并探索这个深埋在地下的世界，从博物馆瞭望空间的地面入口拾阶而下，穿过富有魅力的展示空间，最终到达无定河谷，开启下一段精彩的参观旅程。

　　博物馆的外立面设计灵感来源于沙丘与夯土形成的肌理，瞭望空间的外侧采用了由纤薄金属材料制作而成的金属柳椽，回应了当地传统建筑利用砍头柳枝建造房屋的传统工法，达到了与遗址环境同构的目的。

博物馆北立面夜景

博物馆瞭望空间内景

博物馆立面沙丘与夯土肌理

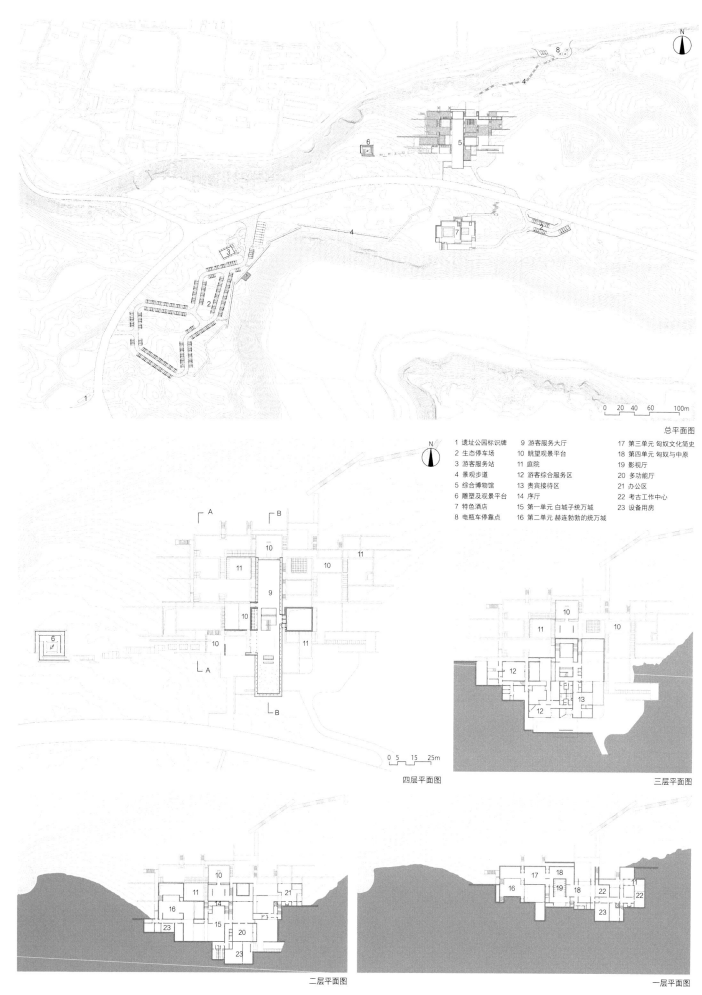

总平面图

1 遗址公园标识牌   9 游客服务大厅   17 第三单元 匈奴文化简史
2 生态停车场   10 眺望观景平台   18 第四单元 匈奴与中原
3 游客服务站   11 庭院   19 影视厅
4 景观步道   12 游客综合服务区   20 多功能厅
5 综合博物馆   13 贵宾接待区   21 办公区
6 雕塑及观景平台   14 序厅   22 考古工作中心
7 特色酒店   15 第一单元 白城子统万城   23 设备用房
8 电瓶车停靠点   16 第二单元 赫连勃勃的统万城

四层平面图

三层平面图

二层平面图

一层平面图

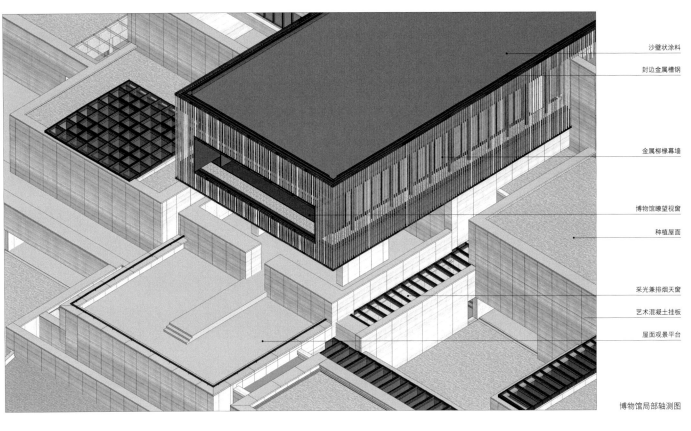

沙壁状涂料

封边金属槽钢

金属柳椽幕墙

博物馆瞭望视窗

种植屋面

采光兼排烟天窗

艺术混凝土挂板

屋面观景平台

博物馆局部轴测图

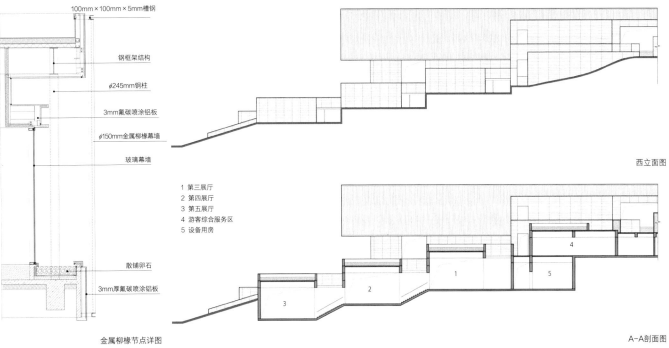

100mm × 100mm × 5mm槽钢

钢框架结构

φ245mm钢柱

3mm氟碳喷涂铝板

φ150mm金属柳椽幕墙

玻璃幕墙

散铺卵石

3mm厚氟碳喷涂铝板

金属柳椽节点详图

西立面图

1 第三展厅
2 第四展厅
3 第五展厅
4 游客综合服务区
5 设备用房

A-A剖面图

1 游客服务大厅
2 眺望观景平台
3 交通厅
4 门厅
5 女卫生间
6 影视厅
7 第七展厅

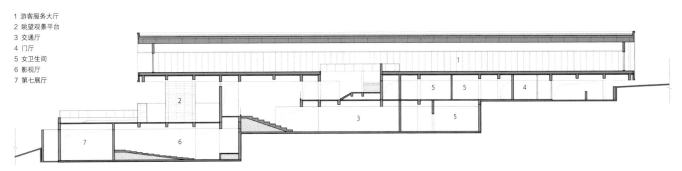

B-B剖面图

069

徐州国际学术交流中心
Xuzhou International Academic Exchange Center

扫码观看
更多内容

开发单位：徐州云谷投资发展有限公司
设计单位：清华大学建筑设计研究院有限公司
项目地点：江苏省徐州市云龙区
设计/建成时间：2017年/2022年

主持建筑师：祁斌
主要设计人员：祁斌，徐鹏，鲍雪梅，张灿，王明帆，林琳，梁玲敏，
　　　　　　　熊健猷（建筑设计）；李薇（景观设计）；汤涵，邓晓，
　　　　　　　唐宏（结构设计）

获奖情况
2023年 教育部优秀工程设计奖建筑设计一等奖
2023年 教育部优秀工程设计奖建筑环境与能源应用二等奖
2023年 教育部优秀工程设计奖建筑电气三等奖

技术经济指标
结构体系：框架-剪力墙
主要材料：钢，混凝土，石材
用地面积：67069m²　　　建筑面积：78250m²
绿地率：26%　　　　　　停车位：339个

徐州国际学术交流中心位于徐州市云龙湖风景区徐州科技创新谷。

依山就势、层次递进：整体建筑布局将"叠"的概念贯穿于整个建筑群，顺应地势变化，由高向低逐次展开，贴合自然环境的同时，充分体现了山地建筑的形态特点。

院落空间、高效组织：规划以院落围合组织空间，地形东南高、西北低，高差14m，东南角为山体。建筑围合成内部丰富的空间院落，形成适合会议交流的空间氛围。

生态创新、开放自然：下沉的庭院、围合的院落、叠落的建筑与地形环境相结合，塑造灵动空间环境的同时，也让室内外空间交融，为使用者提供了观景、休憩和交流的公共空间。

根植地域、延续文脉：主入口以舒缓的坡屋顶造型强调建筑的文化特性，与周边建筑气质相融合。室内门厅以木质及青灰地砖的颜色为主色调，坡屋面局部结合玻璃采光天窗，融理性清晰的建造技术体系于徐州地域文化特征之中。

朝向内部院落出口

庭园景观

室内门厅坡屋顶采光天窗光影效果

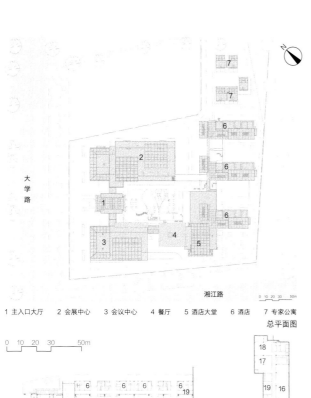

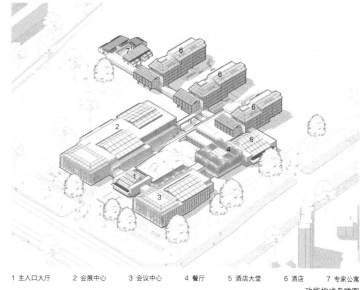

大学路

湘江路

0 10 20 30 50m

1 主入口大厅　2 会展中心　3 会议中心　4 餐厅　5 酒店大堂　6 酒店　7 专家公寓
总平面图

1 主入口大厅　2 会展中心　3 会议中心　4 餐厅　5 酒店大堂　6 酒店　7 专家公寓
功能构成鸟瞰图

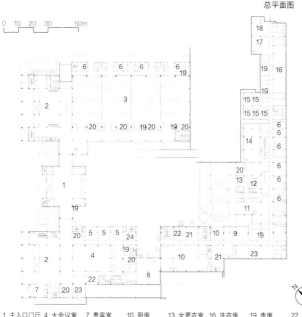

0 10 20 30 50m

1 主入口门厅　4 大会议室　7 贵宾室　10 厨房　13 女更衣室　16 洗衣房　19 库房　22 排烟机房
2 门厅　　　5 中会议室　8 宴会厨房　11 备餐　14 健身　　17 锅炉水泵　20 空调机房　23 变配电室
3 展厅　　　6 办公用房　9 员工餐厅　12 男更衣室　15 宿舍　18 锅炉房　　21 冷藏库　24 消防控制室

±0.000m标高平面图

1 宴会厅上空　2 展厅　3 休息厅　4 包间　5 电梯厅　6 大堂上空　7 套房　8 标准间

12.000m标高平面图

1 门厅上空　4 宴会厅　7 贵宾室　10 行李间　13 服务间　16 过厅　19 库房
2 展厅上空　5 中餐　　8 大厅　　11 贵重物品　14 中餐厅　17 走道
3 休息厅　　6 办公用房　9 值班室　12 商务　　15 下沉庭院　18 空调机房

7.000m标高平面图

1 包间　2 备餐　3 电梯厅　4 标准间　5 套房　6 新风机房　7 布草间

15.900m标高平面图

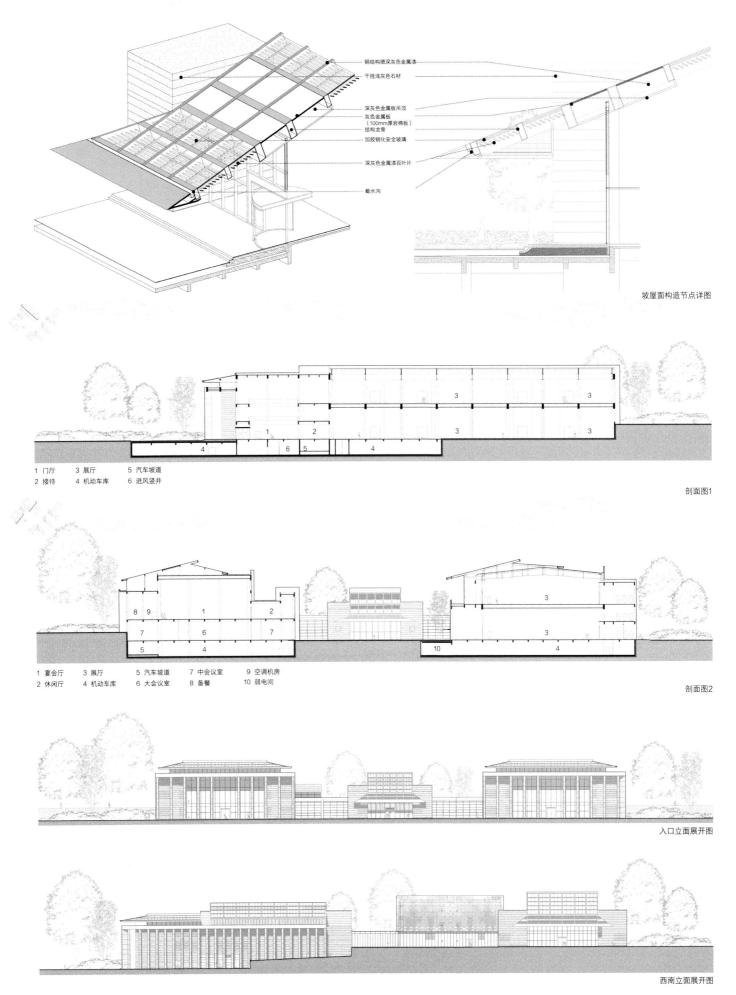

钢结构喷深灰色金属漆
干挂浅灰色石材

深灰色金属板吊顶
灰色金属板
（100mm厚岩棉板）
结构龙骨
加胶钢化安全玻璃

深灰色金属漆百叶片

截水沟

坡屋面构造节点详图

1 门厅　3 展厅　5 汽车坡道
2 接待　4 机动车库　6 进风竖井

剖面图1

1 宴会厅　3 展厅　5 汽车坡道　7 中会议室　9 空调机房
2 休闲厅　4 机动车库　6 大会议室　8 备餐　10 弱电间

剖面图2

入口立面展开图

西南立面展开图

073

紫晶国际会舍

Zijing International Conference Camp

开发单位：景德镇黑猫集团有限责任公司
设计单位：朱锫建筑事务所
项目地点：江西省景德镇市昌江区
设计 / 建成时间：2018 年 / 2022 年

主持建筑师：朱锫
主要设计人员：Mauro Pagliaretti，张顺，刘亦安，由昌臣，刘伶，
　　　　　　　纪明，韩默，陈艳红，丛啸宇

技术经济指标
结构体系：钢筋混凝土拱梁+剪力墙结构
主要材料：混凝土，木，铝合金，玻璃
用地面积：71544m²　　　建筑面积：40107m²
绿地率：30%　　　　　　停车位：206 个

　　紫晶国际会舍坐落于江西省景德镇市区西侧的山峦溪壑之中，大小各异的会议室和客房建筑单体伴随山势的走向水平展开，宛若江西古村落一般连接现状山体，织补起已被人工破坏的场地。受当地古村落与山水自然环境之间关系的启发，设计采用聚落的概念，将所有功能集于一体的会议中心这样的超尺度建筑，转化为功能分散的单元式聚落"会舍"建筑，使其被消解在群山之中。檐下的回廊、墙体的孔洞，联系山谷的平台、步道，共同塑造了一组既可以遮阳避雨，又可以包容阳光、雨露、声音以及人的活动的海绵式多孔建筑。大量向下倒垂、充满结构张力的反向单曲拱作为屋顶单元，组合的重复与变化隐喻经过变异的中国重檐建筑形式。在富有表现力的结构与材料的营造中，自然地形、建筑、人的活动共同构成了生动、和谐的交响乐章。

大会议厅序厅

中会议厅室内空间

大会议厅二层平台与柱廊空间

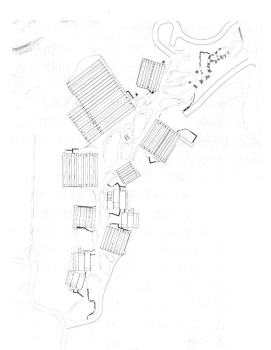

总平面图

1 会议厅1
2 会议厅2（大会议）
3 会议厅3（中会议）
4 会议厅4（贵宾）
5 会议厅5（小会议）
6 酒店
7 酒店/餐厅
8 酒店/咖啡厅

首层平面图

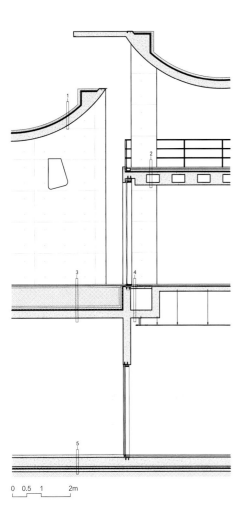

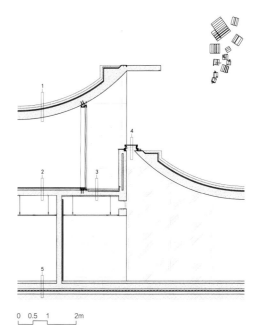

1 80mm厚配筋细石混凝土面层
　10mm厚低标号水泥砂浆隔离层
　75mm厚挤塑聚苯板保温层
　3+3mm厚SBS改性沥青防水卷材
　20mm厚1：2.5水泥砂浆找平层
　木纹清水混凝土屋面板
2 15mm厚实木复合地板
　5mm厚防潮衬垫
　20mm厚水泥砂浆结合层找平
　60mm厚LC7.5轻骨料混凝土
　清水混凝土楼板

3 40mm厚天然花岗石地面
　20mm厚1：3水泥砂浆结合层
　10mm厚低标号水泥砂浆隔离层
　3+3mm厚SBS改性沥青防水卷材
　最薄20mm厚水泥砂浆找平层
　清水钢筋混凝土楼板
4 钢化夹胶玻璃铝合金天窗

5 15mm厚实木复合地板
　5mm厚防潮衬垫
　20mm厚水泥砂浆结合层找平
　60mm厚LC7.5轻骨料混凝土
　防水抗渗钢筋混凝土底板
　50mm厚C20细石混凝土
　10mm厚低标号砂浆隔离层
　3+3mm厚SBS改性沥青防水卷材
　20mm厚1：2.5水泥砂浆找平层
　100mm厚C15混凝土垫层
　素土夯实

1 80mm厚配筋细石混凝土面层
　10mm厚低标号水泥砂浆隔离层
　3+3mm厚SBS改性沥青防水卷材
　20mm水泥砂浆找平层
　木纹清水混凝土屋面板
2 40mm厚天然花岗石地面
　30mm厚1：3干硬性水泥砂浆结合层
　75mm厚挤塑聚苯板保温层
　3+3mm厚SBS改性沥青防水卷材
　20mm厚1：3水泥砂浆找平层
　清水混凝土空心楼板

3 40mm厚天然花岗石地面
　30mm厚1：3硬性水泥砂浆结合层
　60mm厚C15素混凝土垫层
　素土夯实
　70mm厚C20细石混凝土保护层
　10mm厚低标号砂浆隔离层
　3+3mm厚SBS耐根穿刺改性沥
　青防水卷材
　20mm厚1：2.5水泥砂浆找平层
　防水抗渗钢筋混凝土顶板

4 不锈钢地面风口
　钢结构楼承板
　空调管沟
　钢筋混凝土楼板
5 5mm厚金刚砂面层，分格缝6m×6m
　95mm厚C25混凝土随打随抹平，内配φ6.5@200
　双层双向钢筋
　现浇钢筋混凝土楼板
　防水抗渗钢筋混凝土底板
　50mm厚C20细石混凝土
　10mm厚低标号砂浆隔离层
　3+3mm厚SBS改性沥青防水卷材
　20mm厚1：2.5水泥砂浆找平层
　100mm厚C15混凝土垫层
　素土夯实

节点详图

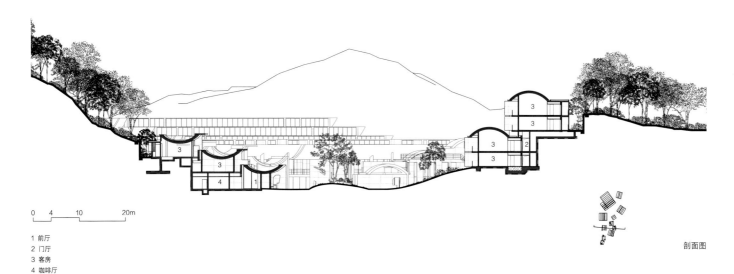

1 前厅
2 门厅
3 客房
4 咖啡厅

剖面图

重庆缙云山生态文明教育展示馆

Ecological Civilization Education Exhibition Hall of Jinyun Mountain, Chongqing

开发单位：重庆北泉温泉开发有限公司
设计单位：重庆大学建筑城规学院褚冬竹工作室 /
　　　　　重庆大学建筑规划设计研究总院有限公司
项目地点：重庆市北碚区
设计 / 建成时间：2020 年 / 2022 年

主持建筑师：褚冬竹
主要设计人员
建筑方案：喻焰，邓宇文，秦文智，曾昱玮，朱维嘉，周凌志
室内设计：褚冬竹，宁睿，陈鹏，李佳蔚
建筑施工图：徐晓军，喻焰，王廷国，暴艳荣，韩治国，王俊斌

获奖情况
2023 年　第 42 届世界建筑社群网大奖建成类"专业评审奖"及
　　　　　"公众评选奖"
2020 年　IAA 国际建筑奖
2020 年　入选《建筑实践》杂志"2022 年度推介项目 20"

技术经济指标
结构体系：钢结构
主要材料：钢，玻璃，重竹
用地面积：2650m²
建筑面积：1605m²

项目位于重庆市北碚区缙云山黛湖之南，是对原违建酒店拆除后进行的空间缝补。

该项目将作为缙云山综合整治成果展示厅及教育学习基地，致力于普及生态文明等理论成果，对缙云山国家级自然保护区整改工作、成果及未来规划进行全方位、多角度的展示。

项目场地毗邻缙云路，背山面湖，处山势环抱之中。设计尊重自然规律，兼顾人文气质，注重空间多元营造——既有内向静谧，也有外向揽景。建筑以"洞天缙云"作为设计象征和意义实现的推演线索，呼应甲骨文"山"字的书写方式，以三角形态增补至原场地凹陷之处，以谦逊、友好的方式缝补原场地留下的生态创痕，最大限度适应和保护现状地形、一草一木充分尊重场地文脉，致敬中国传统生态人文精神。

室内楼梯至室外空中景廊——两侧如镜面般对远山风景进行多次反射，观者可独揽缙云景观

生态内庭——取意山中有建筑、建筑中有山，相互依存，相互保护

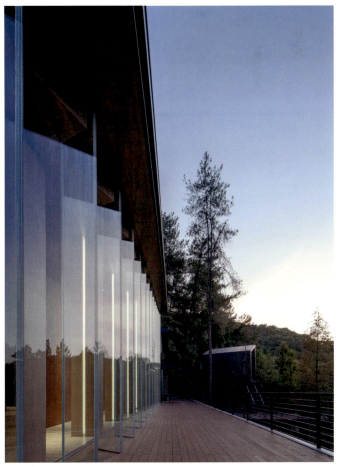

二层观景露台——晚霞被锯齿玻璃面裁切为不尽相同的画面，形成真实与虚像的对话

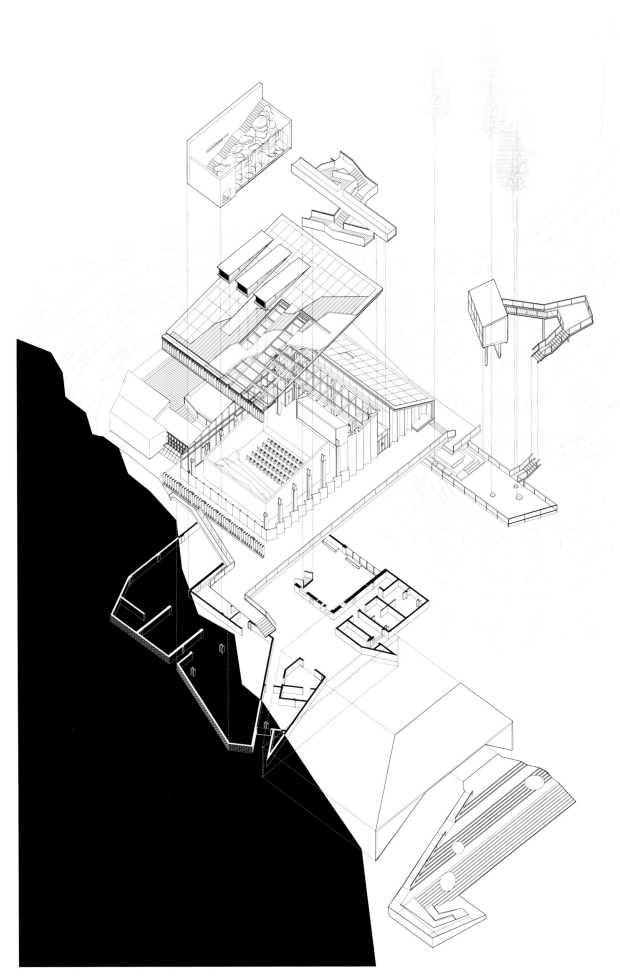

空间拆解示意图

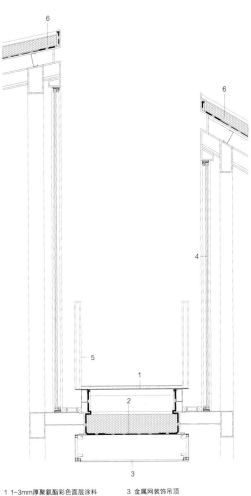

1 1~3mm厚聚氨酯彩色面层涂料
　0.2mm丙烯酸涂料底层腻子磨平
　10mm厚水泥基自流平一道
　水泥基自流平界面剂两道
　40mm厚C20细石混凝土
　6mm厚花纹钢板
2 150mm厚石棉保温板
　10mm厚水泥基自流平一道
　水泥基自流平界面剂两道
　40mm厚C20细石混凝土
　6mm厚花纹钢板

3 金属网装饰吊顶
4 Low-E中空镜面钢化玻璃
5 亮黄色铝板
6 100mm深灰色装饰铝管
　1mm厚铝镁锰板面板
　180mm厚无釉面泡沫陶瓷保温板
　20mm厚1：3水泥砂浆结合层
　3mm厚聚酯胎SBS改性沥青防水卷材
　1mm厚铝镁锰板底板
　钢檩条

空中景廊大样图

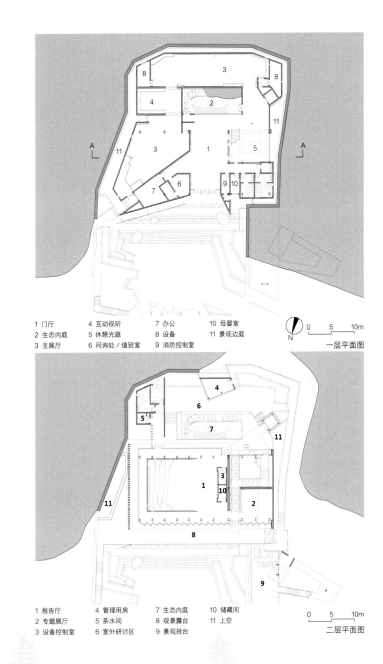

1 门厅　　　　4 互动视听　　　7 办公　　　　10 母婴室
2 生态内庭　　5 休憩光庭　　　8 设备　　　　11 景观边庭
3 主展厅　　　6 问询处 / 值班室　9 消防控制室

一层平面图

0　5　10m

1 报告厅　　　4 管理用房　　　7 生态内庭　　　10 储藏间
2 专题展厅　　5 茶水间　　　　8 观景露台　　　11 上空
3 设备控制室　6 室外研讨区　　9 景观挑台

二层平面图

0　5　10m

1 门厅
2 展厅
3 交通空间
4 报告厅
5 设备控制室
6 空中景廊

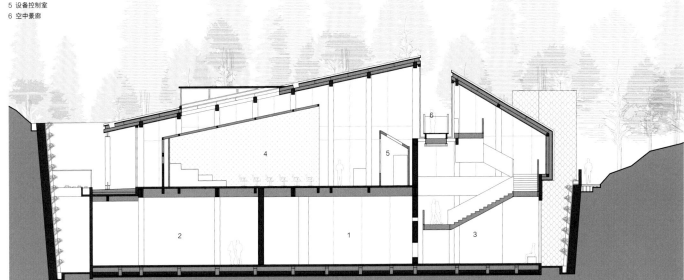

A-A剖面图

北岸礼堂
Chapel of Music

开发单位：秦皇岛阿那亚房地产开发有限公司
设计单位：直向建筑事务所
合作单位：大连市建筑设计研究院有限公司
项目地点：河北省秦皇岛市北戴河新区
设计 / 建成时间：2020 年 / 2023 年

主持建筑师：董功
主要设计人员：赵亮亮，刘世达（项目建筑师）；
　　　　　　　张菡，李锦腾（设计管理）；
　　　　　　　曾子豪，谭业千（驻场建筑师）；
　　　　　　　李莫非，张力文（项目成员）

技术经济指标
结构体系：剪力墙结构
主要材料：清水混凝土，ETFE（氟塑料），玻璃，水磨石，黄铜，柚木
用地面积：261m²
建筑面积：455m²

　　北岸礼堂是直向建筑事务所在秦皇岛阿那亚社区的第四次建筑空间实践。我们想象，这座礼堂像是一个降落在广场上的精密"音乐盒子"。通过对声音、光和风的调度，设计尝试建立一种新的音乐厅空间类型。在剖面上，音乐厅的中心舞台下沉，当演奏进行时，声音将会充满音乐厅，穿过坐席边缘的九个铜质传声孔，弥散到下方的冥想圆厅。

　　礼堂位于社区中心，建筑平面轮廓的三个端面分别回应人流进入广场和大海的方向。建筑底层架空，形成了城市空间在地面层的穿透和连通，为人们提供了一处遮阴避雨的休憩场所。建筑北侧面向市集方向，设有一条平行于曲面墙的长坡道，引导人们进入礼堂内部，开启一场声音与空间的探索。

从楼梯间看向窗外海景

天光音乐厅

冥想圆厅凹龛

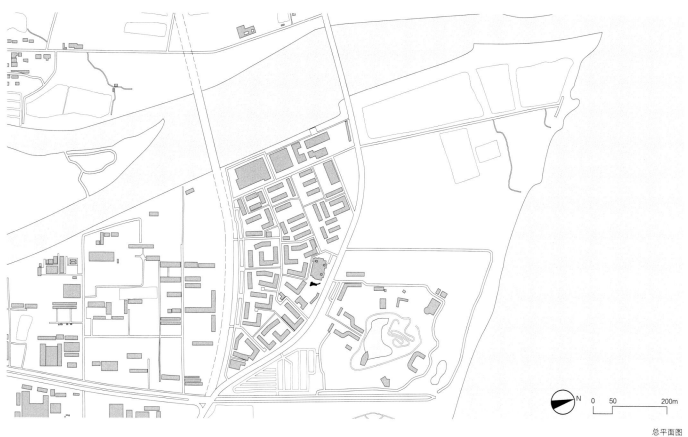

N 0 50 200m

总平面图

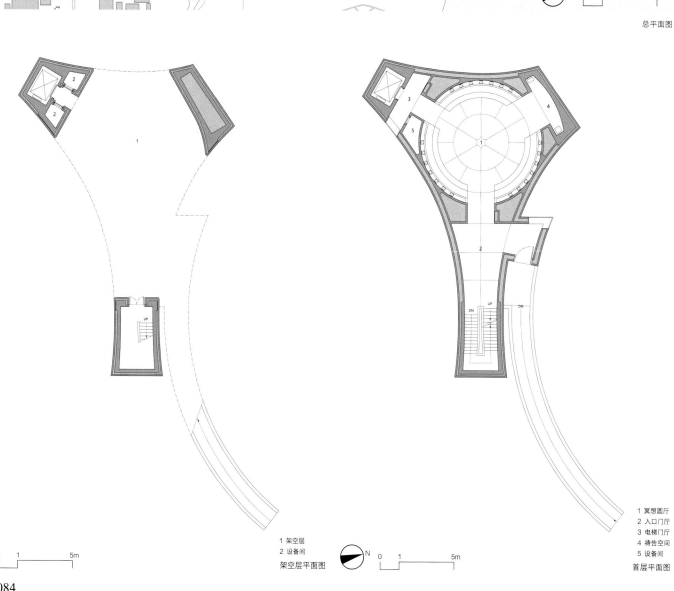

1 架空层
2 设备间

架空层平面图

N 0 1 5m

0 1 5m

1 冥想圆厅
2 入口门厅
3 电梯门厅
4 祷告空间
5 设备间

首层平面图

1 冥想圆厅
2 入口门厅
3 电梯门厅
4 祷告空间
5 设备间

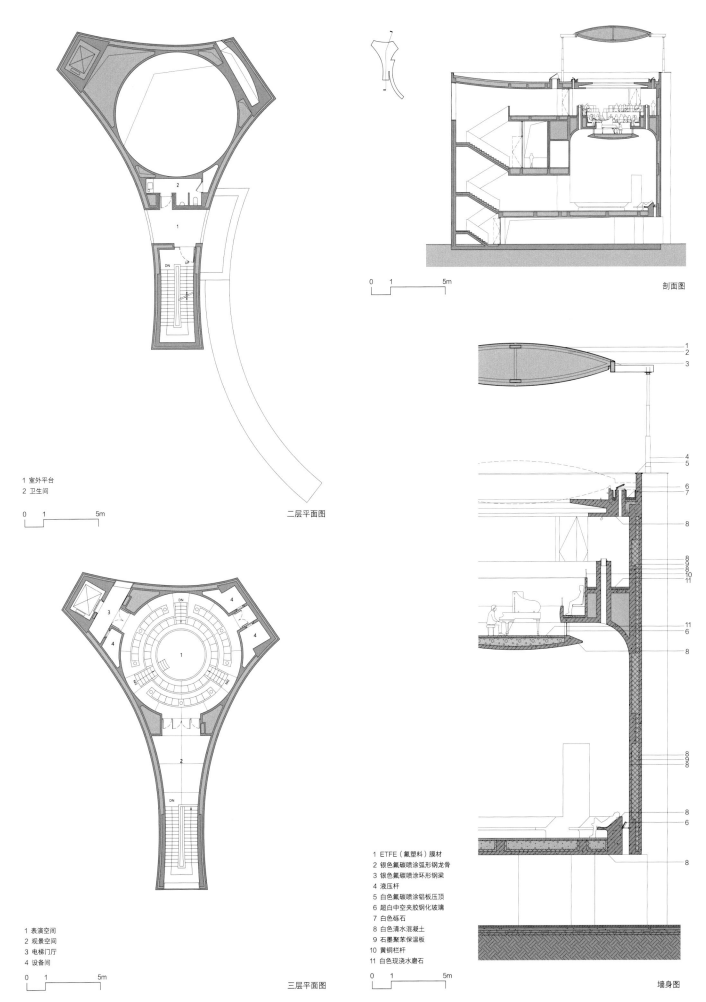

1 室外平台
2 卫生间

0 1 5m

二层平面图

1 表演空间
2 观景空间
3 电梯门厅
4 设备间

0 1 5m

三层平面图

0 1 5m

剖面图

1 ETFE（氟塑料）膜材
2 银色氟碳喷涂弧形钢龙骨
3 银色氟碳喷涂环形钢梁
4 液压杆
5 白色氟碳喷涂铝板压顶
6 超白中空夹胶钢化玻璃
7 白色砾石
8 白色清水混凝土
9 石墨聚苯保温板
10 黄铜栏杆
11 白色现浇水磨石

0 1 5m

墙身图

085

北京艺术中心（城市副中心剧院）

Beijing Performing Arts Centre（Urban Sub-center Theatre）

扫码观看
更多内容

业主单位：国家大剧院
代建单位：北京城市副中心投资建设集团有限公司
设计单位：北京市建筑设计研究院股份有限公司 /
　　　　　Perkins & Will 建筑事务所 +SHL 建筑事务所
项目地点：北京市通州区
设计 / 建成时间：2018 年 / 2023 年

主持建筑师：郭鲲
主要设计人员：郭鲲，魏冬，李翀

获奖情况
2023 年 第十三届"创新杯"建筑信息模型（BIM）应用大赛
2023 年 Autodesk 设计与制造国际大奖

技术经济指标
结构体系：外钢框架内现浇钢筋混凝土剪力墙结构
用地面积：122389m²　　　建筑面积：125350m²
绿地率：13%　　　　　　　停车位：450 个

　　北京艺术中心以"文化粮仓"为主题，紧扣通州大运河独特的地理位置，以平台隐喻舞台，将歌剧厅、音乐厅和戏剧场三座文化容器独立放置在舞台上，立面用"开启的大幕"隐喻生活是一场永不落幕的表演。内部空间的设计围绕"生活"和"表演"的关系，除了封闭的表演空间之外，剧场的门厅、前厅等公共空间结合休闲、咖啡和餐饮，提供开放式表演艺术空间，体验演员在生活中表演，观众在表演中生活。剧院极具动感和活力的屋顶轮廓线，勾勒出本地区的文化历史特性，旨在成为北京绿心起步区总体规划中的新地标性建筑。

　　北京艺术中心总建筑面积 125350m²，其中地上建筑面积 82700m²，地下建筑面积 42650m²。剧院内设置歌剧院（1800 座）、音乐厅（1500 座）、戏剧场（1050 座）、小剧场（750 座）以及一个室外露天剧场。

戏剧场前厅

音乐厅前厅

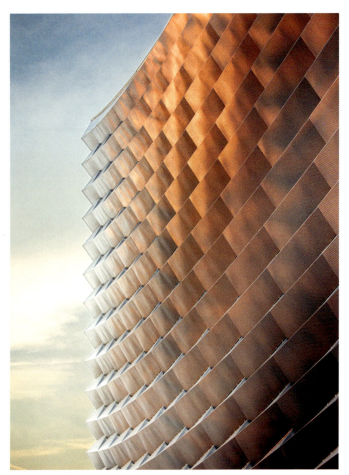

立面铝板

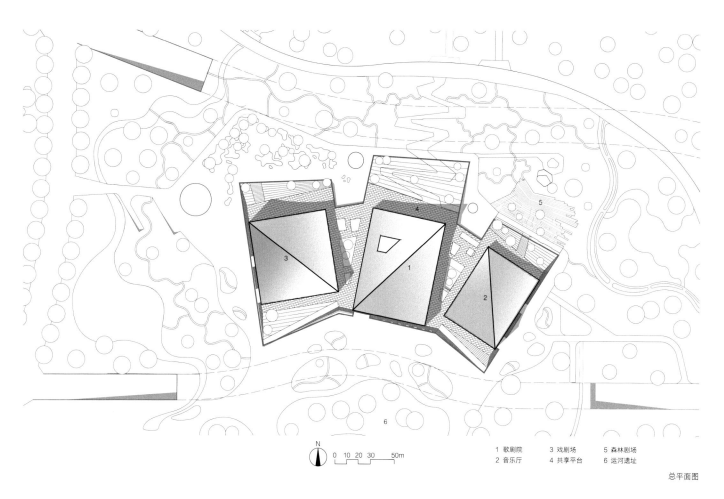

N
0 10 20 30 50m

1 歌剧院	3 戏剧场	5 森林剧场
2 音乐厅	4 共享平台	6 运河遗址

总平面图

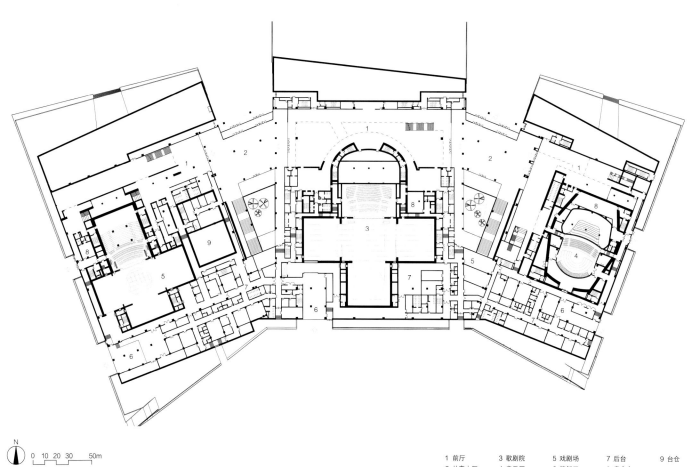

N
0 10 20 30 50m

1 前厅	3 歌剧院	5 戏剧场	7 后台	9 台仓
2 共享大厅	4 音乐厅	6 装卸口	8 贵宾室	

首层平面图

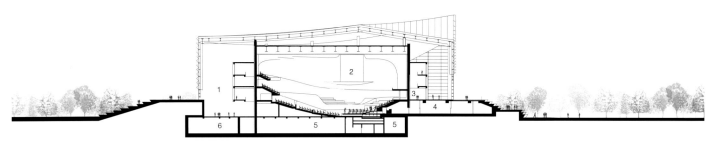

1 前厅
2 观众厅
3 休息厅
4 后台
5 设备用房
6 地下停车

B-B音乐厅剖面图

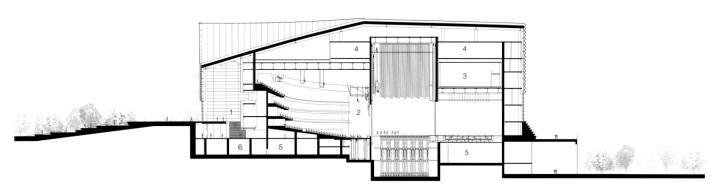

1 前厅
2 观众厅
3 排练厅
4 国际交流接待
5 设备用房
6 地下停车

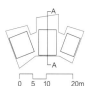

A-A歌剧院剖面图

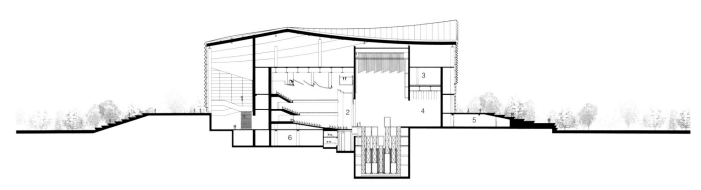

1 前厅
2 观众厅
3 技术
4 后舞台
5 化妆间
6 设备用房

C-C戏剧场剖面图

湖南广播电视台节目生产基地

Hunan Broadcasting System（HBS）Program Production Centre

扫码观看
更多内容

开发单位：湖南广播电视台
设计单位：HPP 建筑事务所
合作单位：同济大学建筑设计研究院（集团）有限公司
艺术中心方案设计：Gluckman Tang 事务所
项目地点：湖南省长沙市开福区
设计 / 建成时间：2013 年 / 2022 年

主持建筑师：Jens Kump
主要设计人员：余炜（合伙人），冯子鹏，薛燕，李天翔，崔皓，
Myriam Hamdi，陈曦，陈俊成，Baldur Steimle，
Maria Kohl，王丹，丁新宇，杨柳，周君华，李孝姓，
柯君清，Julianne Cassidy，Monon Bin Yunus，
Sascha Gössinger，Julian Puchmüller，
Karolina Maria Ozimek

技术经济指标
结构体系：钢+混凝土结构
主要材料：蜂窝铝板，混凝土，玻璃
用地面积：62932m²　　　建筑面积：227733m²
绿地率：10%　　　　　　停车位：1261 个

　　湖南广播电视台节目生产基地是一个集大型演艺活动、影视节目生产、艺术展览、创意工坊、参观等功能于一体的现代化"环球梦工厂"式非新闻类节目生产基地。

　　项目基地呈东高西低走势，整体规划采用"一轴多心"的结构，以一条三维立体的主轴贯穿东西，所有展播厅及附属功能均沿中轴展开。建筑设计方案以"七彩盒子"为概念，在台阶状的地形上形成五排绚丽的芒果盒子，组成目前国内最大的演播厅集群，其中包含一个美术馆、六个演播厅，一个漂浮于轴线顶端的环形办公区。

　　场地内的中央主轴为星光大道，总长 400m，从西侧入口广场延伸至东侧办公入口，它是贯通整个节目生产基地的室外通廊，也是公共活动的主要场所。作为当下国内最先进的节目录制与生产场所，该项目以开放、创新、包容的姿态打破了传统上隔绝观众与节目制作的厂区模式。

贯穿整个建筑的星光大道

中轴线顶端的漂浮办公区

建筑细部

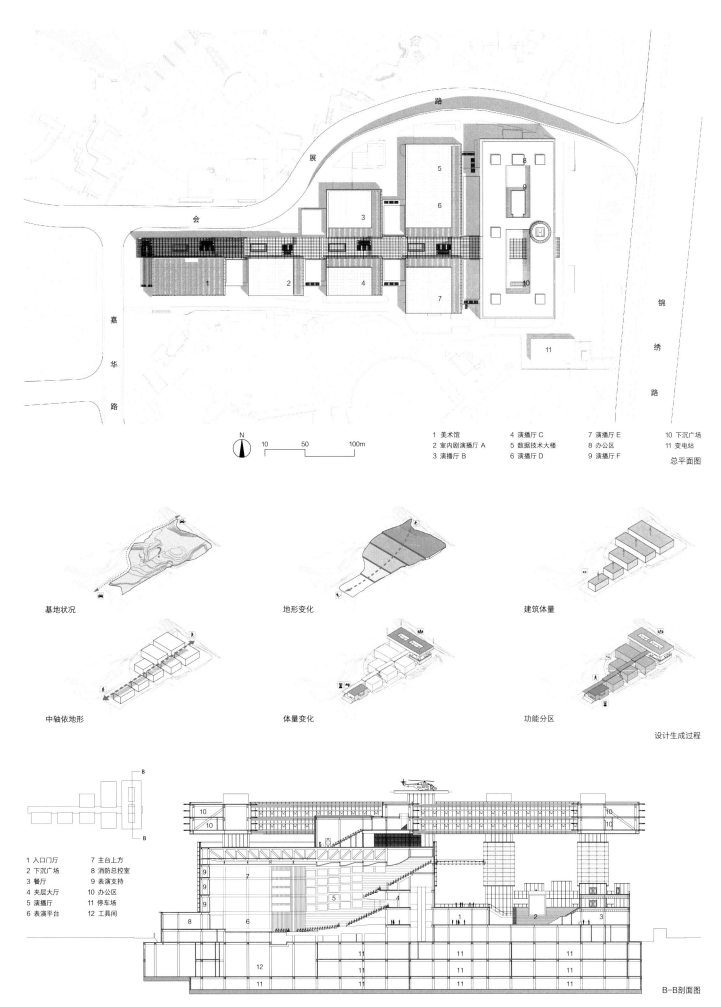

1 美术馆　　　4 演播厅 C　　　7 演播厅 E　　　10 下沉广场
2 室内剧演播厅 A　5 数据技术大楼　8 办公区　　　11 变电站
3 演播厅 B　　　6 演播厅 D　　　9 演播厅 F

总平面图

基地状况　　　　　　　　　地形变化　　　　　　　　　建筑体量

中轴依地形　　　　　　　　体量变化　　　　　　　　　功能分区

设计生成过程

1 入口门厅　　7 主台上方
2 下沉广场　　8 消防总控室
3 餐厅　　　　9 表演支持
4 夹层大厅　　10 办公区
5 演播厅　　　11 停车场
6 表演平台　　12 工具间

B-B剖面图

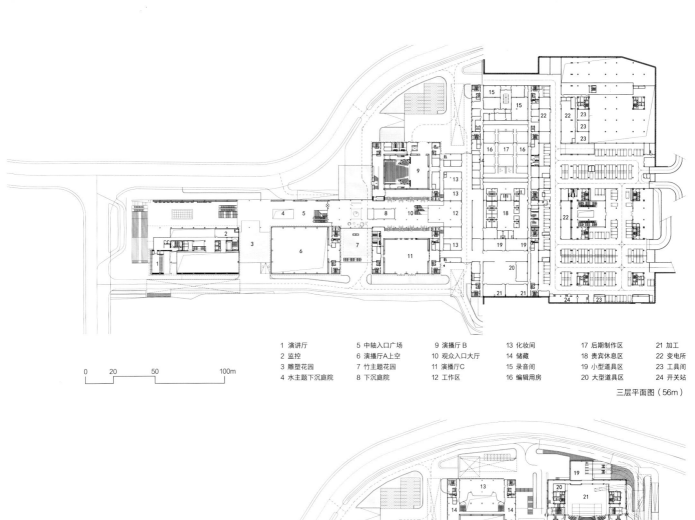

1 演讲厅	5 中轴入口广场	9 演播厅 B	13 化妆间	17 后期制作区	21 加工
2 监控	6 演播厅A上空	10 观众入口大厅	14 储藏	18 贵宾休息区	22 变电所
3 雕塑花园	7 竹主题花园	11 演播厅C	15 录音间	19 小型道具区	23 工具间
4 水主题下沉庭院	8 下沉庭院	12 工作区	16 编辑用房	20 大型道具区	24 开关站

三层平面图（56m）

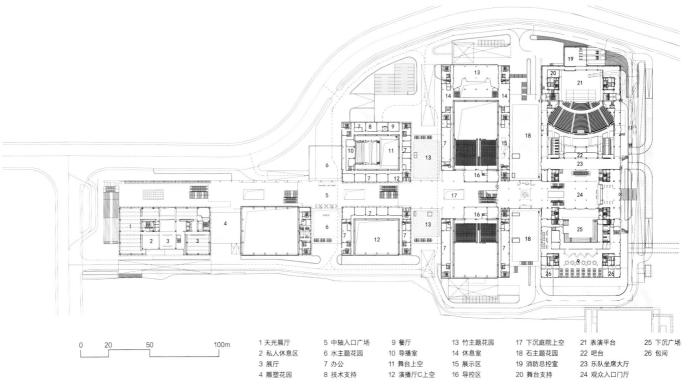

1 天光展厅	5 中轴入口广场	9 餐厅	13 竹主题花园	17 下沉庭院上空	21 表演平台	25 下沉广场
2 私人休息区	6 水主题花园	10 导播室	14 休息室	18 石主题花园	22 吧台	26 包间
3 展厅	7 办公	11 舞台上空	15 展示区	19 消防总控室	23 乐队坐席大厅	
4 雕塑花园	8 技术支持	12 演播厅C上空	16 导控区	20 舞台支持	24 观众入口门厅	

五层平面图（68m）

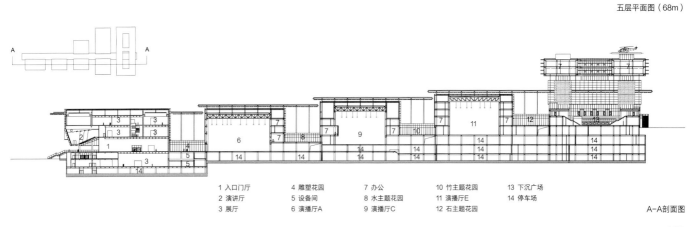

1 入口门厅	4 雕塑花园	7 办公	10 竹主题花园	13 下沉广场
2 演讲厅	5 设备间	8 水主题花园	11 演播厅E	14 停车场
3 展厅	6 演播厅A	9 演播厅C	12 石主题花园	

A—A剖面图

昆山花桥艺体馆
Kunshan Huaqiao Art & Sports Center

扫码观看
更多内容

开发单位：昆山银桥控股集团有限公司
设计单位：苏州九城都市建筑设计有限公司
项目地点：江苏省昆山市花桥镇
设计/建成时间：2017年/2022年

主持建筑师：于雷
主要设计人员：于雷，许潇，张琦，陈科臻，沈春华，潘虹，杨涛，
祁文华，张贵德，施晓霞，戈凯，沈勋清，鲁齐，
薛青，梁雨晴

获奖情况
2023年 入选 ARCHINA2023年度建筑大奖最佳文化建筑
2023年 苏州市城乡建设系统优秀勘察设计（建筑工程设计—民用设计）
一等奖

技术经济指标
结构体系：钢框架结构，混凝土框架结构，框架–剪力墙结构
主要材料：穿孔铝板，石材，PTFE（铁氟龙）膜
用地面积：14900m²　　　建筑面积：33100m²
绿地率：15%　　　　　　停车位：196个

花桥艺体馆是一座位于高密度城市中心地段的文体综合体，设计旨在塑造一个功能丰富、与街道融合、步行友好的城市地标。艺体馆功能包括剧场、泳池、综合体育馆，以及图书、培训、展厅、健身等各种小型场馆，此外还有一定数量的配套商业及地下停车场，可以满足市民一站式的活动需求。

项目设计引入"城市客厅"的概念，建筑体量化整为零，各种文体功能沿地块周边分散布置，便于各种项目独立灵活地运营。中央区域则形成一片开放的城市公共空间，它与外部道路相连，即使在闭馆期间，市民依然可以在其中穿越、停留和活动，是城市街道空间的延伸。

艺体馆建筑形式的塑造以自然风景中的"峰谷"体验为摹本，用现代、抽象的几何关系来组织周边建筑体量及其间隙，将地形不规则带来的制约条件转化为丰富、立体的城市公共空间体验，在满足市民对文体活动设施需求的同时，也为他们提供了便于到达、开放共享的城市公共空间。

立面外景

剧场内景

游走在"峰谷"中的折形游廊

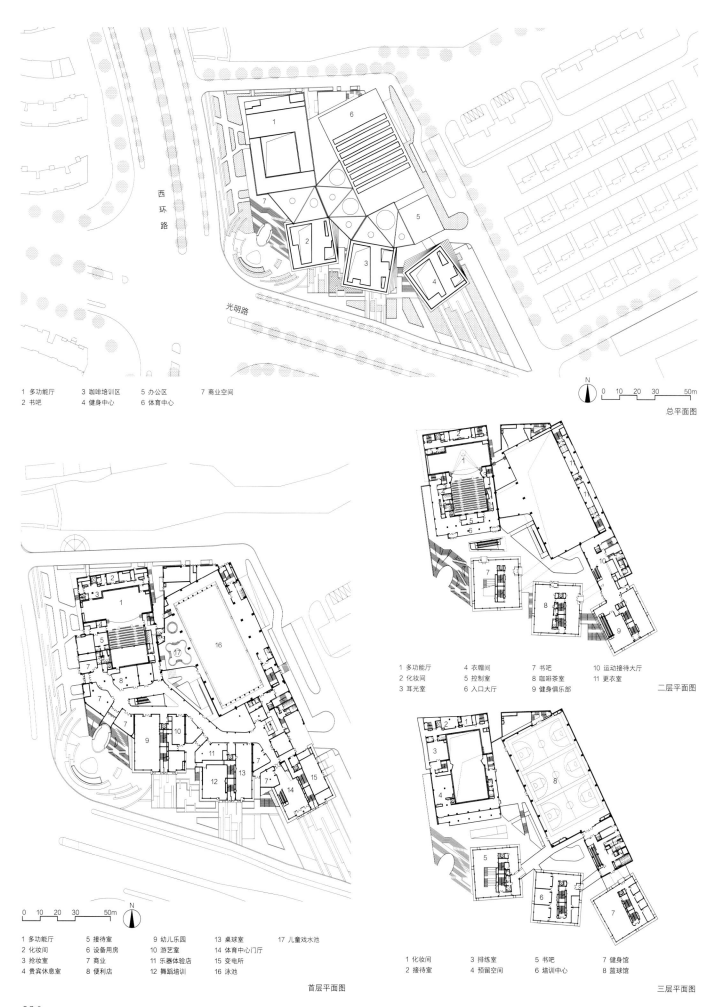

西环路

光明路

1 多功能厅　3 咖啡培训区　5 办公区　7 商业空间
2 书吧　4 健身中心　6 体育中心

N
0 10 20 30 50m
总平面图

1 多功能厅　5 接待室　9 幼儿乐园　13 桌球室　17 儿童戏水池
2 化妆间　6 设备用房　10 游艺室　14 体育中心门厅
3 抢妆室　7 商业　11 乐器体验店　15 变电所
4 贵宾休息室　8 便利店　12 舞蹈培训　16 泳池

0 10 20 30 50m　N

首层平面图

1 多功能厅　4 衣帽间　7 书吧　10 运动接待大厅
2 化妆间　5 控制室　8 咖啡茶室　11 更衣室
3 耳光室　6 入口大厅　9 健身俱乐部
二层平面图

1 化妆间　3 排练室　5 书吧　7 健身馆
2 接待室　4 预留空间　6 培训中心　8 篮球馆
三层平面图

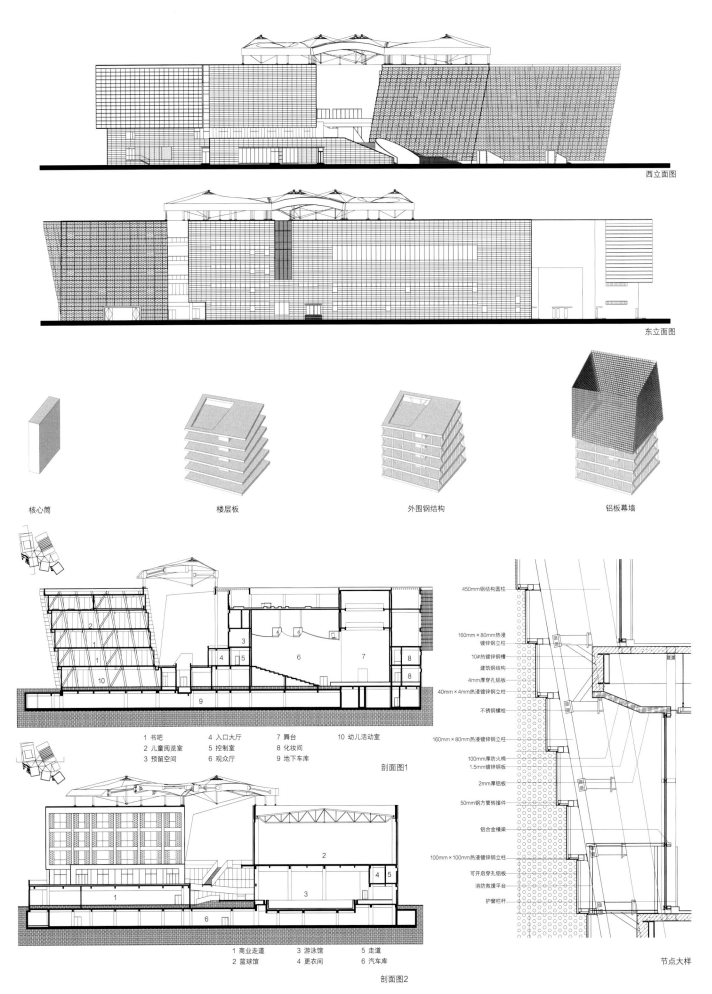

西立面图

东立面图

核心筒　　　　　　　楼层板　　　　　　　外围钢结构　　　　　　　铝板幕墙

1 书吧　　　　4 入口大厅　　　7 舞台　　　　10 幼儿活动室
2 儿童阅览室　5 控制室　　　　8 化妆间
3 预留空间　　6 观众厅　　　　9 地下车库

剖面图1

1 商业走道　　　3 游泳馆　　　　5 走道
2 篮球馆　　　　4 更衣间　　　　6 汽车库

剖面图2

450mm钢结构圆柱
160mm×80mm热浸镀锌钢立柱
10#热镀锌钢槽
建筑钢结构
4mm厚穿孔铝板
40mm×4mm热浸镀锌钢立柱
不锈钢螺栓
160mm×80mm热浸镀锌钢立柱
100mm厚防火棉
1.5mm镀锌钢板
2mm厚铝板
50mm钢方管转接件
铝合金横梁
100mm×100mm热浸镀锌钢立柱
可开启穿孔铝板
消防救援平台
护窗栏杆

节点大样

平潭国际演艺中心

Pingtan International Performing Arts Center

开发单位：平潭综合实验区旅游集团有限公司
设计单位：北京市建筑设计研究院股份有限公司华南设计中心
项目地点：福建省福州市平潭综合实验区
设计 / 建成时间：2019 年 / 2022 年

设计总指导：马国馨
主持建筑师：黄捷
主要设计人员：黄皓山，杨晓波，张桂玲，赵亮星，陈梓豪，林晓强，
　　　　　　　陈森林，黄泰赟，符景明，程晓艳，杜元增，李源波，
　　　　　　　吴明威，翁沉卉，张郁林，卢明富，张慎，尹栋霖，
　　　　　　　蔡枫荣，丘星宇，冯石琛，张泳琦，黎心宇，林晓明，
　　　　　　　刘小靖，罗远山，冯彦铮，叶军，胡雪利，巴音吉勒，
　　　　　　　李文昌，代琪，叶曼蓉，黄若锋，李子言，刘东林

获奖情况
2024 年 广州市优秀工程勘察设计一等奖
2024 年 香港建筑师学会海峡两岸暨港澳建筑设计大奖卓越奖
2022 年 BIAD 优秀设计奖评选优秀工程设计奖（公共建筑）一等奖

技术经济指标
结构体系：钢+混凝土结构　　主要材料：清水混凝土，钢，玻璃
用地面积：31300m²　　　　　建筑面积：38900m²
绿地率：29%　　　　　　　　停车位：142 个

平潭综合实验区位于福建省东部，与我国台湾隔海峡相望。本项目场地位于平潭金井湾片区中轴，面朝开阔的海湾景观，东面与南面紧邻城市公园。建筑坐落在山海之间，大自然的风、雨、云、光构成了瞬息万变的景观。因此，设计的初衷旨在打造一处适应气候特征、回应景观资源、容纳市民生活的公共活动场所。

建筑主体采用原色偏白的清水混凝土，搭配白色的钢结构屋架，营造朴素且富有亲和力的建筑形象。建筑的各种功能凝聚成独立体块，在建筑尺度上摒弃巨大的单一体量，转为呈现相对小型、散置的体量，从而营造出一系列尺度宜人的公共空间。

丰富的路径串联起不同的功能，连接不同的标高，也穿越室内与室外。自由的漫游路径进一步消解了内外空间的边界。清水混凝土塑造的坚实体量与灵动的游廊形成"重"与"轻"的有趣对比。人们在行走中感受空间与光影的变化。

在清水混凝土的坚实体量之中，明亮的自然光线从天窗倾泻而下，为室内提供自然采光。随时间而变化的光影为沉静的清水混凝土带来了丰富的生命力。

内庭院实景

大剧院观众厅

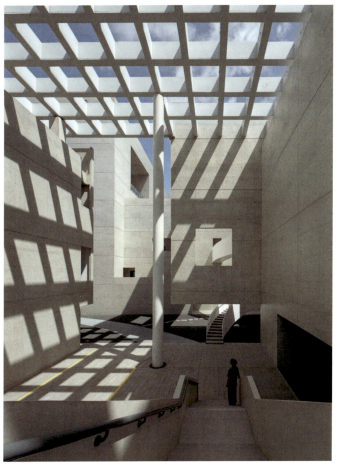

室外空间

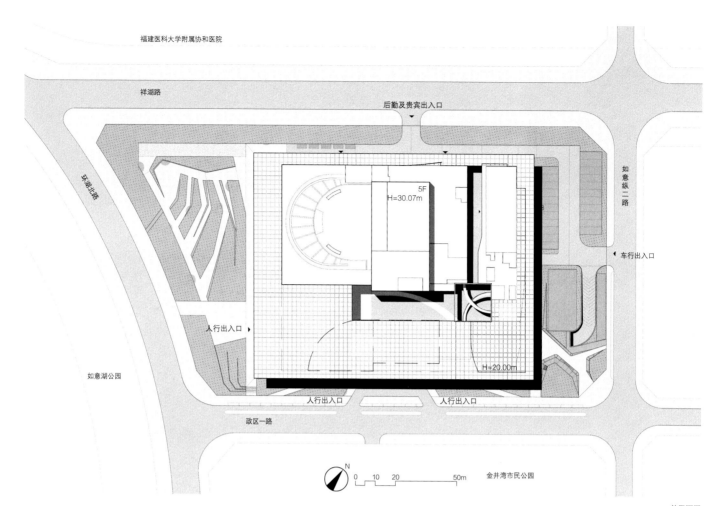

福建医科大学附属协和医院

祥湖路

环湖北路

后勤及贵宾出入口

如意纵二路

5F
H=30.07m

车行出入口

人行出入口

如意湖公园

H=20.00m

人行出入口

人行出入口

政区一路

N

0 10 20 50m

金井湾市民公园

总平面图

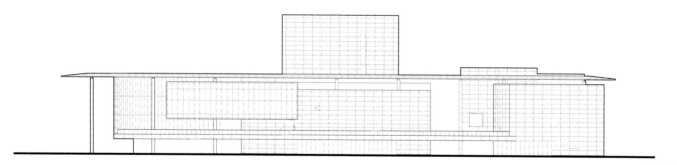

东南立面图

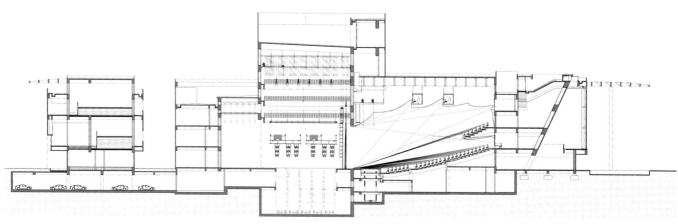

1-1剖面图

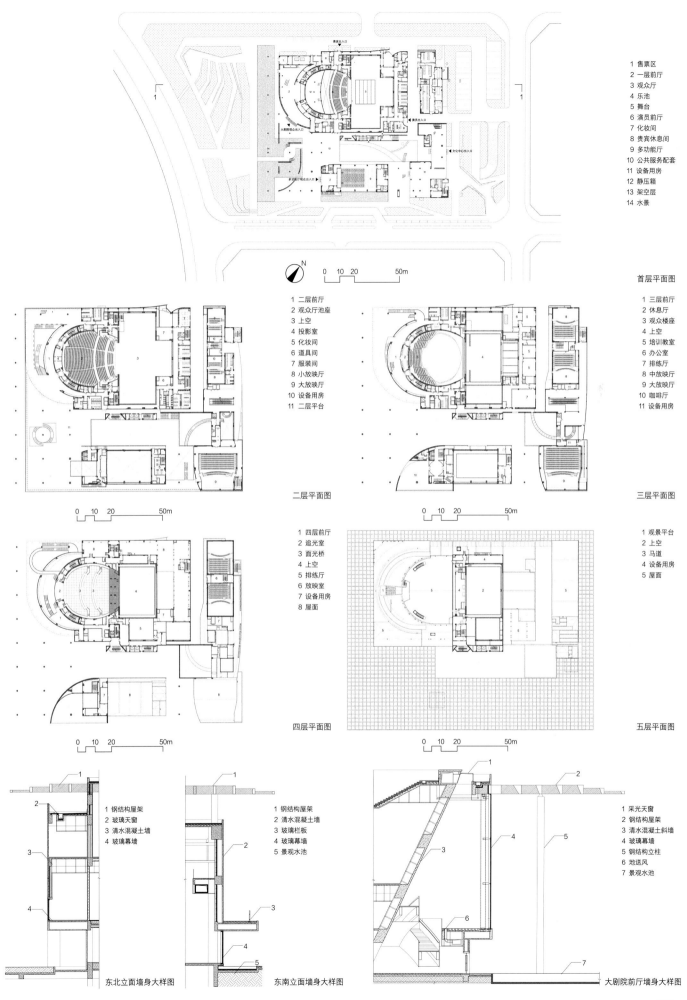

1 售票区
2 一层前厅
3 观众厅
4 乐池
5 舞台
6 演员前厅
7 化妆间
8 贵宾休息间
9 多功能厅
10 公共服务配套
11 设备用房
12 静压箱
13 架空层
14 水景

首层平面图

1 二层前厅
2 观众厅池座
3 上空
4 投影室
5 化妆间
6 道具间
7 服装间
8 小放映厅
9 大放映厅
10 设备用房
11 二层平台

二层平面图

1 三层前厅
2 休息厅
3 观众楼座
4 上空
5 培训教室
6 办公室
7 排练厅
8 中放映厅
9 大放映厅
10 咖啡厅
11 设备用房

三层平面图

1 四层前厅
2 追光室
3 面光桥
4 上空
5 排练厅
6 放映室
7 设备用房
8 屋面

四层平面图

1 观景平台
2 上空
3 马道
4 设备用房
5 屋面

五层平面图

1 钢结构屋架
2 玻璃天窗
3 清水混凝土墙
4 玻璃幕墙

东北立面墙身大样图

1 钢结构屋架
2 清水混凝土墙
3 玻璃栏板
4 玻璃幕墙
5 景观水池

东南立面墙身大样图

1 采光天窗
2 钢结构屋架
3 清水混凝土斜墙
4 玻璃幕墙
5 钢结构立柱
6 地送风
7 景观水池

大剧院前厅墙身大样图

教科·文化
Education & Culture

景德镇陶溪川艺术学院
Jingdezhen Taoxichuan Art College

扫码观看
更多内容

开发单位：景德镇陶邑文化发展有限公司
设计单位：天津华汇工程建筑设计有限公司
项目地点：江西省景德镇市
设计 / 建成时间：2019 年 / 2022 年

主持建筑师：周恺
主要设计人员：王建平，章昊，谢威，周平，高洪波，贾潮，牛育辉，
　　　　　　　杨琳，解海，杨磊，刘泽宇，庞玉鹍，吴珺，方彬，
　　　　　　　齐欣，傅乐辰，李晓，薛鹤飞，王伟

获奖情况
2023 年"海河杯"天津市优秀勘察设计建筑工程公建一等奖

技术经济指标
结构体系：钢筋混凝土结构+钢结构
主要材料：红砖，混凝土，瓦片，钢板
用地面积：10930m²
建筑面积：41800m²
停车位：261 个

陶溪川艺术学院是江西省景德镇市近现代陶瓷工业遗产综合保护开发续建集群设计项目之一，主要目的是服务于在陶溪川创作、研学的艺术家和学生，为他们提供交流、创作、生活的空间场所。

项目坐落于景德镇老城区中部原陶机厂地块内，原厂区保留了大量单、多层厂房等工业遗迹，园内植被保存较好。建筑中设置了一系列天井、骑楼、檐廊、庭院等可以避雨、通风的半室外空间，来应对当地夏季炎热多雨的气候，也可以容纳展览、表演、聚会等活动。材料则就地取材，选用了当地的红砖、混凝土、瓦片、钢板等，并结合本地的砖砌方式，营造静谧内向的居室环境，传达大隐于市的空间氛围。花砌砖墙也给建筑外立面带来了细腻变化，砖块本身的质感与灵动的光影变幻，也创造出丰富变化的建筑肌理与空间体验。

建筑东北侧主楼梯从园区道路开始向上爬升，连接二、三、四层户外平台，为游人提供多个眺望未来活动广场的视点。从平台可以再通过走廊扩展到其他区域。外部穿越的公共流线与学院内的居住流线在互不干扰的同时，也串联起艺术学院里最具特色的艺术展示和活动交流场所。

艺术学院竣工以来，与周边建筑群落共同构成了景德镇独特的城市景观及艺术生态圈，为陶溪川源源不断地注入新的活力，让陶溪川真正成为一个有归属感、以艺术滋养生活的新平台，不断迸发出崭新活力。

内街立面细部

眺望斜坡屋面

内街转角空间

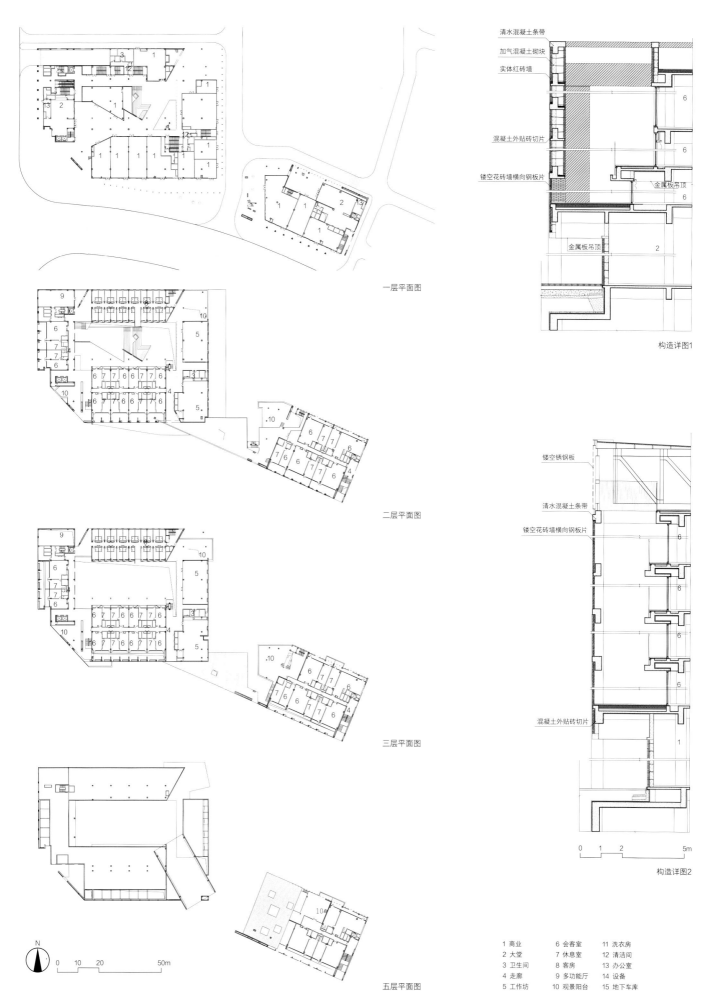

一层平面图

二层平面图

三层平面图

五层平面图

清水混凝土带
加气混凝土砌块
实体红砖墙

混凝土外贴砖切片
镂空花砖墙横向钢板片

金属板吊顶

金属板吊顶

构造详图1

镂空锈钢板

清水混凝土带
镂空花砖墙横向钢板片

混凝土外贴砖切片

0   1   2   5m

构造详图2

N

0   10   20   50m

1 商业	6 会客室	11 洗衣房
2 大堂	7 休息室	12 清洁间
3 卫生间	8 客房	13 办公室
4 走廊	9 多功能厅	14 设备
5 工作坊	10 观景阳台	15 地下车库

总平面图

立面图

剖面图

南湖实验室
Nanhu Laboratory

扫码观看
更多内容

开发单位：嘉兴市嘉实星创工程管理有限公司
设计单位：清华大学建筑设计研究院有限公司
合作单位：信息产业电子第十一设计研究院科技工程股份有限公司
　　　　　（先进生物制造研究中心工艺施工图）
项目地点：浙江省嘉兴市南湖区
设计/建成时间：2020年/2022年

设计总指导：庄惟敏
主持建筑师：张维、赵婧贤
主要设计人员：张维，赵婧贤，黄海阳，梁思思，田园，巩忠林，张兆玥，
　　　　　　　李青翔，王华，刘俊，王磊，韩佳宝，刘福利，李妍，
　　　　　　　韩晓燕，张松，于丽华，崔晓刚，张昕，陈怡琼

获奖情况
2023年 北京市优秀工程勘察设计成果评价建筑工程设计综合成果评价
　　　　（公共建筑）一等成果

技术经济指标
结构体系：钢筋混凝土框架结构
主要材料：石材，铝板，金属屋面
用地面积：94000m²　　　　建筑面积：76500m²
绿地率：35%　　　　　　　停车位：496个

　　南湖实验室是嘉兴市政府创办的新型科研机构，是市政府探索"世界级科创湖区"发展之路的关键一环。实验室引入国内六位知名院士领衔入驻，聚焦前沿科技领域，打造创新策源地和科创新平台。南湖实验室也被列入浙江省2021年省重点建设项目。

　　南湖实验室位于湘家荡湖畔，一期工程地上建筑面积为4.5万m²。地下建筑面积为3.1万m²；地上3层，地下部分整体连通。设计致力于打造融入水乡自然环境的空间布局、呈现鲜明江南地域特征的顶级实验室。

　　规划布局采取"一心、两翼、九院"为核心的空间结构。"一心"即核心岛景观区，通过结合现有里庄港及人工水系，构成一个为整体园区服务的核心区，主要包含会议展示中心、生活服务中心以及实验室办公管理综合楼；"两翼"即场地内环绕核心岛的两段水系；"九院"为九个围绕核心岛环绕布置的研发组团。项目一方面通过精心的策划和定制化设计满足多个院士领衔的科研团队的各种需求，另一方面根植于嘉兴丰厚的江南水乡底蕴，营造科学、人文、艺术相结合的氛围。建筑整体风貌现代简约，符合科研建筑特色，建筑细部则体现温婉秀气的江南风格。建筑材料以灰色金属、暖白色石材为主，局部立面融入特有的江南纹样，呼应"粉墙黛瓦"的当地建筑特征。

会议展示中心室内空间

科研人员在园林化的园区中穿行

水边连廊与远处的研究中心

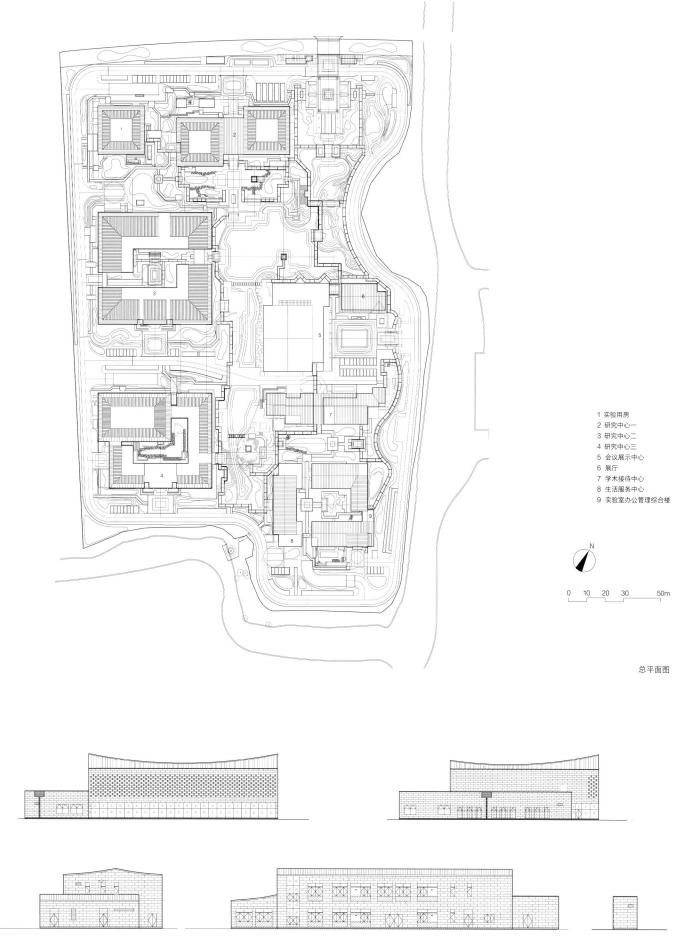

1 实验用房
2 研究中心一
3 研究中心二
4 研究中心三
5 会议展示中心
6 展厅
7 学术接待中心
8 生活服务中心
9 实验室办公管理综合楼

N

0 10 20 30   50m

总平面图

立面图

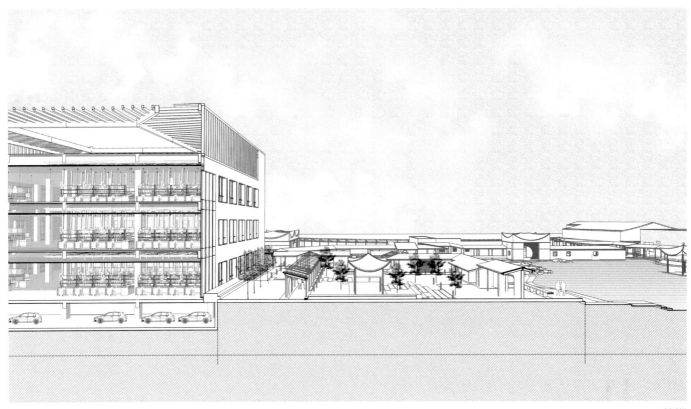

剖透视

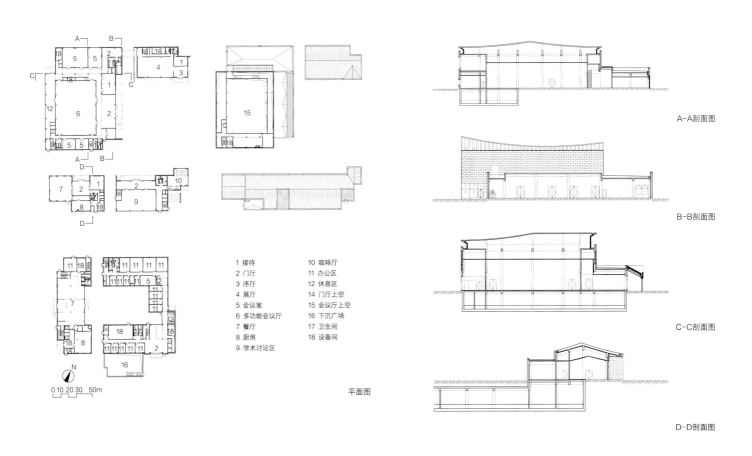

平面图

1 接待
2 门厅
3 序厅
4 展厅
5 会议室
6 多功能会议厅
7 餐厅
8 厨房
9 学术讨论区
10 咖啡厅
11 办公区
12 休息区
14 门厅上空
15 会议厅上空
16 下沉广场
17 卫生间
18 设备间

0 10 20 30　50m

A-A剖面图

B-B剖面图

C-C剖面图

D-D剖面图

111

青岛科技大学淄博教科产融合基地实验实训楼

Experimental and Training Building at Zibo Education, Science and Technology and Industry Integration Base, Qingdao University of Science and Technology

扫码观看
更多内容

开发单位：青岛科技大学淄博教科产融合基地工作领导小组
　　　　　工程建设办公室
设计单位：清华大学建筑设计研究院有限公司 /
　　　　　淄博市建筑设计研究院有限公司
项目地点：山东省淄博市
设计 / 建成时间：2021 年 / 2022 年

主持建筑师：刘玉龙
主要设计人员：刘玉龙，姚红梅，王彦，杜云鹤，宋志超，李尚，
　　　　　　　宋志超，裴军，彭海曦，胡珀，王晓倩，纪文娟，
　　　　　　　刘楠

技术经济指标
结构体系：钢结构装配式框架结构
用地面积：153765m²
建筑面积：86490m²

作为青岛科技大学产研创新的教学科研综合体，建筑空间的营造整合学科平台，鼓励跨专业教学互动，打破院系与单位的物理隔阂。建筑空间强调交叉学科交流交往，以及弹性与可变性，适应使用过程中持续不断的功能调整，完善空间建构。从日常生活的视角，通过接地气的、非机械的方式，建立一种更加积极、动态、多样化的实验教学建筑。

设计为使用者营造一种运动中的连续空间体验，在"回"字形的建筑边界设置首层通廊空间，让院落与校园公共空间相互连通，模糊的建筑边界为校园的沟通、共享与交互提供了更多可能性。室外阶梯将外部空间引入三层的共享平台，并进一步引导人流通向更高层的公共空间。通过空中街道、平台、花园连接教学生活空间，以立体空间媒介融合建筑的室内外空间，连接教学、生活与活动空间，保证了所有机构之间的接触和沟通，形成一个连续的整体环境。

建筑表皮以浅暖色石材、金属板表达科研实验建筑的技术理性内涵，强调整洁、纯粹、理性、务实的学术特质。同时，连廊、平台、直跑楼梯等空间连通体系，则采用了淄博传统陶瓷工业的代表性色彩——陶红色，从而表达城市历史、产业、学术等多维度的叙事与传承。

东南角外观

综合平台看向实验楼南侧

西南近景

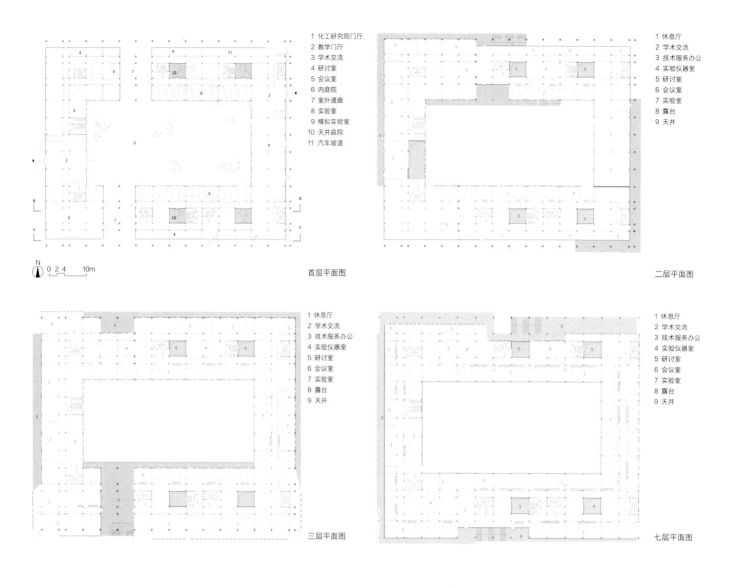

1 化工研究院门厅
2 教学门厅
3 学术交流
4 研讨室
5 会议室
6 内庭院
7 室外通廊
8 实验室
9 模拟实验室
10 天井庭院
11 汽车坡道

N　0 2 4　10m

首层平面图

1 休息厅
2 学术交流
3 技术服务办公
4 实验仪器室
5 研讨室
6 会议室
7 实验室
8 露台
9 天井

二层平面图

1 休息厅
2 学术交流
3 技术服务办公
4 实验仪器室
5 研讨室
6 会议室
7 实验室
8 露台
9 天井

三层平面图

1 休息厅
2 学术交流
3 技术服务办公
4 实验仪器室
5 研讨室
6 会议室
7 实验室
8 露台
9 天井

七层平面图

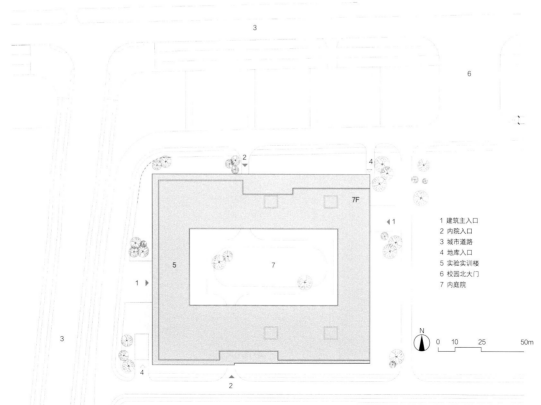

1 建筑主入口
2 内院入口
3 城市道路
4 地库入口
5 实验实训楼
6 校园北大门
7 内庭院

N　0 10 25　50m

总平面图

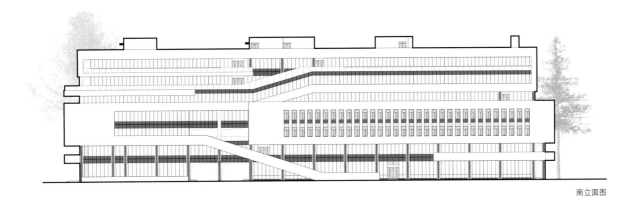

南立面图

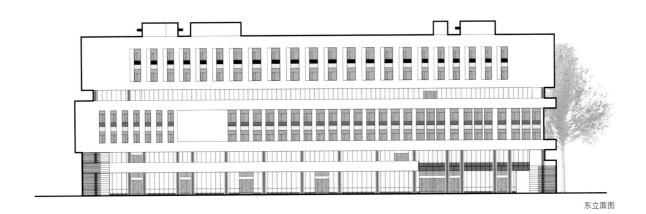

东立面图

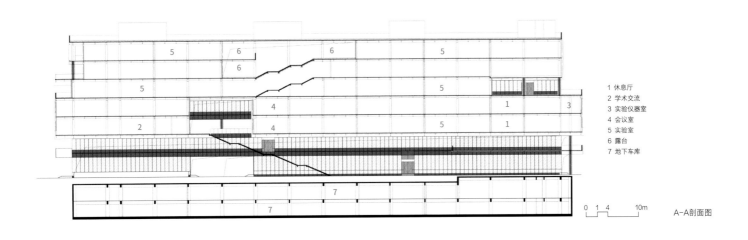

1 休息厅
2 学术交流
3 实验仪器室
4 会议室
5 实验室
6 露台
7 地下车库

0 1 4   10m

A-A剖面图

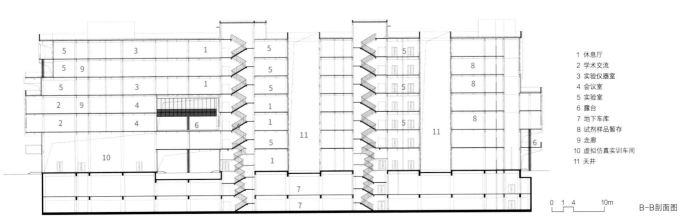

1 休息厅
2 学术交流
3 实验仪器室
4 会议室
5 实验室
6 露台
7 地下车库
8 试剂样品暂存
9 走廊
10 虚拟仿真实训车间
11 天井

0 1 4   10m

B-B剖面图

115

中国科学院大学南京学院图书馆综合楼
The Library of University of Chinese Academy of Sciences, Nanjing

开发单位：南京市麒麟科技城建设发展有限公司
设计单位：中科院建筑设计研究院有限公司
项目地点：江苏省南京市江宁区
设计 / 建成时间：2018 年 / 2022 年

主持建筑师：崔彤，朱中新
主要设计人员：刘立森，康琳，赵迎，司亚琨，李加丽
结构设计团队：朱继忠，宋丽梅
机电设计团队：孟庆宇，张晋波，刘扬文
其他合作设计团队：苑磊（室内设计），徐楠（照明设计）

获奖情况
2023 年 北京市优秀工程勘察设计成果评价建筑工程设计
    综合成果评价（公共建筑）一等成果

技术经济指标
结构体系：钢筋混凝土框架结构（主体）
主要材料：砖，砂浆，钢板，混凝土
用地面积：97000m²
建筑面积：22100m²

在六朝古都南京，在青龙山与钟山之间的科教园区中，启发于空间天文、地理环境、地质古生物等令人神往的学科，中国科学院大学南京学院的设计在向天法地、格物思辨中，演化出亘古长存的胜景长卷"天地书山，山林长亭"，诠释了从自然造物到造物自然的空间建构。图书馆以建筑为载体叙说着自然的历史，隐约呈现出生物性与矿物性混合沉积的化石痕迹，并借以东西立面印刻的长窗重构了光的深邃，让远古的智慧照亮未来之路，并以"光之庭"引导的"智慧路"构建科教融合科学轴、贯穿南北自然轴、指摘天地垂直轴，以时空十字轴为坐标，形成"书山长亭"：似虹桥飞架穿越时空，如立体书法一划天地。

儒雅的校园氛围、古拙的红砖艺术、砌筑的高超技艺、经典的凝固韵律，均融筑于犹如巨型古生物化石的建筑中，构筑成一座穿越时空的智慧之舰！

实景1

实景2

实景3

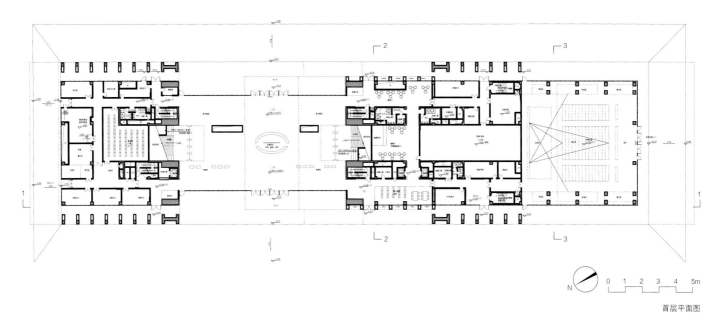

首层平面图

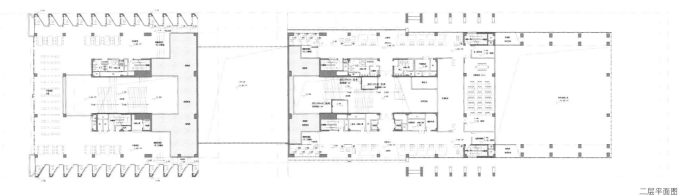

二层平面图

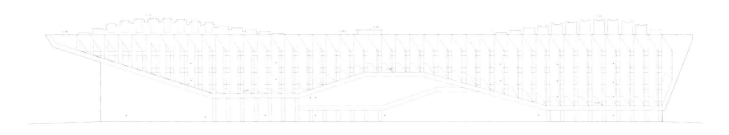

立面图1

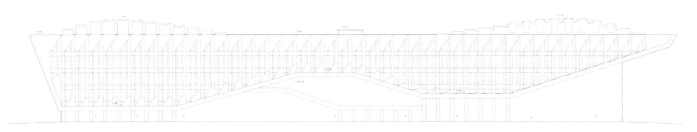

立面图2

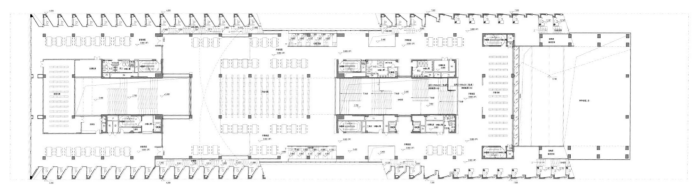

三层平面图

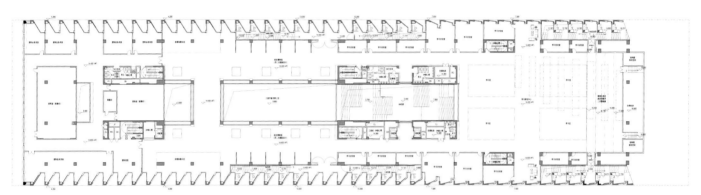

四层平面图

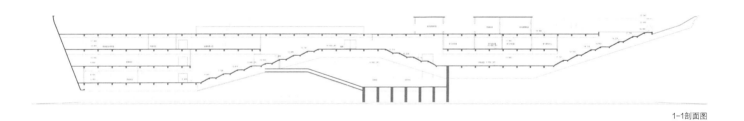

1—1剖面图

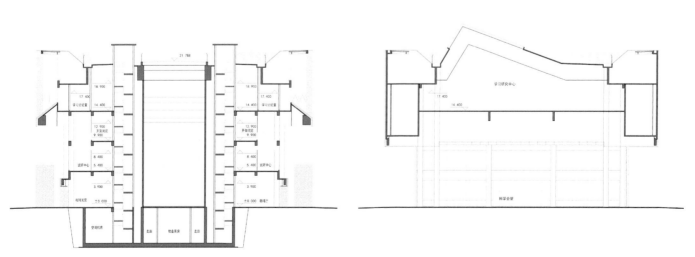

2—2剖面图

3—3剖面图

北京城市图书馆
Beijing Library

开发单位：北京市文化和旅游局 /
　　　　　北京城市副中心投资建设集团有限公司
设计单位：挪威 Snohetta 建筑事务所（简称 Snohetta）/
　　　　　华建集团华东建筑设计研究院有限公司（简称华东院）
项目地点：北京市通州区
设计 / 建成时间：2018 年 / 2023 年

主持建筑师：Robert Greenwood，刘欣华，乔伟
主要设计人员
Snohetta：Patrick Lüth，Thomas Tait，Felix Perasso，
　　　　　Daniel Berlin，Christian Hämmerle，Cheng Gong，
　　　　　Thomas Niederberger，Matthias Schenk，Stian Holte，
　　　　　Peter French，Yang Du，Anne Camilla，Luca Bargagli
华东院：胡晓晨，陈亦文，杨之赟，杨雪珂，王浩宇，章晓，高欣妍，
　　　　王严锋，葛亮，刘明国，于琦，左鑫，沈冬冬，任兵，唐宇，
　　　　曾轩，蒋飞，许士杰，袁璐，毛佳依，田建强，韩翌，文勇，
　　　　谢东，李浩，王岩，张金赫，李致远，周晓雯，徐静雯，
　　　　王怡茜，李岩，刘杨，杨赟，田学艺，沈剑逸，杨志刚，夏媛，
　　　　邓怡情，车奕辰，金瑞，缪海琳，江毅哲，翁婷玉，廖潺，
　　　　徐天择，陈珏，吉嘉，李进军，纵斌

技术经济指标
结构体系：钢框架结构（地上），钢筋混凝土框架结构（地下）
主要材料：玻璃幕墙，陶板，铝合金饰面板
用地面积：69535m²　　　　建筑面积：75221m²
停车位：108 个（地上 8 个，地下 100 个）

北京城市图书馆是坐落于六环公园边的"书山智库"，又名"森林书苑"，集知识传播、城市智库、学习共享等功能于一体，充分体现第三代公共图书馆的特征，打造舒适的学习、休闲空间，展示北京地域的文化特点和历史底蕴。

本项目的设计理念源于中国传统文化符号"赤印"，建筑的内部空间则以"雕刻场所"为概念塑造了两座连绵的"山丘"，而建筑的屋顶则由一组宛如森林伞盖般的树状结构组成，塑造以银杏叶片为灵感来源，与图书馆传承知识、传播文化的功能定位相契合。

建筑内部功能由图书典藏区、一般阅读服务区、特色功能区、开架阅览区等主要区块组成，包含了机械智慧书库、古籍书库、少儿阅览区、艺术文献馆以及非物质文化遗产馆、古籍文献馆等，为读者提供全面的阅览选择和体验。

建筑外立面由具有结构自稳固性能的全高度折边玻璃幕墙包裹，整个建筑物的高透明度和开放性允许充足的日光进入，同时模糊了边界感，强化了被大自然包围的概念。在玻璃幕墙与"山丘"的交接处，陶板覆盖的楔形外墙构成了建筑的基座，寓意着文化的厚重与沉积。

室外效果

室内实景

外立面细部

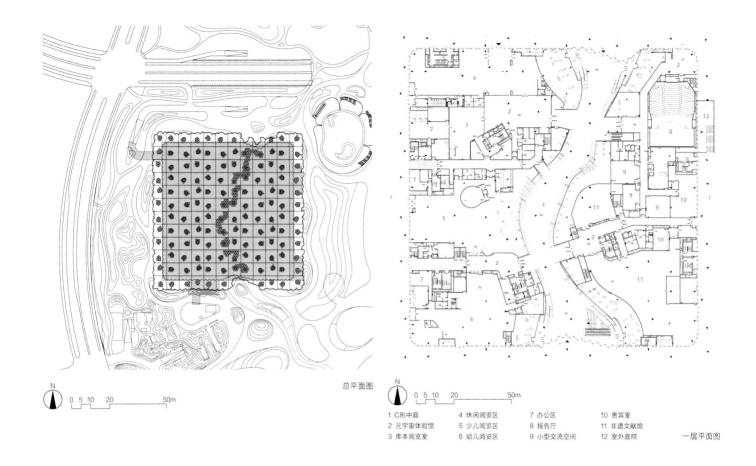

总平面图

N

0 5 10 20 50m

N

0 5 10 20 50m

1 C形中庭	4 休闲阅览区	7 办公区	10 贵宾室
2 元宇宙体验馆	5 少儿阅览区	8 报告厅	11 非遗文献馆
3 库本阅览室	6 幼儿阅览区	9 小型交流空间	12 室外庭院

一层平面图

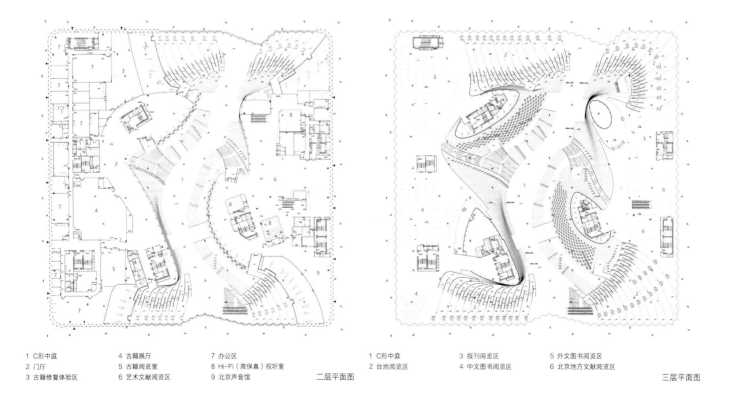

1 C形中庭	4 古籍展厅	7 办公区
2 门厅	5 古籍阅览室	8 Hi-Fi（高保真）视听室
3 古籍修复体验区	6 艺术文献阅览区	9 北京声音馆

二层平面图

1 C形中庭	3 报刊阅览区	5 外文图书阅览区
2 台地阅览区	4 中文图书阅览区	6 北京地方文献阅览区

三层平面图

122

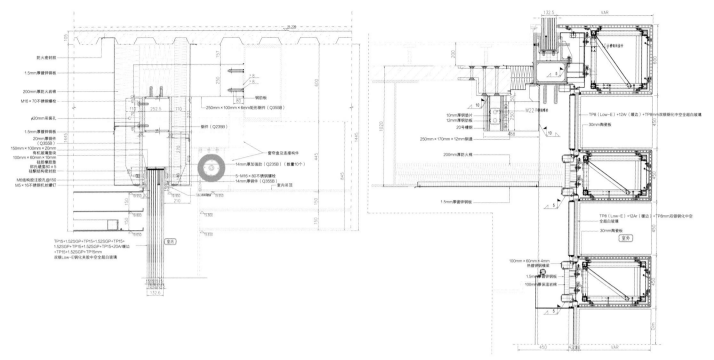

超高玻璃幕墙顶部节点详图

陶板玻璃组合幕墙标准节点详图

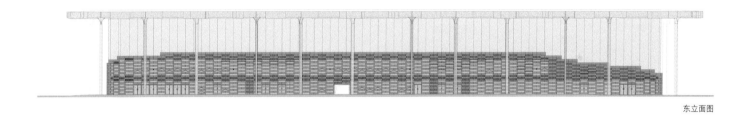

东立面图

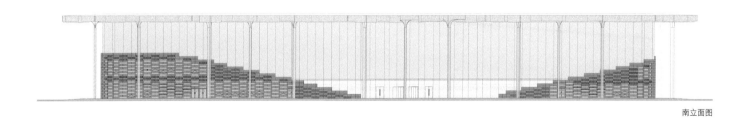

南立面图

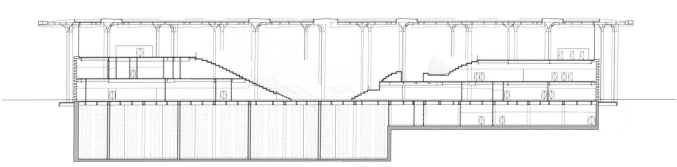

剖面图

长安书院
Chang'an Academy

开发单位：西安长安书院文化发展有限公司
设计单位：中国建筑西北设计研究院有限公司
项目地点：陕西省西安市浐灞国际港
设计 / 建成时间：2020 年 / 2023 年

主持建筑师：赵元超
主要设计人员：赵元超，李家翔，高令奇，陈丹，王维，郝恺，
　　　　　　　杨安杰，王鹏超，杜钊，张颢辰，王康宇

获奖情况
2021 年　中建西北院优秀设计奖一等奖

技术经济指标
结构体系：钢框架+钢结构网架
主要材料：耐候钢，混凝土，砌体，铝板，玻璃，
　　　　　UHPC（超高性能混凝土）
用地面积：144100m²　　　　　　建筑面积：157200m²
绿地率：35%　　　　　　　　　停车位：1144 个

长安书院项目位于西安市奥体中轴线上，与第 14 届全运会主场馆奥体中心隔河相望。建筑主要功能为图书馆、美术馆、文化交流中心、书院讲堂、文化集市等。

与奥体中心同列灞河两岸，长安书院设计采取谦逊的态度和互补的策略，以中间低俯、两侧舒展上扬的形体，与奥体中心呼应，二者一文一武、一阴一阳、和谐共生。

空间设计强调内部空间与外部环境交融，设计以"文化峡谷，源远流长"为题，一条蜿蜒的"知识峡谷"贯穿建筑，将中轴绿化与滨河景观间接连通，使环境景观自然地渗入室内。

建筑中部由十字街贯穿，尺度不一的院落与两侧建筑功能结合，形成讲堂水院、雕塑庭院、听书竹院等，打造"新长安书院街"，提供全民艺术与文化体验。

沿东滨河实景1

屋檐取义"翼角飞扬"

沿东滨河实景2

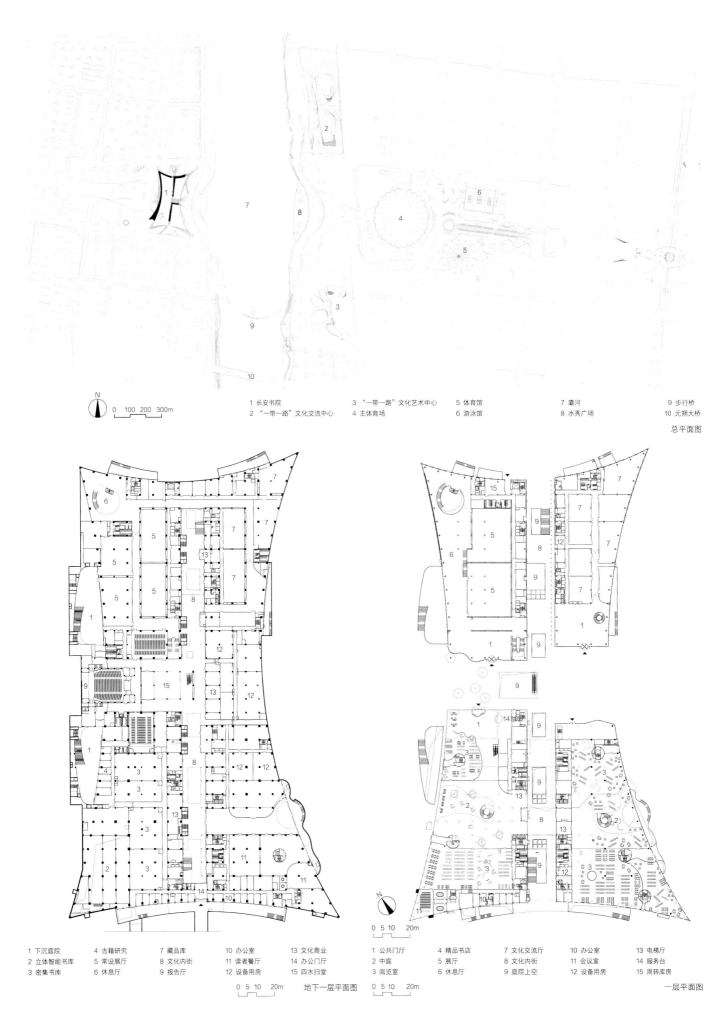

N
0 100 200 300m

1 长安书院
2 "一带一路"文化交流中心

3 "一带一路"文化艺术中心
4 主体育场

5 体育馆
6 游泳馆

7 灞河
8 水秀广场

9 步行桥
10 元朔大桥

总平面图

1 下沉庭院
2 立体智能书库
3 密集书库

4 古籍研究
5 常设展厅
6 休息厅

7 藏品库
8 文化内街
9 报告厅

10 办公室
11 读者餐厅
12 设备用房

13 文化商业
14 四水归堂
15 周转库房

0 5 10 20m
地下一层平面图

1 公共门厅
2 中庭
3 阅览室

4 精品书店
5 展厅
6 休息厅

7 文化交流厅
8 文化内街
9 庭院上空

10 办公室
11 会议室
12 设备用房

13 电梯厅
14 服务台
15 周转库房

0 5 10 20m
一层平面图

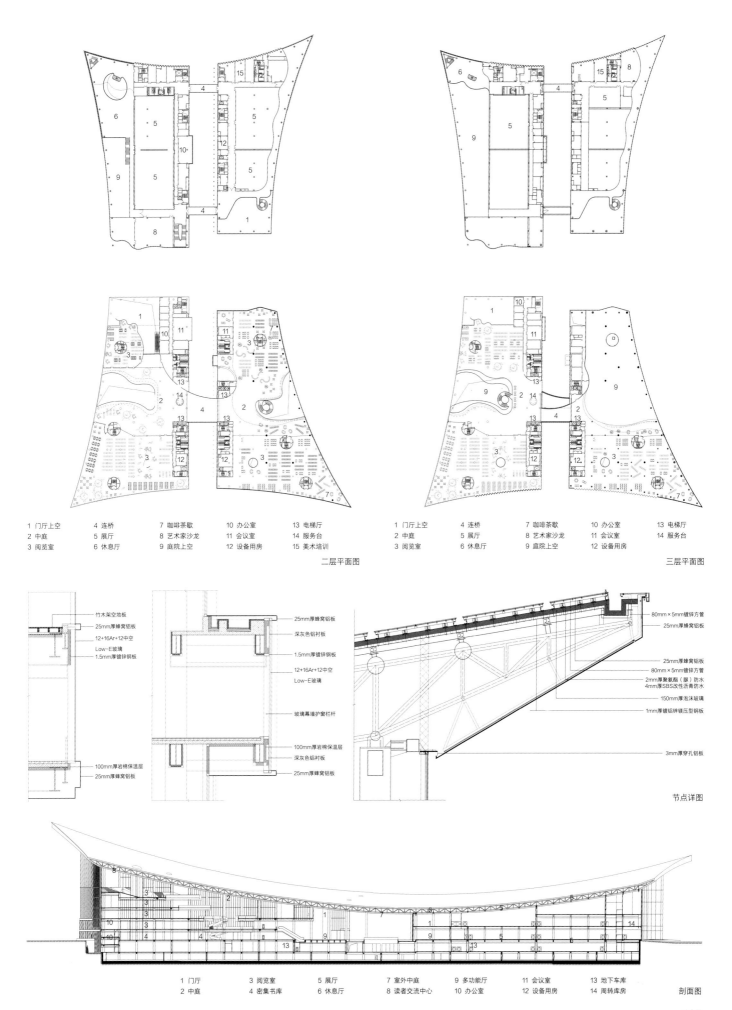

1 门厅上空	4 连桥	7 咖啡茶歇	10 办公室	13 电梯厅
2 中庭	5 展厅	8 艺术家沙龙	11 会议室	14 服务台
3 阅览室	6 休息厅	9 庭院上空	12 设备用房	15 美术培训

二层平面图

1 门厅上空	4 连桥	7 咖啡茶歇	10 办公室	13 电梯厅
2 中庭	5 展厅	8 艺术家沙龙	11 会议室	14 服务台
3 阅览室	6 休息厅	9 庭院上空	12 设备用房	

三层平面图

竹木架空地板
25mm厚蜂窝铝板
12+16Ar+12中空
Low-E玻璃
1.5mm厚镀锌钢板

100mm厚岩棉保温层
25mm厚蜂窝铝板

25mm厚蜂窝铝板
深灰色铝衬板
1.5mm厚镀锌钢板
12+16Ar+12中空
Low-E玻璃
玻璃幕墙护窗栏杆
100mm厚岩棉保温层
深灰色铝衬板
25mm厚蜂窝铝板

80mm×5mm镀锌方管
25mm厚蜂窝铝板
25mm厚蜂窝铝板
80mm×5mm镀锌方管
2mm厚聚氨酯（膜）防水
4mm厚SBS改性沥青防水
150mm厚泡沫玻璃
1mm厚镀铝锌镁压型钢板
3mm厚穿孔铝板

节点详图

| 1 门厅 | 3 阅览室 | 5 展厅 | 7 室外中庭 | 9 多功能厅 | 11 会议室 | 13 地下车库 |
| 2 中庭 | 4 密集书库 | 6 休息厅 | 8 读者交流中心 | 10 办公室 | 12 设备用房 | 14 周转库房 |

剖面图

洛克·外滩源
Rockbund

扫码观看
更多内容

开发单位：上海洛克菲勒集团外滩源综合开发有限公司
设计单位：戴卫·奇普菲尔德建筑事务所
合作单位：上海章明建筑设计事务所 / 悉地国际
项目地点：上海市黄浦区
设计 / 建成时间：2006 年 / 2023 年

主持建筑师：戴卫·奇普菲尔德，Mark Randel，陈立缤
主要设计人员：Lutz Schütter，Thomas Spranger，李初晓，
　　　　　　　Thomas Benk，李海山

获奖情况
2021 年 ArchDaily 中国年度建筑大奖冠军
2020 年 WA 中国建筑奖技术进步奖优胜奖
2020 年 gooood 全球十佳公共建筑

技术经济指标
结构体系：钢筋混凝土结构
主要材料：红砖，砂浆，涂料，树脂
建筑面积
历史建筑：35500m²；众安·美丰大楼：10200m²；
上海外滩美术馆：2300m²

　　洛克·外滩源位于上海外滩北端，由一系列租界时期建造的历史建筑组成。这些建筑沿着圆明园路东侧形成连续的街面，欧洲建筑风格与亚洲元素相结合，体现了这一时期建筑的多样性。一个由国际建筑师组成的团队规划了这一地区，容纳了办公、公寓、咖啡、餐厅和零售功能，同时向苏州河滨及周边公园展现宏伟的城市姿态。戴卫·奇普菲尔德建筑事务所受委托在这个区域的开发中修缮和改造 11 座历史建筑。

　　修缮的概念致力以充满尊严和风貌的方式展示这些历经岁月考验的建筑。在历史进程中，这些建筑经历了各种改建和搭建——它们都被拆除，将建筑物恢复到原来的状态。外墙经过仔细地清洁和修复，避免破坏原来的结构。

　　亚洲文会大楼曾经是中国第一座公共博物馆，现在成为上海外滩美术馆——一座当代艺术博物馆。在这座装饰艺术风格的建筑内，改造后的灵活空间可以实现一系列展示概念，并和上层的体量通过新的中庭形成空间联系。美丰洋行的 3 层历史建筑立面得到了保留和修缮，并以陶土砖堆砌的形式向上增加了 11 层，成为现在的众安·美丰大楼。这座新的红砖塔楼在街区边缘形成一个强有力的标志物，将历史悠久的城市肌理与远处的新建高层建筑群融为一体。

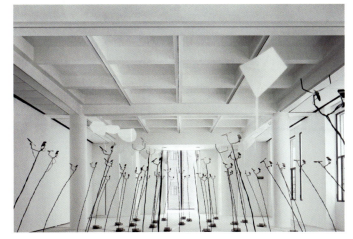

室内空间1

室内空间2

建筑外观

0　　　　　25m

东立面图（沿圆明园路）

N

0　　　　　100m

总平面图

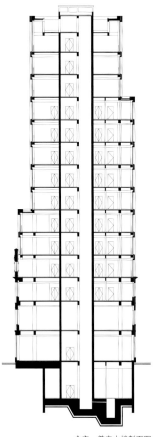

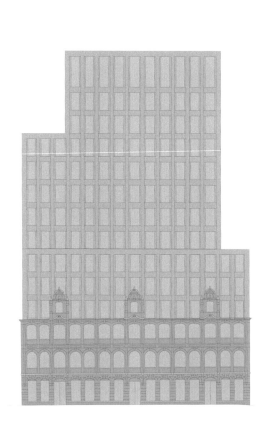

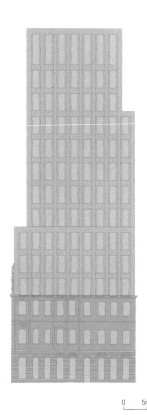

0　　5m

众安·美丰大楼剖面图　　　　　众安·美丰大楼南立面图（沿北京东路）　　　　众安·美丰大楼东立面图（沿圆明园路）

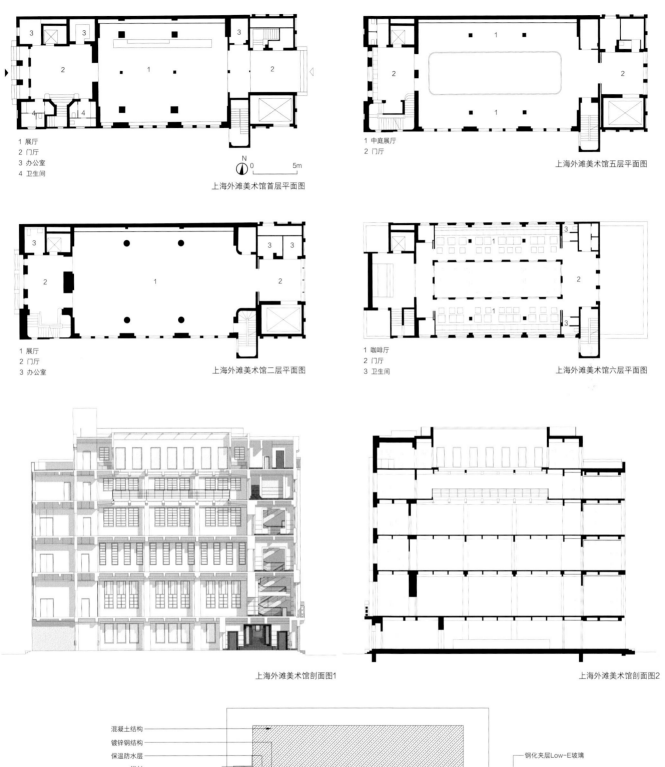

1 展厅
2 门厅
3 办公室
4 卫生间

上海外滩美术馆首层平面图

N 0 5m

1 展厅
2 门厅
3 办公室

上海外滩美术馆二层平面图

1 中庭展厅
2 门厅

上海外滩美术馆五层平面图

1 咖啡厅
2 门厅
3 卫生间

上海外滩美术馆六层平面图

上海外滩美术馆剖面图1

上海外滩美术馆剖面图2

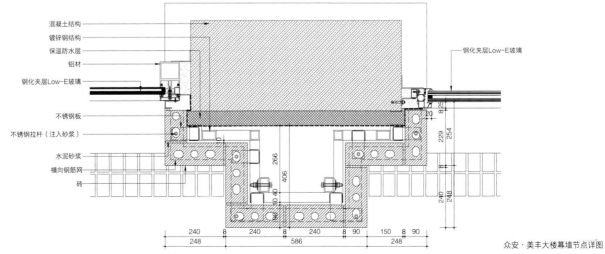

混凝土结构
镀锌钢结构
保温防水层
铝材
钢化夹层Low-E玻璃
不锈钢板
不锈钢拉杆（注入砂浆）
水泥砂浆
横向钢筋网
砖

钢化夹层Low-E玻璃

众安·美丰大楼幕墙节点详图

上海市嘉定区档案馆

Jiading District Archives of Shanghai Municipality

扫码观看
更多内容

开发单位：上海市嘉定区档案馆
设计单位：华建集团上海建筑设计研究院有限公司
项目地点：上海市嘉定区
设计 / 建成时间：2020 年 / 2023 年

主持建筑师：苏昶，谭春晖，马志良
主要设计人员：林佳栋，陈全

技术经济指标
结构体系：钢结构
主要材料：耐候钢，GRC（玻璃纤维增强混凝土），树脂板，玻璃幕墙
用地面积：6647m² 建筑面积：24319m²
绿地率：25% 停车位：113 个

上海市嘉定区档案馆——一幅展示嘉定历史文化的绘卷。建筑师以现代建筑语言为手法、档案书册般的建筑形体为图底，将"嘉定竹刻""教化嘉定"的文化意境刻绘其上。

项目通过差异化手法设计不同立面，构筑了如档案书册般的整体形态。南、北立面采用弧形截面的白色 GRC 单元构件，在立面上拼贴出了竹刻的肌理。大面积白色 GRC 既塑造了文化建筑的厚重，也印刻了嘉定的竹刻文化。面对城市绿地，东、西立面通过半透明的树脂板与幕墙塑造了开放轻盈的建筑界面。不同界面的差异将建筑塑造为缓缓打开的书册，也让城市绿地的公共与开放性延续到建筑中。

走近建筑，主入口处是白色 GRC 幕墙掀起的一角，内里古朴的铜色金属材质是对传统文化的现代诠释。从主入口进入五层通高的服务大厅，纯粹的白色竖向格栅营造出了藏书阁的意境。空中穿插的连廊将档案库区域和公共区域联系在一起，历史与现在、传统与现代、封闭与开放交织的对话关系在此建构。

建筑如同缓缓打开的书册

开放花园露台延续了公园景观

中庭大厅，历史与现在、传统与现代的对话

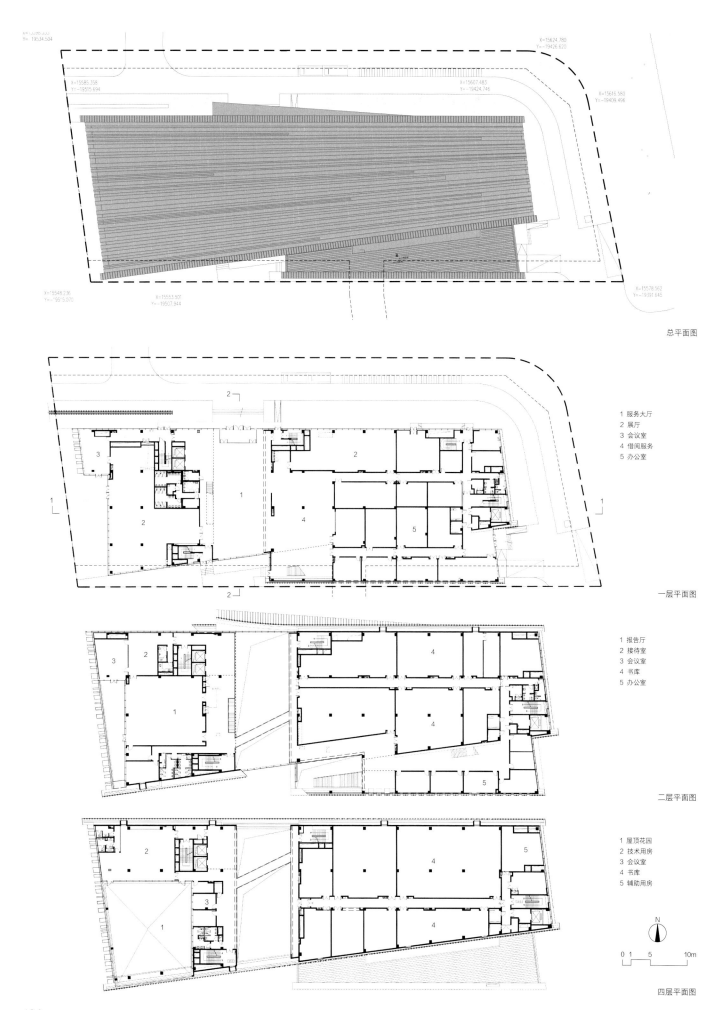

总平面图

1 服务大厅
2 展厅
3 会议室
4 借阅服务
5 办公室

一层平面图

1 报告厅
2 接待室
3 会议室
4 书库
5 办公室

二层平面图

1 屋顶花园
2 技术用房
3 会议室
4 书库
5 辅助用房

N

0 1   5   10m

四层平面图

134

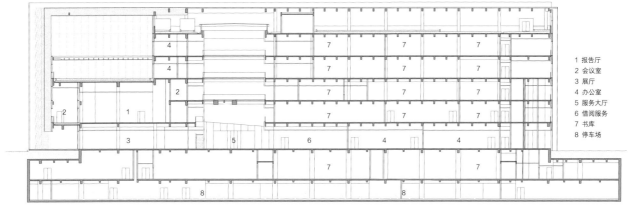

1-1剖面图

1 报告厅
2 会议室
3 展厅
4 办公室
5 服务大厅
6 借阅服务
7 书库
8 停车场

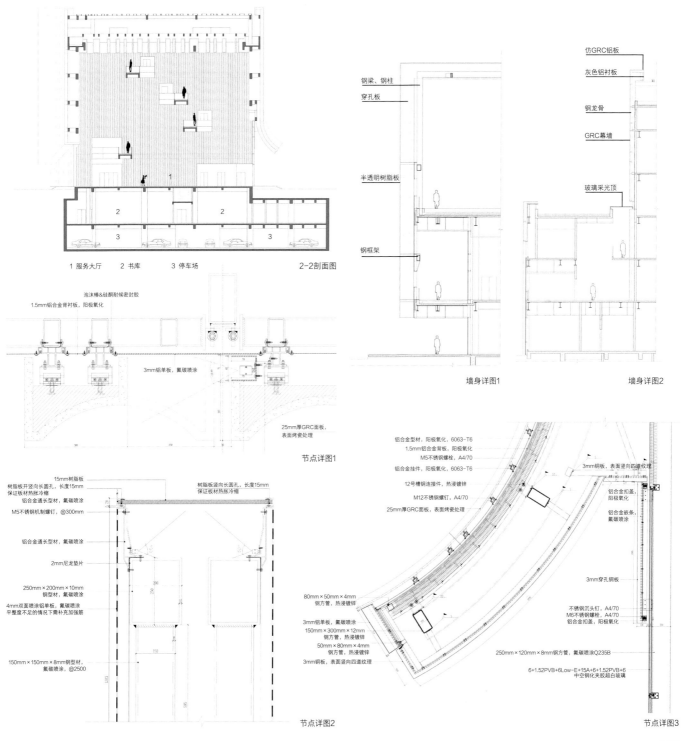

1 服务大厅　2 书库　3 停车场　　　2-2剖面图

钢梁、钢柱
穿孔板
半透明树脂板
钢框架

仿GRC铝板
灰色铝衬板
钢龙骨
GRC幕墙
玻璃采光顶

墙身详图1　　　　　　　　墙身详图2

泡沫棒&硅酮耐候密封胶
1.5mm厚铝合金背衬板，阳极氧化
3mm铝单板，氟碳喷涂
25mm厚GRC面板，表面烤瓷处理

节点详图1

15mm树脂板
树脂板开竖向长圆孔，长度15mm
保证板材热胀冷缩
M5不锈钢机制螺钉，@300mm
铝合金通长型材，氟碳喷涂
2mm尼龙垫片
250mm×200mm×10mm
钢型材，氟碳喷涂
4mm双面喷涂铝单板，氟碳喷涂
平整度不足的情况下需补充加强筋
150mm×150mm×8mm钢型材，
氟碳喷涂，@2500

树脂板竖向长圆孔，长度15mm
保证板材热胀冷缩

节点详图2

铝合金型材，阳极氧化，6063-T6
1.5mm铝合金背衬，阳极氧化
M5不锈钢螺栓，A4/70
铝合金挂件，阳极氧化，6063-T6
12号槽钢连接件，热浸镀锌
M12不锈钢螺栓，A4/70
25mm厚GRC面板，表面烤瓷处理

80mm×50mm×4mm
钢方管，热浸镀锌
3mm铝单板，氟碳喷涂
150mm×300mm×12mm
钢方管，热浸镀锌
50mm×80mm×4mm
钢方管，热浸镀锌
3mm铜板，表面竖向四道纹理

3mm铜板，表面竖向四道纹理
铝合金扣盖，阳极氧化
铝合金嵌条，氟碳喷涂
3mm穿孔铜板
不锈钢沉头钉，A4/70
M6不锈钢螺栓，A4/70
铝合金扣盖，阳极氧化
250mm×120mm×8mm钢方管，氟碳喷涂Q235B
6+1.52PVB+6Low-E+15A+6+1.52PVB+6
中空钢化夹胶超白玻璃

节点详图2　　　　　　　　　　　　　　节点详图3

深圳南头城社区中心
Nantou Neighborhood Center, Shenzhen

开发单位：万城城市设计研究（深圳）有限公司
设计单位：非常建筑事务所
项目地点：广东省深圳市南山区南头古城
施工图设计：深圳市博万建筑设计事务所
设计 / 建成时间：2019 年 / 2023 年

主持建筑师：张永和，鲁力佳
主要设计人员：何泽林，梁小宁，郭庆民

技术经济指标
结构体系：钢筋混凝土框架结构
主要材料：砖
用地面积：837m²
建筑面积：2894m²

南头城社区中心原址为社区健康服务中心和党群服务中心，楼上为居民自住。改造后，建筑功能包含社区医院、社区办公、社区党群办事处、文化展示、教室、会议等，旨在为南头居民的生活提供便利、为居民健康提供医疗卫生服务。

开放性和杂质性是设计的两个关键词。建筑功能的复杂，体量、形式、材料的多变，使其形成一栋杂合建筑，加上丰富多样的开放空间，为建筑赋予了鲜明的城市特征。重建设计结合多样的功能需求，以城中村建筑尺度为参照，将建筑体量打散、划分为四个体量，并在各自的功能、流线逻辑中发生形体变化，产生了复杂、多变的混合体量。

设计者希望公共空间能在垂直方向上继续发展。穿插在建筑体量之间的各个楼层的开放走廊成为巷道网络的一部分，作为对场地的织补和完善，将周边巷道整合在立体街道系统之中。与此同时，外部开放楼梯在垂直方向上连接各层的"巷道"。楼梯及平台穿插在建筑体量之间，形成活跃建筑体量的灵动因素；其自身也具备公共性与可用性，为活动、停留、休憩提供场所，成为周边居民日常生活不可或缺的公共生活发生地。

立面材料采用不同比例混合的青、红砖，各栋建筑体量呈现不同立面特征，在变化的同时平衡统一性。建筑门窗构件也根据建筑体量特征和功能需求而变。所有这些元素汇合成一个"杂质空间"。

社区中心的设计采用了与南头古城肌理匹配的小尺度

西侧局部：灰砖和红砖的混合，以及窗户形状因建筑体量而有所不同

西南侧视角

137

N
0　　5　　10　　　　　　20m

1 工作站办事大厅　　4 候诊厅　　　　7 诊疗室
2 文化展示　　　　　5 挂号/药房　　　8 抢救室
3 办公室　　　　　　6 治疗室/换药室　　　　　　　　　首层平面图

1 第五大队办公室　　4 心电图室
2 检验室　　　　　　5 B超室
3 中医诊室　　　　　6 中医康复室　　　　　二层平面图

1 活动室　　　　　　4 预约接种门诊
2 候诊区　　　　　　5 母乳/观察室
3 处置室/儿保室　　　　　　　　　　　　三层平面图

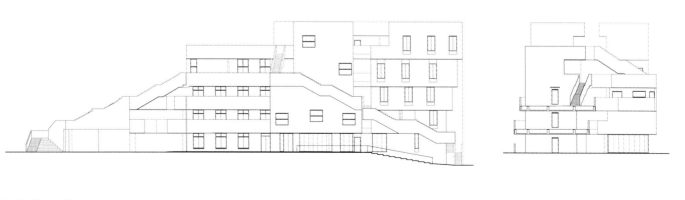

0　5　10　　　20m

西立面图　　　　　　　　　　　　北剖立面图

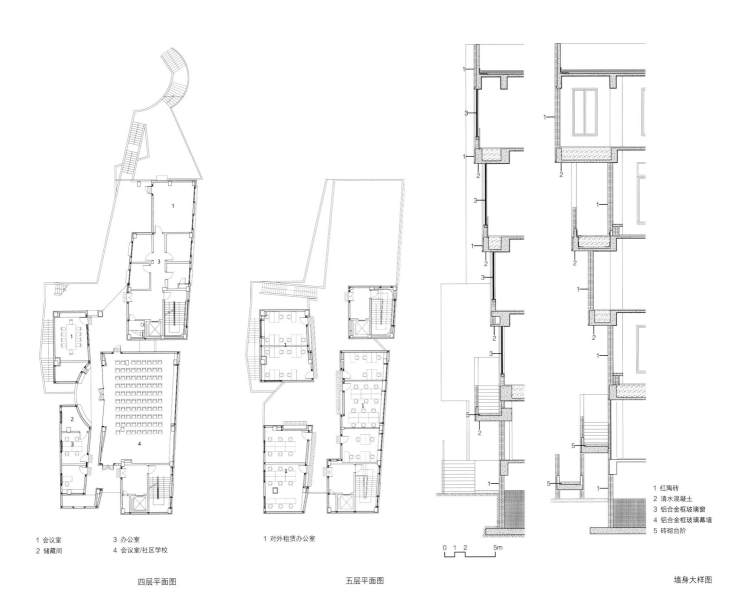

1 会议室   3 办公室
2 储藏间   4 会议室/社区学校

四层平面图

1 对外租赁办公室

五层平面图

1 红陶砖
2 清水混凝土
3 铝合金框玻璃窗
4 铝合金框玻璃幕墙
5 砖砌台阶

0 1 2 5m

墙身大样图

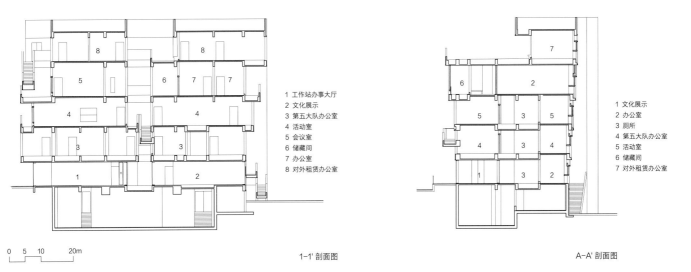

1 工作站办事大厅
2 文化展示
3 第五大队办公室
4 会议室
5 储藏间
6 办公室
7 对外租赁办公室

0 5 10 20m

1-1' 剖面图

1 文化展示
2 办公室
3 厕所
4 第五大队办公室
5 活动室
6 储藏间
7 对外租赁办公室

A-A' 剖面图

中国第二历史档案馆新馆
New Venue of the Second Historical Archives of China

扫码观看
更多内容

设计单位：同济大学建筑设计研究院（集团）有限公司
项目地点：江苏省南京市秦淮区
设计 / 建成时间：2020 年 / 2023 年

主持建筑师：郑时龄，曾群，文小琴
主要设计人员：杨旭，姚晟华，孙少白，刘章悦，佘翔，万月荣，
　　　　　　　吴宏磊，季跃，陈凯，杜文华，施锦岳，包顺强，
　　　　　　　谢文黎，刘毅，邵华厦

技术经济指标
结构体系：钢筋混凝土框架结构
主要材料：花岗岩，超白洞石，紫铜板，超白玻璃，混凝土，
　　　　　砌体，砂浆
用地面积：40028m²　　　　　建筑面积：88752m²
绿地率：30%　　　　　　　　停车位：198 个

坐落于南京的中国第二历史档案馆，是中共中央直属的三家国家级档案馆之一，是我国最重要的集中保管和利用民国时期档案的机构。该馆新馆选址于南京市秦淮区南部新城的大校场区域，其落成对于提升我国馆藏档案的保护利用水平、推动历史文献研究和文化繁荣发展具有重要意义。

两条城市轴线的交会造就了项目用地的不规则形状，设计塑造了一个各向均等的形体，扮演户枢角色，形体的收放巧妙地呼应了不规则基地形状和周边复杂的城市肌理，也为简洁的体量带来了不同视点的丰富变化，以稳重的姿态展现大国形象。设计从功能出发：公共、办公和武警保卫三大功能环绕中央库房形成拱卫式格局，在库房楼外围形成安全防护屏障，同时均可独立地与库房功能连接。

建筑吸取南京民国建筑端正对称的构图特点和西学东渐的文化内核，但并不追求具体形制的复刻；建筑捕捉老馆金顶黄墙的色彩元素和花格窗棂的格子构图，但力求以新的形态塑造档案馆未来的文脉延续。设计巧妙地在档案馆主楼实墙立面之外设置了一层格网状的石材格栅表皮，通过阳光与影子的对话雕刻细部。建筑内外处处可见的格子构图元素，是对老馆丰富的花窗与藻井等传统建筑元素的致敬和抽象表达。

公共中庭空间与格子构图元素天窗

虚实相间的双层石材表皮

明朗利落的南立面沿街形象

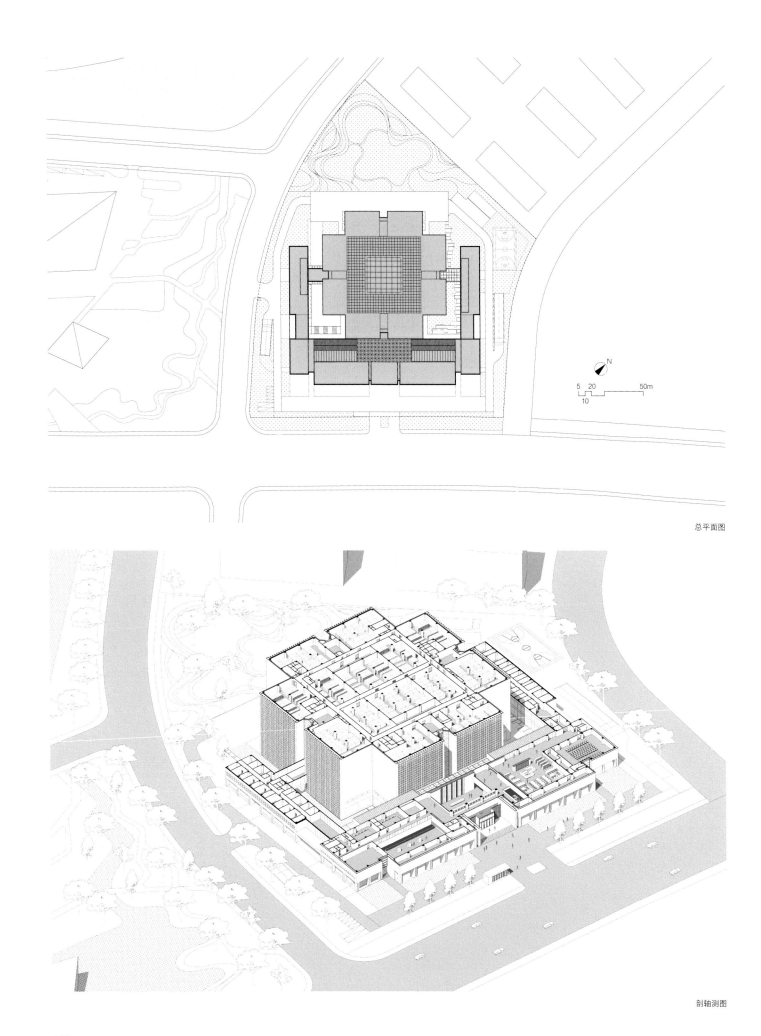

总平面图

剖轴测图

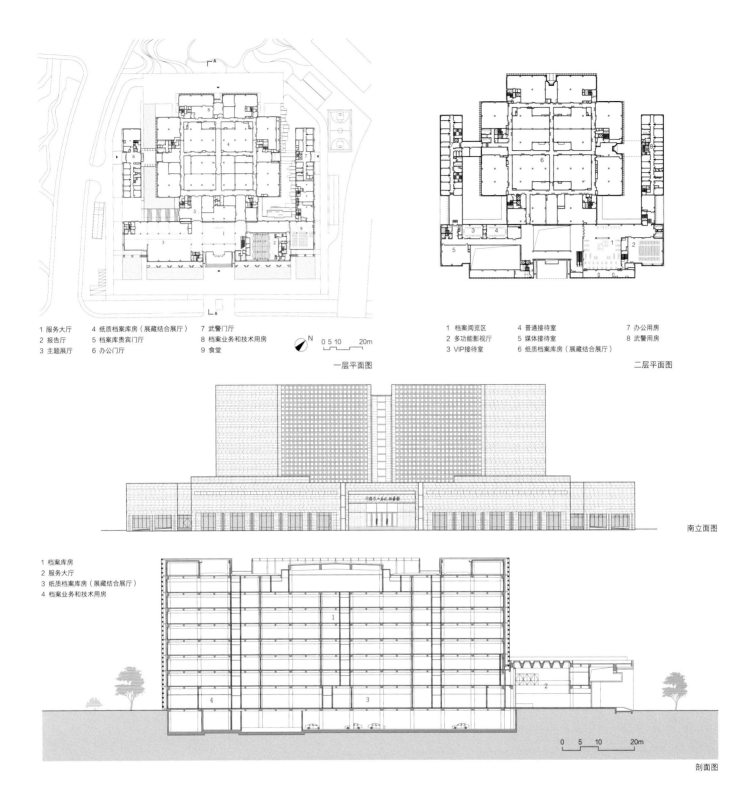

1 服务大厅　　　4 纸质档案库房（展藏结合展厅）　　7 武警门厅
2 报告厅　　　　5 档案库贵宾门厅　　　　　　　　8 档案业务和技术用房
3 主题展厅　　　6 办公门厅　　　　　　　　　　　9 食堂

N　0 5 10　　20m

一层平面图

1 档案阅览区　　　4 普通接待室　　　7 办公用房
2 多功能影视厅　　5 媒体接待室　　　8 武警用房
3 VIP接待室　　　6 纸质档案库房（展藏结合展厅）

二层平面图

南立面图

1 档案库房
2 服务大厅
3 纸质档案库房（展藏结合展厅）
4 档案业务和技术用房

0　5　10　　20m

剖面图

1 8Low-E+12A+6+1.52PVB+6mm中空钢化彩釉超白
玻璃天窗
80mm×80mm×4mm隐框龙骨钢管副框
10mm角钢转接件
暗藏3mm厚亚克力透光灯片及LED灯槽
2 50mm细石混凝土刚性保护面层
两道卷材防水层上下20mm水泥砂浆
80mm挤塑聚苯板保温层
钢筋混凝土浇筑天窗结构板兼作排水天沟
3 3mm紫铜板装饰面层背蜂窝铝板
紫铜板自然密拼缝
4 主体结构钢筋混凝土梁
50mm×50mm×5mm热镀锌角钢
双层防水石膏板表面白色无机涂料
150mm×150mm×150mm定制装饰点光源LED灯具
5 25mm厚超白洞石
50mm×50mm×5mm热镀锌角钢及石材专用挂件
8号槽钢间距1000mm布置
200mm砌筑墙体

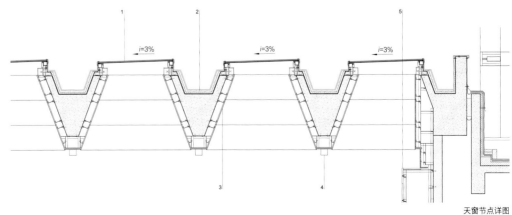

i=3%　　i=3%　　i=3%

天窗节点详图

正镶白旗草原社区中心
Grassland Community Center of Zhengxiangbaiqi

扫码观看
更多内容

开发单位：正镶白旗威力斯产业服务有限公司
设计单位：阁尔工作室
项目地点：内蒙古自治区锡林郭勒盟正镶白旗
设计 / 建成时间：2023 年 / 2023 年

主持建筑师：扎拉根白尔，呼和哈达
主要设计人员：代木日根，渠文勇，孟克朱拉，刘浩东（实习），
　　　　　　　谢浩东（实习），赵震（实习）

获奖情况
2024 年 深圳环球设计大奖"鲲鹏奖"城市设计银奖

技术经济指标
结构体系：轻木结构　　　主要材料：木材
用地面积：3250m²　　　　建筑面积：260m²

　　针对草原牧区气候严苛、住居结构离散、产居耦合性强等特征，设计团队研发出适合在地自然资源及建造形式的轻型装配式建筑体系。该体系为草原牧居和文旅住居提供聚落布局模式、住居空间类型和相应营建技术，从而探索草原人居可持续发展的新范式。

　　在空间上，以几何重构的方式，传承了传统蒙古包类穹顶的空间形态。同时植入单元模块与组合拓展机制，获得多元、开放的建筑空间，从而形成了具有弹性的建筑原型及数据库。

　　在结构上，采用一种由小截面集成胶合木杆件正交叠合而成的结构体系。该体系从传统蒙古包——哈那墙的建构逻辑演化而成，具有工厂预制、现场组装，不需要大型机械设备便可在草原上快速搭建的特点。

　　在材料上，围护材料的规格与结构数据相互匹配，最大限度地确保模数的统一，同时解决多层耦合、现场容错等问题。

草原社区中心搭建过程

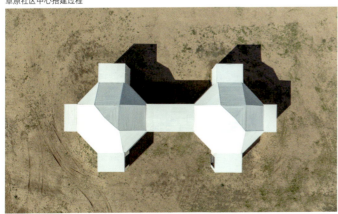

草原社区中心鸟瞰

草原社区中心内部

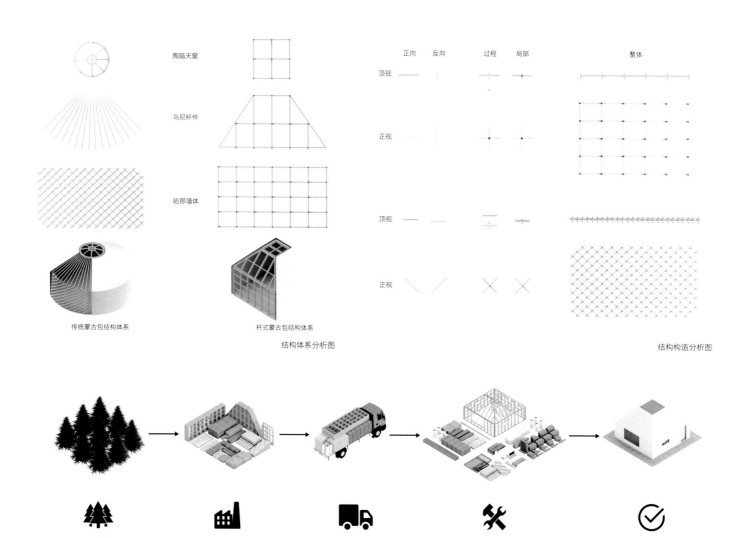

陶脑天窗

乌尼杆件

哈那墙体

传统蒙古包结构体系　　　　杆式蒙古包结构体系

结构体系分析图

结构构造分析图

原材料　　　预加工　　　快运输　　　现装配　　　现验收

建造周期分析图

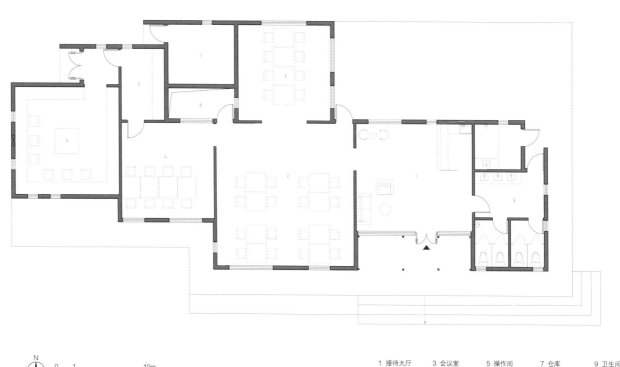

N　　0　1　　　　　10m

1 接待大厅　　3 会议室　　5 操作间　　7 仓库　　9 卫生间
2 多功能厅　　4 茶室　　　6 办公室　　8 庭园

总平面图

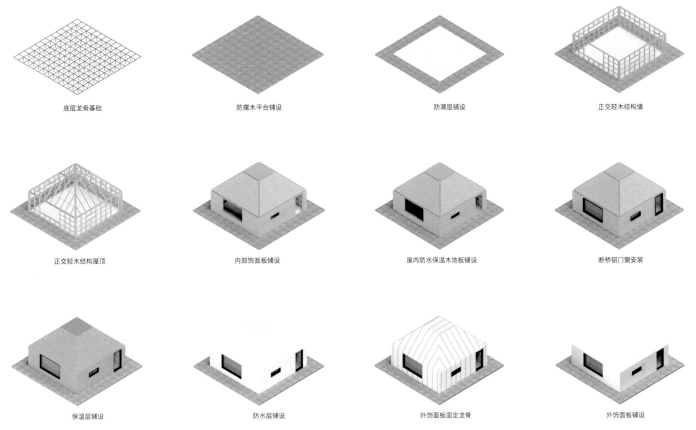

底层龙骨基础　　　　　　防腐木平台铺设　　　　　　防潮层铺设　　　　　　正交轻木结构墙

正交轻木结构屋顶　　　　内部饰面板铺设　　　　　屋内防水保温木地板铺设　　　断桥铝门窗安装

保温层铺设　　　　　　　防水层铺设　　　　　　外饰面板固定龙骨　　　　　外饰面板铺设

建造过程分析图

南立面图

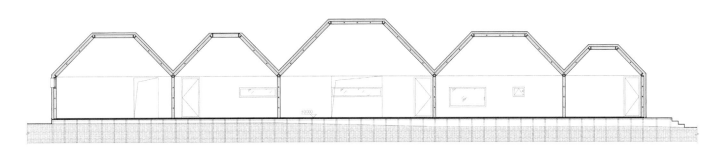

剖面图

浦东新区青少年活动中心和群众艺术馆
Pudong Adolescent Activity Center and Civic Art Center

开发单位：上海市浦东新区教育局
设计单位：上海山水秀建筑设计顾问有限公司 /
　　　　　同济大学建筑设计研究院（集团）有限公司
项目地点：上海市浦东新区
设计 / 建成时间：2016 年 / 2022 年

主持建筑师：祝晓峰，庄鑫嘉
主要设计人员：Pablo Gonzalez Riera，梁山，杜洁，盛泰，席宇，
　　　　　　　石延安，周延，沈紫薇（建筑概念及方案设计）；
　　　　　　　江萌，杜洁，王均元，林晓生，胡仙梅（建筑初步及
　　　　　　　施工图设计）；江萌，杜洁，王均元，林晓生（室内方案
　　　　　　　设计）；纪金鹏，边素琪（室内施工图设计）

获奖情况
2023 年 上海市优秀工程勘察设计项目建筑工程设计（公共建筑）
　　　　一等奖

技术经济指标
结构体系：钢框架结构，局部钢桁架结构
主要材料：超白中空 Low-E 玻璃，白色，灰色，绿色铝板，
　　　　　木纹辊涂铝板，穿孔铝板，V 形铝格栅吊顶
用地面积：51947m²　　　建筑面积：87109m²

青少年活动中心和群众艺术馆的建筑基地位于浦东新区文化街坊中部，一条南北向的河流将基地分成东大西小两个区域。街坊北部是已建成的新区图书馆，南部是戴卫·奇普菲尔德设计的规划和城市艺术中心。三组建筑不仅实现地下车库的连通，还和地铁广场、阅读花园等公共设施整合在一个共享的景观系统中。

为了综合回应城市空间与建筑内部使用的需求，我们设计了一个多层交互的平台聚落系统，平台上自由分布着各种规模的盒体，包括剧场、展厅、文体活动室，以及大堂、咖啡厅、餐厅等服务空间。

这些平台构成了两个套接的"回"字形庭院结构，西侧庭院对接地铁广场，主要容纳千人剧场和群艺馆；东侧庭院被绿地环绕，主要容纳青少年活动。平台间的重叠和连接激发了不同区域和功能之间的交流互动。其中，花园平台跨越河流，联系河道东西两侧的大堂，成为公共动线的主干；青少年活动中心和群艺馆的平台则在二至四层纵横交错，提供了众多室内外的共享空间。这一设计释放了建筑底层，在图书馆和规划馆之间形成了开放畅通的户外场所，成为整个文化街坊步行网络的中枢。

大而整的平台回应城市的空间尺度，小而散的盒体回应个体的身心尺度，两者的结合不仅为建筑内部的活动提供了怡人的空间，也通过与环境的交融，使这座建筑成为城市生活的公共舞台。

平台与盒屋

乐器排练厅

交错的平台与灰空间

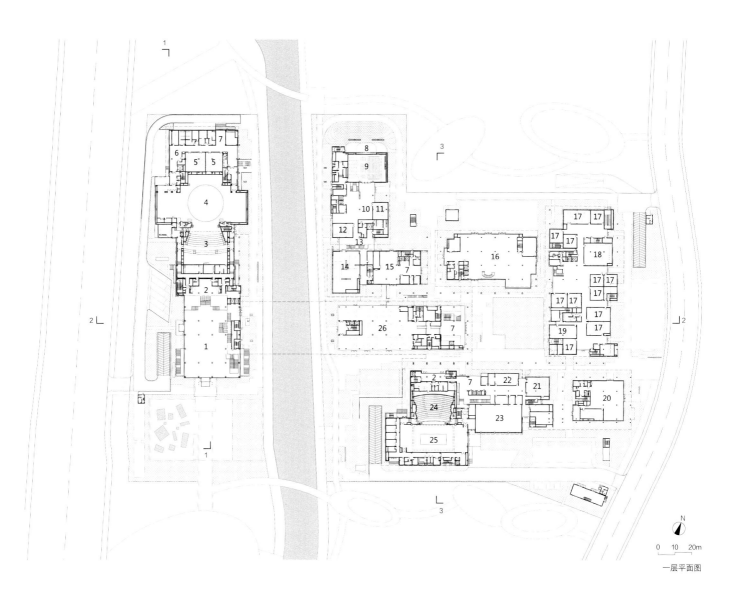

一层平面图

1 西大堂	7 门厅	13 休闲体验区	19 纸艺馆	25 儿童剧场舞台	31 模型工作室	37 院落
2 休息厅	8 室外剧场	14 手造坊（创艺空间）	20 红领巾博物馆	26 餐厅	32 科技活动室	
3 观众厅	9 活动剧场	15 展厅	21 器乐活动室	27 前厅	33 舞蹈排练厅	
4 舞台	10 数字化体验区	16 主题活动区	22 录音室	28 演员休息厅	34 武术排练厅	
5 化妆间	11 社团活动室	17 美术活动室	23 上空	29 美术教室	35 东大堂	
6 候场	12 排练、演出厅	18 陶艺馆	24 儿童剧场观众厅	30 音乐教室	36 休息亭	

二层平面图

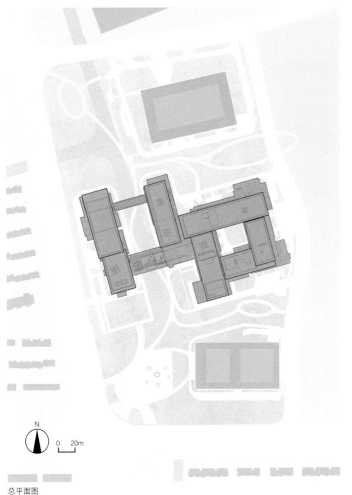

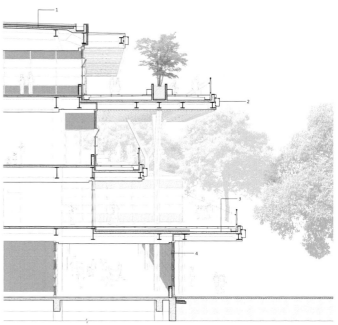

总平面图

1 100~600mm厚轻质料配方种植土
20mm塑料排水板,上铺聚酯针刺土工布保湿毯
50mmC20细石混凝土刚性保护层
聚酯无纺布一层隔离层
4mm高聚物改性沥青耐根刺防水卷材
3mm聚物改性沥青防水卷材
20mm水泥砂浆找平
轻集料混凝土找坡,最薄处30mm
130mm厚泡沫玻璃板
1.5mm聚合物水泥防水涂膜隔汽层
钢筋混凝土楼板+压型钢板

2 上部:中灰色铝单板
中部:白色铝单板
下部:中灰色铝单板

3 40mm通长塑木地板
5#槽钢@400双向
40mmC20细石混凝土刚性保护层
聚酯无纺布一层隔离层
3+3mm聚物改性沥青防水卷材
20mm水泥砂浆找平
轻集料混凝土找坡,最薄处30mm
130mm厚泡沫玻璃板
1.5mm聚合物水泥防水涂膜隔汽层
钢筋混凝土楼板+压型钢板

4 3mm木纹铝单板
钢龙骨
1mm镀铝锌钢板
50mm岩棉带
室内装饰面

墙身详图

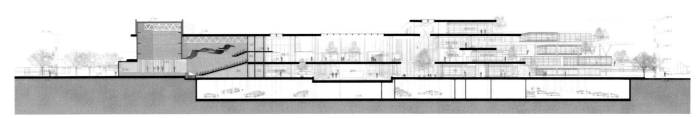

1-1剖面图

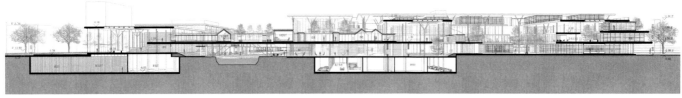

2-2剖面图

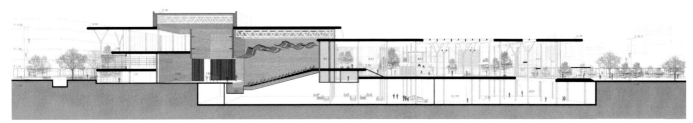

3-3剖面图

山峰书院/苏州山峰双语学校文体中心

Shanfeng Academy / Cultural and Sports Center at Mountain Kingston Bilingual School

扫码观看
更多内容

开发单位：山峰教育集团
设计单位：OPEN 建筑事务所
项目地点：江苏省苏州市相城区
设计 / 建成时间：2020 年 / 2022 年

主持建筑师：李虎，黄文菁
主要设计人员：史冰洁，Daijiro Nakayama，贾可，叶青，
　　　　　　　黄泽填，樊江龙（驻场），Giovanni Zorzi，
　　　　　　　寿成彬，王风雅，卢笛，唐子乔，贾瀚

获奖情况
2023 年 AIA 国际设计奖荣誉奖（美国）
2023 年 THE PLAN 设计大奖（意大利）

技术经济指标
结构体系：混凝土框架-剪力墙结构
主要材料：混凝土
用地面积：7700m²
建筑面积：13676m²

　　山峰书院位于苏州市相城区，是山峰双语学校的核心建筑。作为一座多功能的文体中心，它为校园提供最重要的共享公共空间，包含剧场、展览、图书馆、体育馆、舞蹈健身教室、游泳池、咖啡厅等多种复合功能；同时，作为连接校园和城市的界面，它还可以与周围社区共享许多文化设施。

　　文体中心被分解为五个不同的体量，并由带平屋顶的游廊串联起来。建筑拉开距离所产生的空隙，则形成了"春""夏""秋""冬"四个园子。庭院与游廊，这些在高密度的校园里着意创造出的"空"，如同山水画里的留白，将四季更迭、自然变化带入空间的日常里。

　　建筑立面由小木模板白色混凝土浇筑，唤起对苏州园林里白墙的记忆，但混凝土比白色涂料更结实和耐候，解决了传统白粉墙需要经常维护以防霉变和开裂的问题，大幅度减少学校未来对建筑维护的投入。混凝土表面的木纹带来了温暖的质感。

　　考虑到苏州多雨的气候，建筑师在多处设计了特别的溢水口和散水，如特别的石头、江南的植物、传统的铺装以及不同的水景，都被融入设计之中。在建筑临街的广场上，不同铺装的地面、水景和成荫的绿树，将园林含蓄地延续到城市界面。

夏园水池

游廊屋顶

光影讲堂

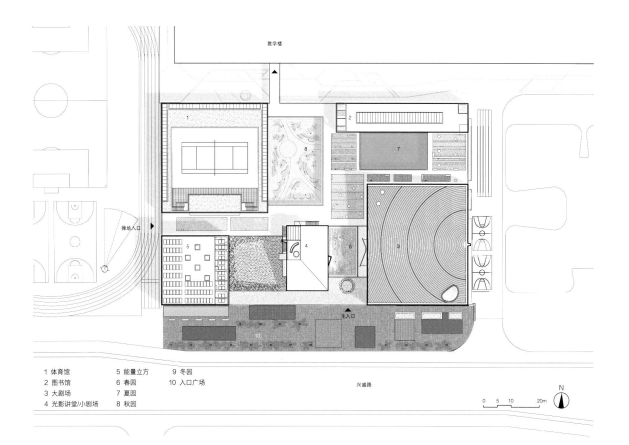

教学楼

操场入口 ►

主入口 ▲

1 体育馆   5 能量立方   9 冬园
2 图书馆   6 春园   10 入口广场
3 大剧场   7 夏园
4 光影讲堂/小剧场 8 秋园

兴盛路

0 5 10 20m

N

总平面图

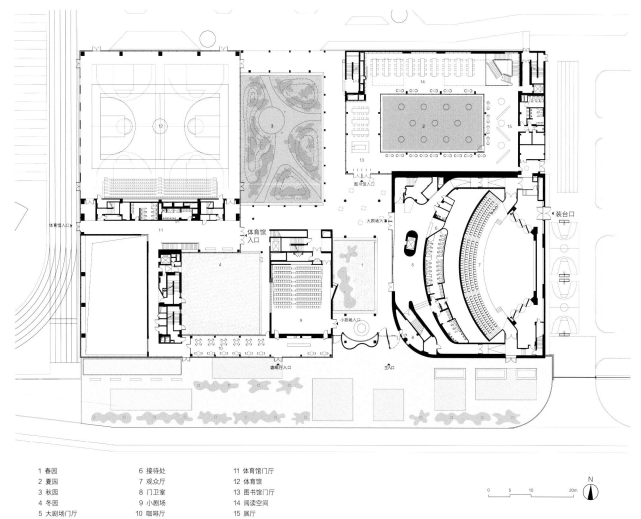

体育馆入口

体育馆入口

图书馆入口

大剧场入口

装台口

小剧场入口

咖啡厅入口

主入口

1 春园   6 接待处   11 体育馆门厅
2 夏园   7 观众厅   12 体育馆
3 秋园   8 门卫室   13 图书馆门厅
4 冬园   9 小剧场   14 阅读空间
5 大剧场门厅 10 咖啡厅   15 展厅

0 5 10 20m

N

首层平面图

154

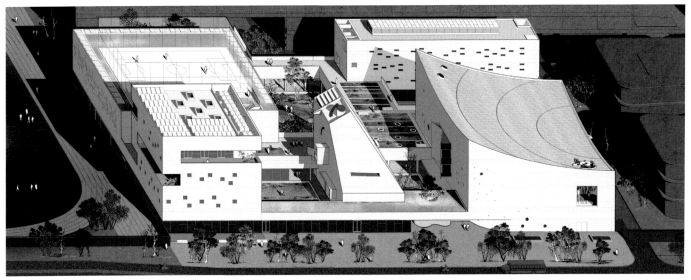

轴测图

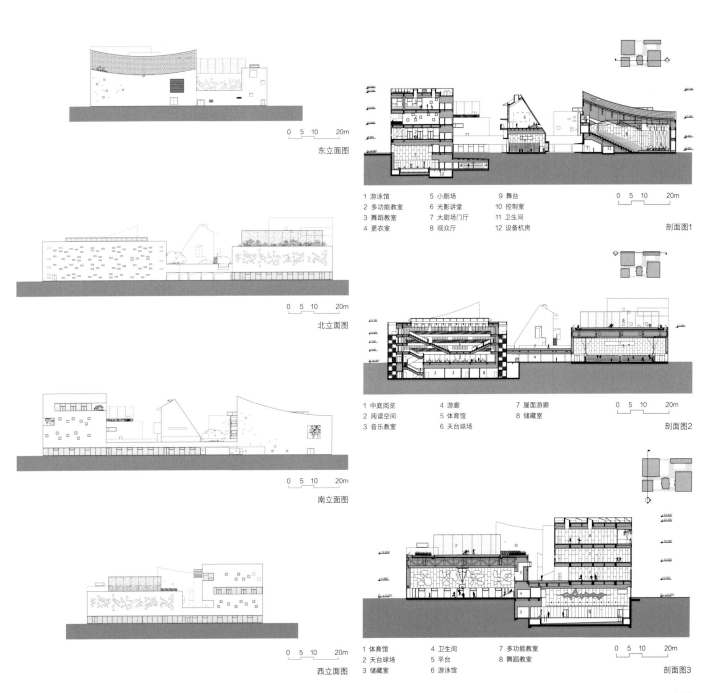

0 5 10 20m

东立面图

0 5 10 20m

北立面图

0 5 10 20m

南立面图

0 5 10 20m

西立面图

1 游泳馆	5 小剧场	9 舞台
2 多功能教室	6 光影讲堂	10 控制室
3 舞蹈教室	7 大剧场门厅	11 卫生间
4 更衣室	8 观众厅	12 设备机房

0 5 10 20m

剖面图1

1 中庭阅览	4 游廊	7 屋面游廊
2 阅读空间	5 体育馆	8 储藏室
3 音乐教室	6 天台球场	

0 5 10 20m

剖面图2

1 体育馆	4 卫生间	7 多功能教室
2 天台球场	5 平台	8 舞蹈教室
3 储藏室	6 游泳馆	

0 5 10 20m

剖面图3

武汉东西湖文化中心
Wuhan Dongxihu Cultural Center

扫码观看
更多内容

开发单位：临空港投资开发集团有限公司
设计单位：中国建筑设计研究院有限公司
项目地点：湖北省武汉市东西湖区
设计 / 建成时间：2017 年 / 2023 年

主持建筑师：曹晓昕，詹红
主要设计人员：梁力，周龙，李颖，尚蓉，王刚

技术经济指标
结构体系：混凝土框架体系+局部钢结构
主要材料：白色 GRC（玻璃纤维增强混凝土）挂板，木材
用地面积：196825m²
建筑面积：151300m²
绿地率：30%
停车位：1537 个

武汉东西湖文化中心项目位于湖北省武汉市东西湖区吴家山，建成后与东西湖体育中心南北呼应，形成动静结合、文体互补的格局，成为武汉临空港高品质的新地标与城市公共文化活动空间。文化中心是"六馆一中心"功能复合的大型综合体，项目包括剧院、文化馆、档案服务中心、市民阅读中心、博物馆、科技馆六个单体工程，旨在体现"开放性、共享性、市民化"的设计原则。设计打破以建筑为中心的模式，将多个建筑单体围合成一个自然有机的生态聚落，为城市呈现了一座充满生机的都市花园。都市花园中布置了各种体验型活动场地，融入了影剧院、创意办公、培训展览、创意市集、书店咖啡、餐厅等文化元素，成为一个充满活力的"市民客厅"。丰富大胆的结构与建筑造型以及独特的建构与材料处理，使东西湖文化中心成为新时代武汉文化与艺术的地标。

项目设计团队从方案设计阶段开始，就从区域规划、建筑、景观、室内设计、照明、软装到视觉系统进行了设计统筹与整合，用整体的物性观去构筑新的全尺度链设计法则，并通过众多专业的设计协同实现设计的精细化全系统控制与高质量完成度。

书山中曲径通幽的螺旋楼梯

大跨度天窗下的阶梯式阅读空间

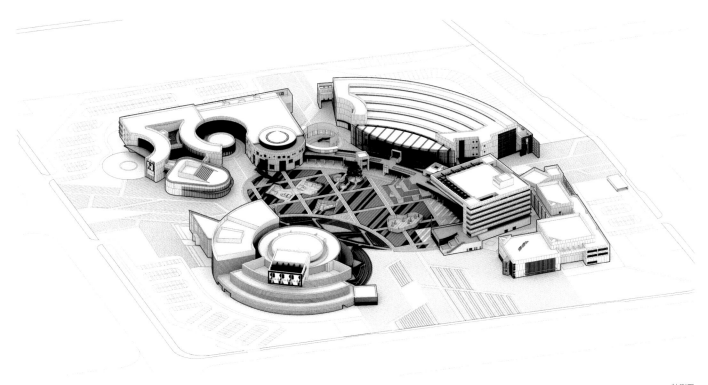

轴测图

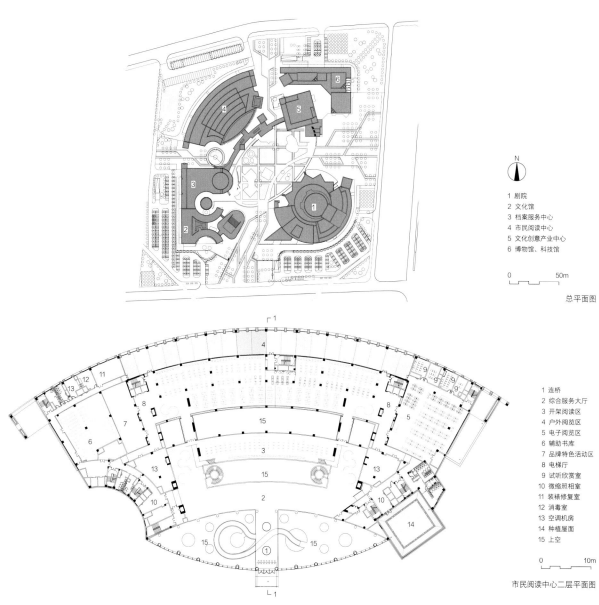

N

1 剧院
2 文化馆
3 档案服务中心
4 市民阅读中心
5 文化创意产业中心
6 博物馆、科技馆

0　　　　50m

总平面图

1 连桥
2 综合服务大厅
3 开架阅读区
4 户外阅览区
5 电子阅览区
6 辅助书库
7 品牌特色活动区
8 电梯厅
9 试听欣赏室
10 微缩照相室
11 装裱修复室
12 消毒室
13 空调机房
14 种植屋面
15 上空

0　　　10m

市民阅读中心二层平面图

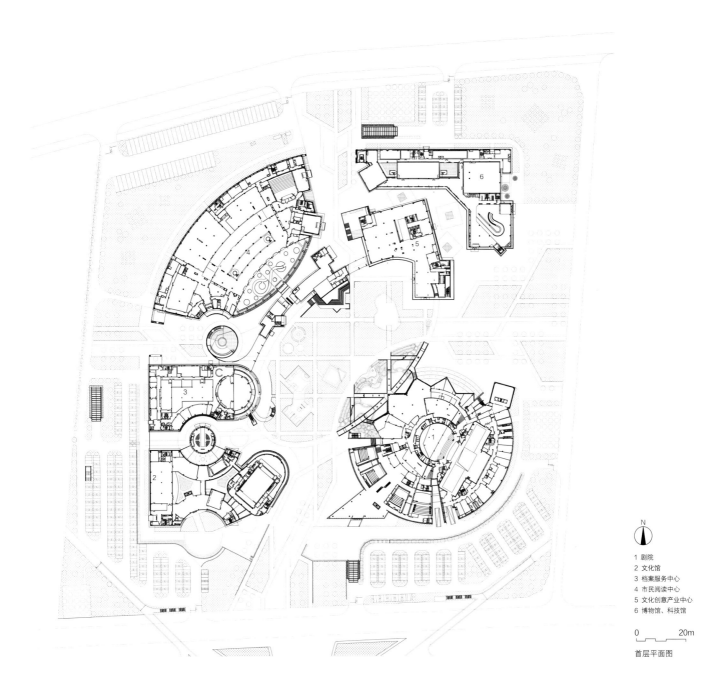

N

1 剧院
2 文化馆
3 档案服务中心
4 市民阅读中心
5 文化创意产业中心
6 博物馆、科技馆

0   20m

首层平面图

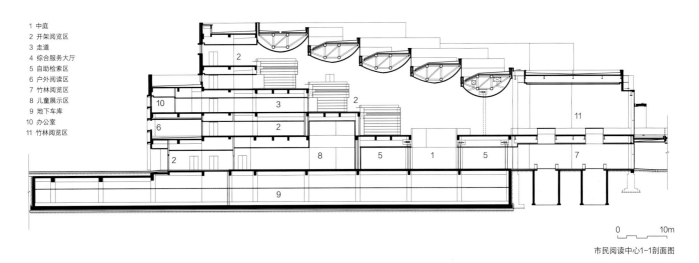

1 中庭
2 开架阅览区
3 走道
4 综合服务大厅
5 自助检索区
6 户外阅读区
7 竹林阅览区
8 儿童展示区
9 地下车库
10 办公室
11 竹林阅览区

0   10m

市民阅读中心1-1剖面图

盱眙县档案服务中心（档案新馆）

Xuyi County Archives Service Center（New Archives Building）

扫码观看
更多内容

开发单位：淮安市盱眙城市资产经营有限责任公司
设计单位：东南大学建筑设计研究院有限公司
项目地点：江苏省淮安市盱眙县
设计 / 建成时间：2019 年 / 2022 年

主持建筑师：袁玮
主要设计人员：袁玮，马晓东，李宝童，王继飞，石峻垚，张楷凡，
　　　　　　　戎圣修，傅强，丁惠明，李鑫，贺海涛，程洁，屈建球，
　　　　　　　李骥，夏磊，崔岚

获奖情况
2023 年 南京市优秀工程设计奖（优秀综合设计奖·建筑工程设计）
　　　　一等奖

技术经济指标
结构体系：混凝土结构
主要材料：陶砖，混凝土
用地面积：11000m²
建筑面积：17800m²
绿地率：15%
停车位：110 个

项目从城市角度出发，综合分析当地气候特点，对档案馆功能进行分类，创造出开放、半开放及私密等不同特征的建筑空间。项目强调城市公共空间的塑造能力，充分考虑其公益属性，创造环境友好、全龄友好、尺度适宜的活动交往空间场所，以此创造新的社会价值。

项目以更便捷地提供社会服务为目标，不仅要满足档案储存、管理和查阅等传统功能，还要以更开放的姿态融入社会环境。设计团队以"档案馆 +"为设计愿景，强调档案馆功能的复杂性与多义性。

设计采用立体化的公共空间流线，将周围的山水景色纳入视野。建筑形体分为上、下两部分，上部体量为大小不同的两个规则矩形，下部体量水平延展，两者相互对比，增加张力。在上部的两个矩形体量中，西侧体量沿东西向延展，形成档案馆的主体，东侧体量沿南北向悬挑，突出力量感与雕塑感，两个形体之间由五层高的共享中庭连接。设计将高台与庭园进行融合，通过庭园弱化建筑尺度，在下部设置了七个形体各异的庭园、天井和边院，使它们与外部环境有机结合。在建筑立面的设计上，设计团队结合绿化植物设计了不同形式的镂空砌体墙，创造出步移景异、生动有趣的空间。

南侧入口广场作为城市的开放客厅

入口大厅通透简洁、开放共享

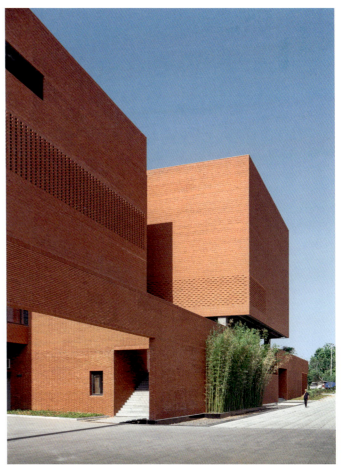

建筑体量穿插悬挑，体现力量与雕塑感

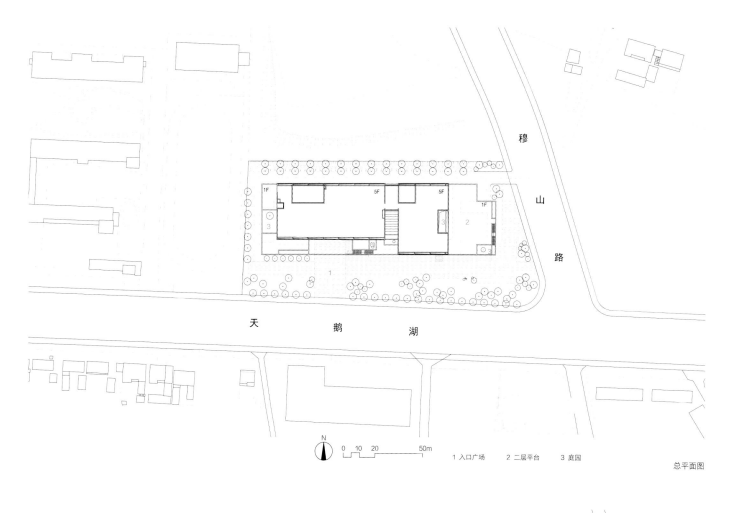

穆
山
路

天　鹅　湖

N
0　10　20　　　　50m

1 入口广场　2 二层平台　3 庭园

总平面图

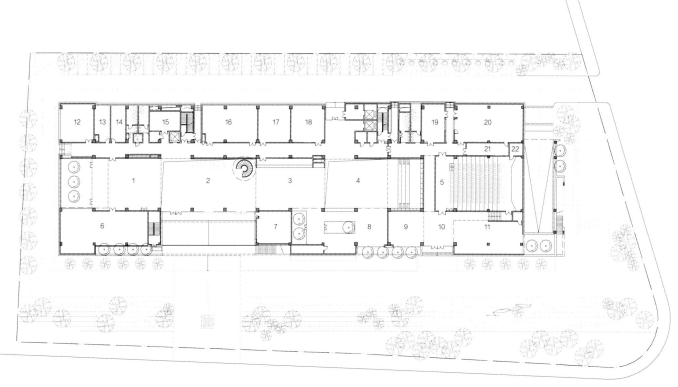

N
0　5　10　　　　20m

1 爱国主义大厅　　6 书画陈列室　　11 开放展示阅览　16 全卷宗室　　21 值班室
2 接待大厅　　　　7 消防控制室　　12 培训教室　　　17 内部查阅室　22 控制室
3 查阅大厅　　　　8 文件利用中心　13 鉴赏室　　　　18 档案材料室
4 电子查阅　　　　9 报告阅览区　　14 修裱室　　　　19 空调机房
5 240人报告厅　　10 报告厅门厅　　15 暖通机房　　　20 变电所

一层平面图

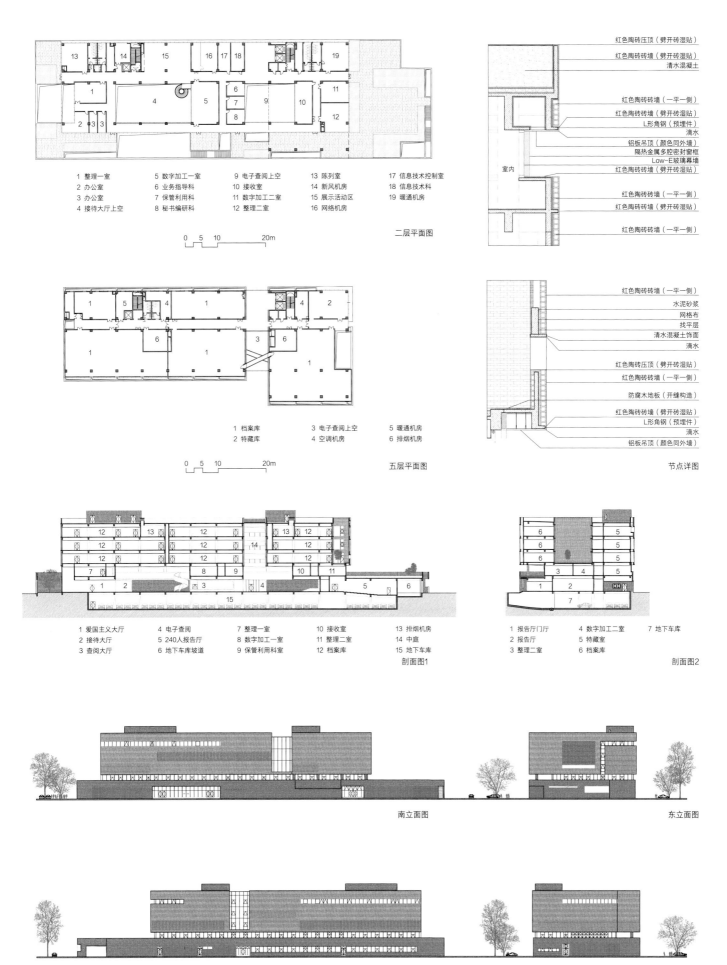

二层平面图

1 整理一室	5 数字加工一室	9 电子查阅上空	13 陈列室	17 信息技术控制室
2 办公室	6 业务指导科	10 接收室	14 新风机房	18 信息技术科
3 办公室	7 保管利用科	11 数字加工二室	15 展示活动区	19 暖通机房
4 接待大厅上空	8 秘书编研科	12 整理二室	16 网络机房	

0 5 10 20m

红色陶砖压顶（劈开砖湿贴）
红色陶砖砖墙（劈开砖湿贴）
清水混凝土

红色陶砖砖墙（一平一侧）
红色陶砖砖墙（劈开砖湿贴）
L形角钢（预埋件）
滴水
铝板吊顶（颜色同外墙）
隔热金属多腔密封窗框
Low-E玻璃幕墙
红色陶砖砖墙（劈开砖湿贴）

室内

红色陶砖砖墙（一平一侧）
红色陶砖砖墙（劈开砖湿贴）
红色陶砖砖墙（一平一侧）

五层平面图

1 档案库	3 电子查阅上空	5 暖通机房
2 特藏库	4 空调机房	6 排烟机房

0 5 10 20m

红色陶砖砖墙（一平一侧）
水泥砂浆
网格布
找平层
清水混凝土饰面
滴水
红色陶砖压顶（劈开砖湿贴）
红色陶砖砖墙（一平一侧）
防腐木地板（开缝构造）
红色陶砖砖墙（劈开砖湿贴）
L形角钢（预埋件）
滴水
铝板吊顶（颜色同外墙）

节点详图

剖面图1

1 爱国主义大厅	4 电子查阅	7 整理一室	10 接收室	13 排烟机房
2 接待大厅	5 240人报告厅	8 数字加工一室	11 整理二室	14 中庭
3 查阅大厅	6 地下车库坡道	9 保管利用科室	12 档案库	15 地下车库

剖面图2

1 报告厅门厅	4 数字加工二室	7 地下车库
2 报告厅	5 特藏室	
3 整理二室	6 档案库	

南立面图

东立面图

北立面图

西立面图

沂南图书档案馆
Yinan Library and Archives

扫码观看
更多内容

开发单位：沂南县档案局
设计单位：中央美术学院建筑 7 工作室
合作单位：山东同城建筑设计咨询有限公司
项目地点：山东省沂南县
设计 / 建成时间：2017 年 /2022 年

主持建筑师：虞大鹏
主要设计人员：孟丹，张凝瑞，赵桐，付玮玮，岳宏飞，李寰昊，
　　　　　　　张智乾，纪晓嵩，苏佳

获奖情况
2023 年 金点设计奖（Golden Pin Design Award 2023）
2023 年 Architizer A+ 奖机构类入围奖
2018 年 入选"为中国而设计"第八届全国环境艺术设计大展专业组

技术经济指标
结构体系：框架结构
主要材料：铝单板，混凝土，砌体，砂浆，涂料
用地面积：14200m²　　　　建筑面积：37200m²
绿地率：33%　　　　　　　停车位：217 个（地上 12 个，地下 205 个）

沂南图书档案馆项目位于沂南县人民路北，府右街西，规划占地面积约 21.3 亩（14200m²），总建筑面积 37200m²，是结合原有会议中心改造形成集图书馆、档案馆、方志馆、党史馆于一体的综合性文化办公建筑。

设计从城市性角度出发，以绿色开放的建筑观来回应被重塑的基地环境，努力打造具有前瞻性的城市公共建筑，达到开放性、文化性和亲民性的设计目标并有效改变了沂南县城面貌。

通过组织有序的空间、简洁明快的立面，虚实结合形成城市界面庄严但又充满趣味的灰空间，产生和而不同的空间意趣。项目希望既能为市民提供一个充满活力的文化场所，又能契合沂南这座城市的文化气质，弘扬沂南的文化精神，由此打造一个为沂南居民服务的"城市会客厅"。

从西南侧车行入口进入庭院

建筑局部1

建筑局部2

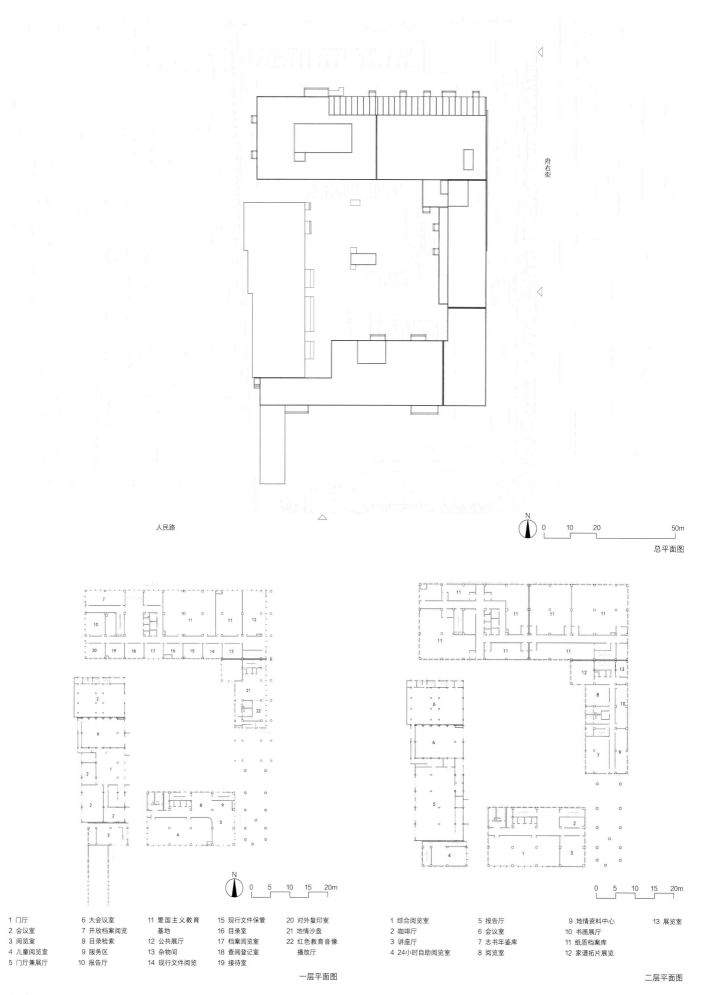

府右街

人民路

N
0 10 20   50m

总平面图

N
0 5 10 15 20m

1 门厅　　　　　6 大会议室　　　11 爱国主义教育　　15 现行文件保管　　20 对外复印室
2 会议室　　　　7 开放档案阅览　　　基地　　　　　16 目录室　　　　21 地情沙盘
3 阅览室　　　　8 目录检索　　　12 公共展厅　　　17 档案阅览室　　22 红色教育音像
4 儿童阅览室　　9 服务区　　　　13 杂物间　　　　18 查阅登记室　　　播放厅
5 门厅兼展厅　　10 报告厅　　　　14 现行文件阅览　19 接待室

一层平面图

N
0 5 10 15 20m

1 综合阅览室　　5 报告厅　　　　9 地情资料中心　　13 展览室
2 会议室　　　　6 会议室　　　　10 书画展厅
3 讲座厅　　　　7 志书年鉴库　　11 纸质档案库
4 24小时自助阅览室 8 阅览室　　　　12 家谱拓片展览

二层平面图

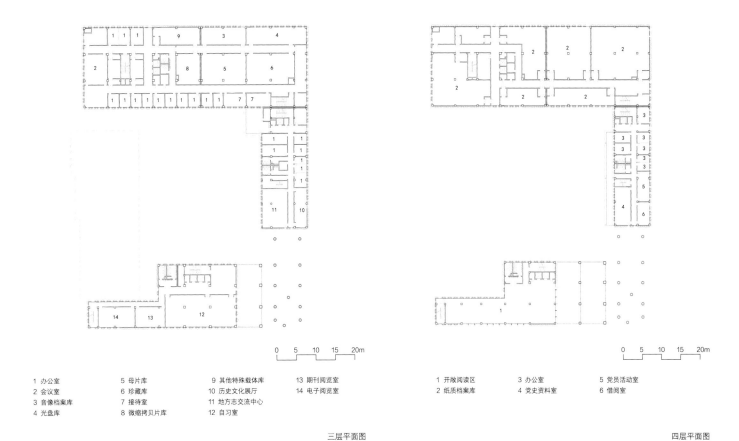

0 5 10 15 20m

0 5 10 15 20m

1 办公室
2 会议室
3 音像档案库
4 光盘库

5 母片库
6 珍藏库
7 接待室
8 微缩拷贝片库

9 其他特殊载体库
10 历史文化展厅
11 地方志交流中心
12 自习室

13 期刊阅览室
14 电子阅览室

1 开敞阅读区
2 纸质档案库

3 办公室
4 党史资料室

5 党员活动室
6 借阅室

三层平面图

四层平面图

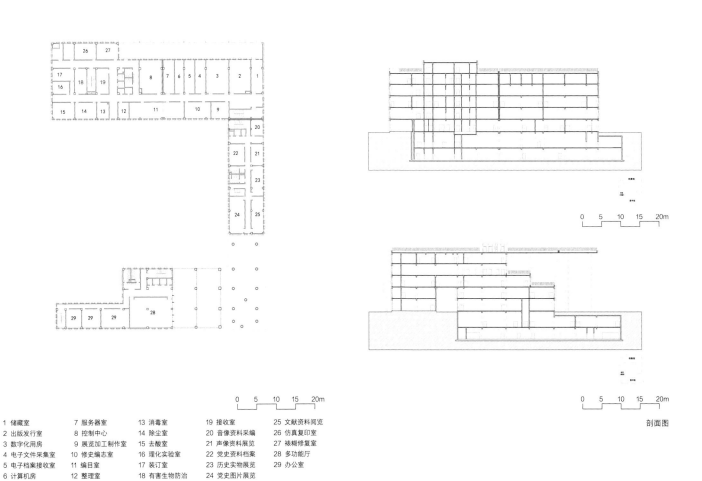

0 5 10 15 20m

0 5 10 15 20m

1 储藏室
2 出版发行室
3 数字化用房
4 电子文件采集室
5 电子档案接收室
6 计算机房

7 服务器室
8 控制中心
9 展览加工制作室
10 修史编志室
11 编目室
12 整理室

13 消毒室
14 除尘室
15 去酸室
16 理化实验室
17 装订室
18 有害生物防治

19 接收室
20 音像资料采编
21 声像资料展览
22 党史资料档案
23 历史实物展览
24 党史图片展览

25 文献资料阅览
26 仿真复印室
27 裱糊修复室
28 多功能厅
29 办公室

剖面图

五层平面图

中国国家版本馆广州分馆

Guangzhou Branch of China National Archives of Publications and Culture

扫码观看
更多内容

开发单位：中共广东省委宣传部
设计单位：华南理工大学建筑设计研究院有限公司
项目地点：广东省广州市从化区
设计 / 建成时间：2019 年 / 2022 年

主持建筑师：何镜堂，张振辉，梁玮健
主要设计人员：何炽立，李绮霞，林琳，杨浩腾，谢敏奇，郑金海，
　　　　　　　孙启杰，周文昭，杨林，蔡奕旸，黄翰星，杨煜坤，
　　　　　　　陈玮璐，黄登，林凡，周越洲，陈欣燕，过仕佳，
　　　　　　　黄璞洁，耿望阳，蒙倩彬，李国清，陈诗文，区锦聪，
　　　　　　　许玲玲，刘付娴等

获奖情况
2022-2023 年 中国建设工程鲁班奖（国家优质工程）
2023 年 广东省优秀工程勘察设计奖公共建筑一等奖
2023 年 教育部年度优秀勘察设计建筑电气设计一等奖

技术经济指标
结构体系：钢筋混凝土框架结构
主要材料：钢筋混凝土，砌体，石材，玻璃
用地面积：18300m²
建筑面积：80500m²
绿地率：48%
停车位：230 个

中国国家版本馆是国家版本资源总库和中华文化种子基因库，由中央总馆文瀚阁、西安分馆文济阁、杭州分馆文润阁、广州分馆文沁阁组成，历时三年建成，开馆后全面履行国家版本资源保藏传承职责。

广州分馆坐落于广州市从化区凤凰山麓、流溪河畔，以"中华典藏、岭南山水、时代新韵、文明灯塔"为总体设计理念。建筑群整体布局依山就势，层次递进，传承中华传统礼轴，四周环绕园林景观，营造传统形制与岭南山水高度融合的礼乐格局。

主楼文沁阁从明代镇海楼等传统礼仪建筑中提炼岭南印象，塑造五重檐主体形象，外幕墙将体现牙雕、广绣等岭南传统工艺的精致肌理与现代材料及工法结合，内部中庭以层叠"文明基石"主题空间回溯文明历史，屋顶天窗引入天光，面向未来。裙楼立面将传统骑楼转译为现代柱廊，屋顶以甲骨文壳体为意象形成出挑深远的小八角缓坡飞檐，各楼栋之间通过游廊相连，兼具遮阳、挡雨、通风、散热等功能，以适应岭南亚热带气候。

设计充分考虑功能分区与布局的合理性，机电设备系统运用一系列先进而成熟的技术集成，保障版本保藏的安全性，兼具适度规模的展示、研究和交流功能。

流溪河水萦绕的前广场、五岭造型的馆名石、书卷理念的文沁桥、植根中华的格木古树、厚重雄伟的"文明基石"，以及大量书法、绘画、木雕、铜艺等名家艺术作品，联袂展示了深厚的中华文化底蕴、鲜明的岭南特色和强烈的时代气息，共同打造南粤大地的中华文化殿堂。

文沁亭、水墨园与远山

水墨园与格木庭

主楼地下一层至四层"文明基石"中庭

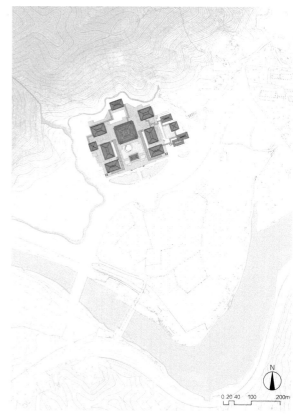

大范围总平面图

1 礼仪广场
2 文沁桥
3 月塘
4 馆名石
5 文沁亭
6 水墨园
7 格木庭
8 文沁阁
9 生命园
10 临时展厅
11 藏展结合区
12 展厅
13 报告厅
14 研究交流区
15 业务区
16 风雨连廊
17 人文山河园
18 生活园
19 餐厅
20 宿舍
21 泄洪小溪

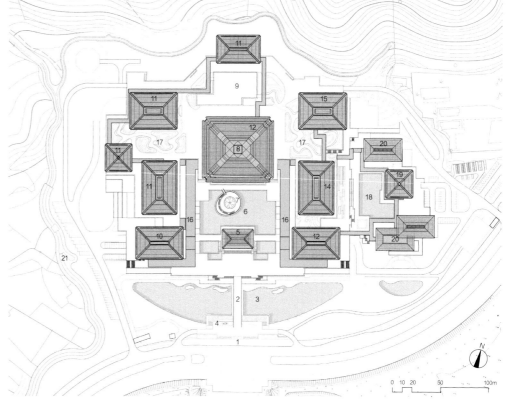

总平面图

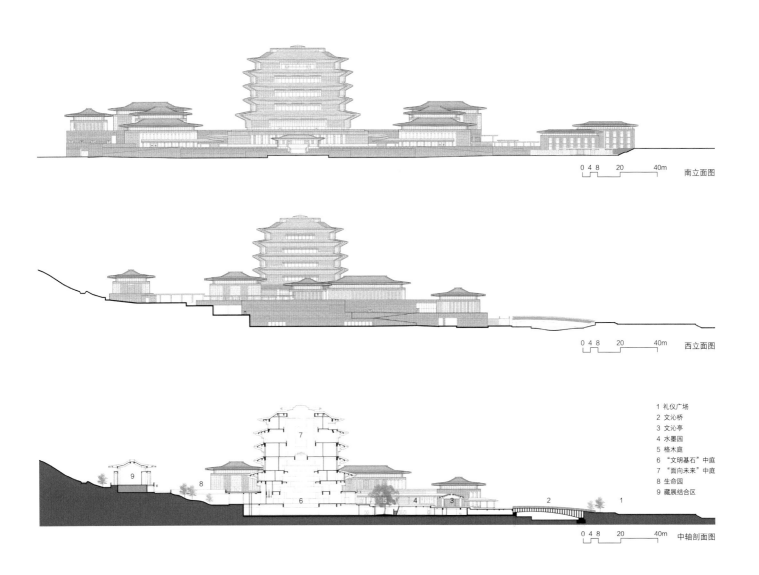

南立面图

0 4 8　　20　　40m

西立面图

0 4 8　　20　　40m

1　礼仪广场
2　文沁桥
3　文沁亭
4　水墨园
5　格木庭
6　"文明基石"中庭
7　"面向未来"中庭
8　生命园
9　藏展结合区

中轴剖面图

0 4 8　　20　　40m

中国国家版本馆杭州分馆

Hangzhou Branch of China National Archives of Publications and Culture

开发单位：杭州国家版本馆
设计单位：业余建筑工作室
项目地点：浙江省杭州市余杭区
设计 / 建成时间：2019 年 / 2022 年

主持建筑师：王澍，陆文宇
主要设计人员：陈立超，宋曙华，申屠团兵，赵远鹏，陈永兵，
　　　　　　　黄迪，汤恒，陈春吉等

初步设计单位：中国美术学院风景建筑设计研究总院有限公司
施工总承包牵头单位：浙江省建工集团有限责任公司
施工图配合设计单位：浙江省建筑设计研究院
全过程咨询单位：中国联合工程有限公司

技术经济指标
结构体系：钢筋混凝土框架 + 钢木混合结构
主要材料：青瓷，混凝土，钢，生土，青铜，木材
用地面积：86758m²
建筑面积：103153m²

国家版本馆杭州分馆选址在世界文化遗产杭州良渚古城遗址附近，建筑的功能是对中国传统藏书楼的现代回应。建筑师面对的挑战是如何将传统的不对公众开放的藏书楼，设计为一个现代的、以藏书为主又扩展为包含江南地区历史上有文明印记、可以文化传承的各个方面藏品的建筑。它将图书馆、博物馆、档案馆、美术馆等功能结合为一体，并向公众开放。

项目选址的场地原是两个大型废弃矿坑，山岭残破不堪。但建筑师却被那种南方罕见的光秃崖壁唤起了对中国宋代巨幅山水画的回忆，因为在1000 年前，杭州是南宋古都，那个时期的山水绘画被公认为中国绘画的最高成就，园林和绘画直接相关，所以建筑师把设计的主题确定为用尊重自然的绘画意识去修复自然。

在建筑设计的整体布局上，建筑师顺势以东南角的山崖为类似宋代山水画上的主峰，回应良渚世界文化遗产保护区的建筑高度控制要求，以中国传统山水画的空间构成原则，利用其中较大的矿坑将整个建筑群设计成南园北馆、南疏北密、山水相映、层次推进、曲折探寻的总平面格局；对另一个矿坑则使用了杭州当地龙井茶田的意象进行了完全的自然修复。在满足全馆储藏空间的同时，构建了向公众较大程度开放参观的展览和游园系统。

建筑整体设计上追求材料的自然表达和结构、构造的真实呈现。不同肌理的清水混凝土与立面上多层高大的青瓷门扇形成优雅的对比。与青瓷这种自然材料相对应，建筑师在整座建筑中还探索了钢木混合结构、超高夯土建造及大型青铜屋面等一系列可持续的建造方式。

从文润阁望向馆区屋顶

北池展廊下方的架空层

青瓷屏扇和水阁木构

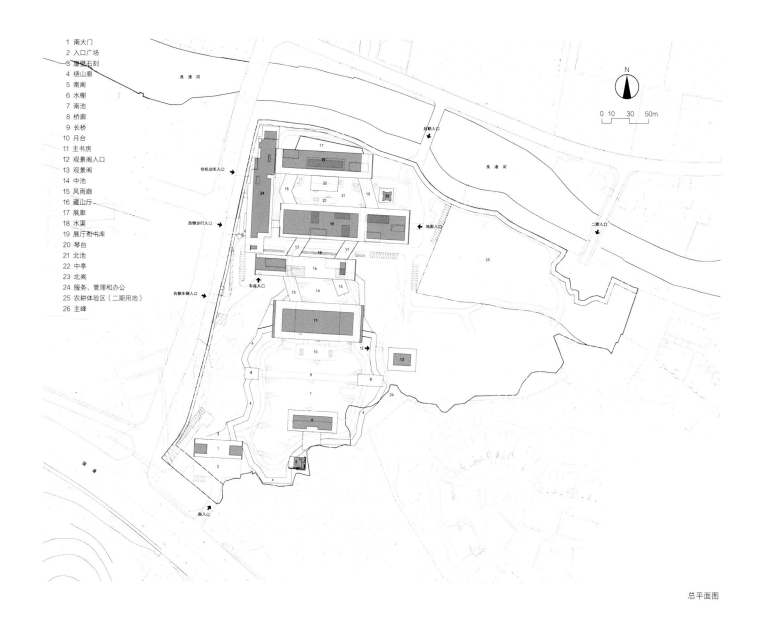

1 南大门
2 入口广场
3 崖壁石刻
4 绕山廊
5 南阁
6 水榭
7 南池
8 桥廊
9 长桥
10 月台
11 主书房
12 观景阁入口
13 观景阁
14 中池
15 风雨廊
16 藏山厅
17 展廊
18 水渠
19 展厅和书库
20 琴台
21 北池
22 中亭
23 北阁
24 服务、管理和办公
25 农耕体验区（二期用地）
26 主峰

总平面图

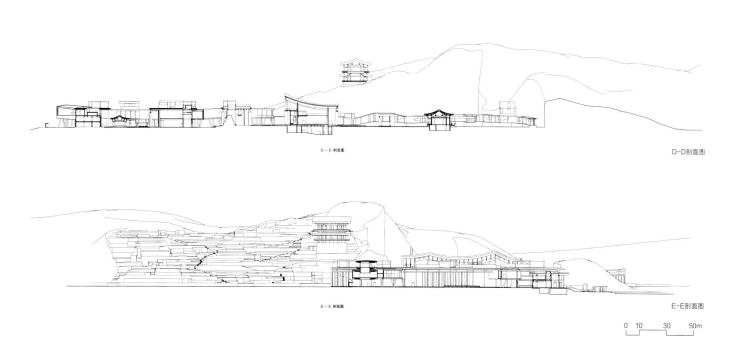

D-D剖面图

D-D剖面图

E-E剖面图

E-E剖面图

174

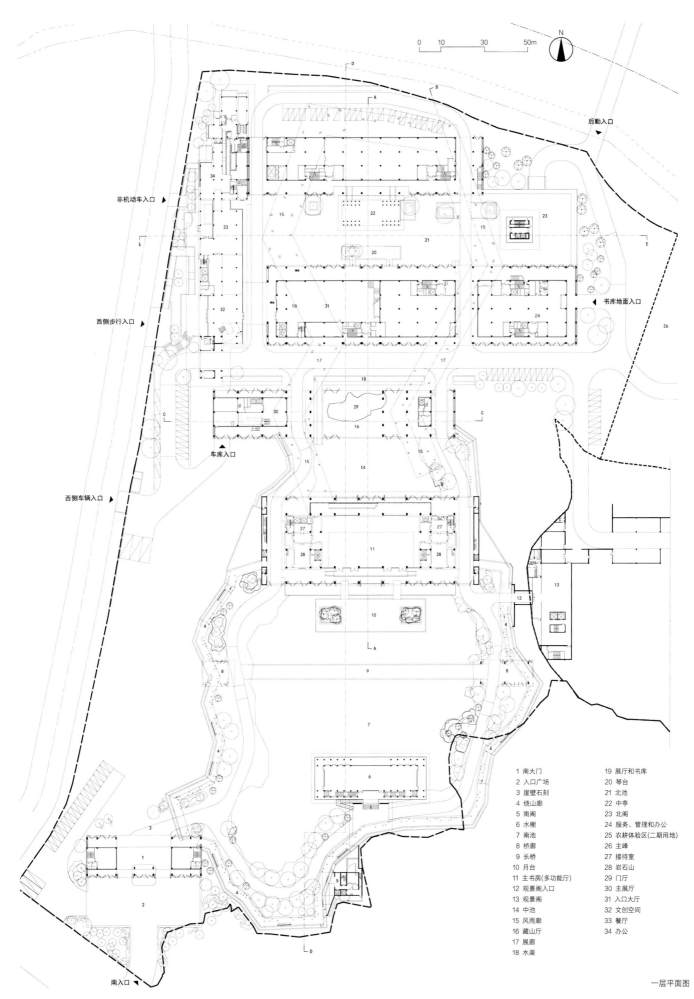

后勤入口

非机动车入口 ▶

西侧步行入口 ▶

西侧车辆入口 ▶

车库入口

书库地面入口 ▶

南大门

南入口 ▶

1 南大门
2 入口广场
3 崖壁石刻
4 绕山廊
5 南阁
6 水榭
7 南池
8 桥廊
9 长桥
10 月台
11 主书房(多功能厅)
12 观景阁入口
13 观景阁
14 中池
15 风雨廊
16 藏山厅
17 展廊
18 水渠

19 展厅和书库
20 琴台
21 北池
22 中亭
23 北阁
24 服务、管理和办公
25 农耕体验区(二期用地)
26 主峰
27 接待室
28 岩石山
29 门厅
30 主展厅
31 入口大厅
32 文创空间
33 餐厅
34 办公

一层平面图

中国国家版本馆西安分馆

Xi'an Branch of China National Archives of Publications and Culture

开发单位：中共陕西省委宣传部
设计单位：中国建筑西北设计研究院有限公司
项目地点：陕西省西安市鄠邑区乌东村
设计／建成时间：2019 年／2022 年

主持建筑师：张锦秋，郑犁，徐嵘
主要设计人员：罗乐，张丽娜，贾俊明，陈宏伟，赵凤霞，阳康，
　　　　　　　薛洁，盛嘉宾，韦春萍，王继文，蔡红，贲兆强，
　　　　　　　孙宁，李明涛，杨王坤，荣新春，杜乐，王今昭，
　　　　　　　王东政，万怡

获奖情况
2022 年 陕西省优秀工程勘察设计（工程设计－建筑市政类）一等奖
2021-2022 年 中国建筑卓越项目奖（设计类）

技术经济指标
结构体系：钢框架结构，钢筋混凝土框架结构，隔震层
主要材料：钛锌板金属屋面，黄锈石墙面，
　　　　　断桥铝合金 Low-E 中空玻璃
用地面积：200000m²
建筑面积：83150m²

国家版本馆西安分馆选址在秦岭圭峰北麓，设计以"山水相融、天人合一、汉唐气象、中国精神"为主旨，环境设计尊重自然环境，追求中国山水园林的素朴天然之趣和诗情画意之美。

整体布局将圭峰、国家版本馆西安分馆和西安高新区通过一条南北轴线连成一个整体，引领了地形、时空、文化一脉相承的整体格局。

建筑群采用山地园林建筑群落的布局，划分三大功能区，布置在六层台地上。建筑群布局相对紧凑，以版本库为高台，主体建筑文济阁坐落在高台上，面向园林与城市，各功能区围绕高台布置，舒缓的坡屋顶高低错落，中轴对称、主从有序，以圭峰为背景与层层山峦唱和相应，有云横秦岭、北望渭川的诗情画意。

读者服务中心南望文济阁

面向园林与城市

序厅透视

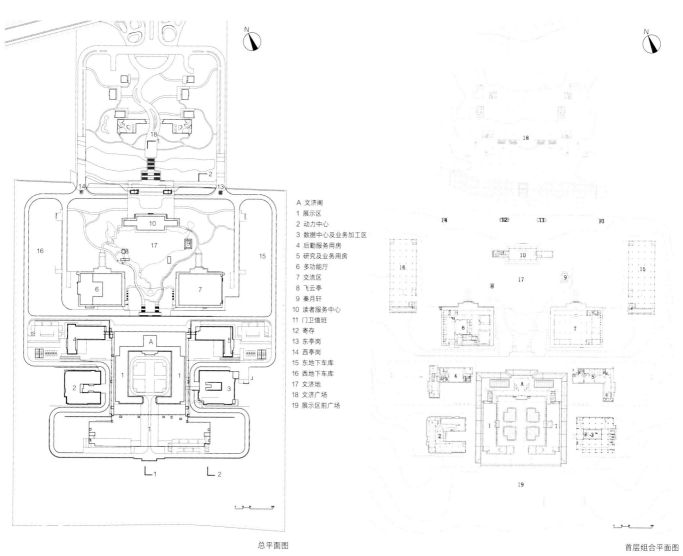

A 文济阁
1 展示区
2 动力中心
3 数据中心及业务加工区
4 后勤服务用房
5 研究及业务用房
6 多功能厅
7 交流区
8 飞云亭
9 秦月轩
10 读者服务中心
11 门卫值班
12 寄存
13 东亭岗
14 西亭岗
15 东地下车库
16 西地下车库
17 文济地
18 文济广场
19 展示区前广场

总平面图

首层组合平面图

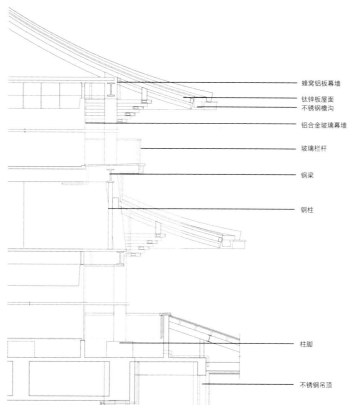

蜂窝铝板幕墙
钛锌板屋面
不锈钢檐沟
铝合金玻璃幕墙
玻璃栏杆
钢梁
钢柱
柱脚
不锈钢吊顶

文济阁外檐墙面大样

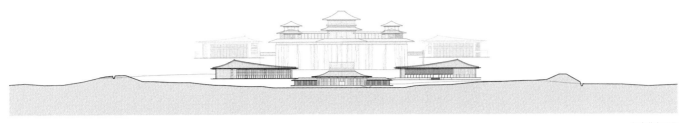

组合北立面图

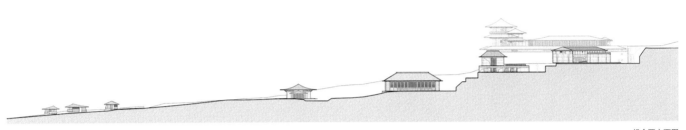

组合西立面图

组合东立面图

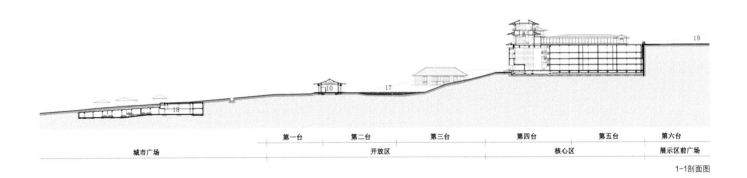

城市广场	第一台	第二台	第三台	第四台	第五台	第六台
	开放区			核心区		展示区前广场

1-1剖面图

0 10   50m

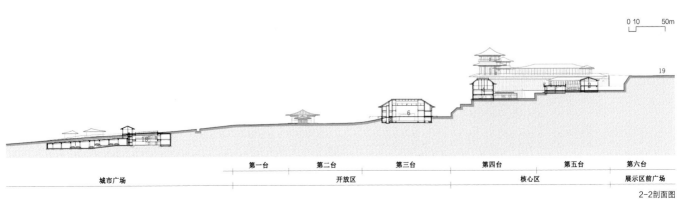

城市广场	第一台	第二台	第三台	第四台	第五台	第六台
	开放区			核心区		展示区前广场

2-2剖面图

中国国家版本馆中央总馆

Central Branch of China National Archives of Publications and Culture

开发单位：中共中央宣传部
设计单位：清华大学建筑设计研究院有限公司 /
　　　　　中铁第五勘察设计院集团有限公司
项目地点：北京市昌平区兴寿镇半壁店村
设计 / 建成时间：2019—2020 年 / 2022 年

主持建筑师：庄惟敏，李匡，唐鸿骏
主要设计人员：庄惟敏，李匡，唐鸿骏，张翼，丁浩，盛文革，
　　　　　　　白亚威，孙玉颖，范艺菲，杨霄，于清浩，李爱莲，
　　　　　　　汤小京，杨莉，郭红艳

获奖情况
2023 年 北京市优秀工程勘察设计成果评价建筑工程设计综合成果评价
　　　　一等奖
2023 年 北京市优秀工程勘察设计成果评价人文建筑设计单项成果评价
　　　　一等奖

技术经济指标
结构体系：框架结构
主要材料：暗红色石材勒脚，黄锈石墙面，深灰色瓦屋面，
　　　　　不锈钢仿铜装饰
用地面积：168400m²　　　　　　建筑面积：99500m²
绿地率：30%　　　　　　　　　　停车位：200 个

中国国家版本馆中央总馆位于北京市昌平区一处废弃采石场，包含六个功能区：交流区、展藏区、保藏区、洞藏区、研究及业务用房、服务及设备用房。以中国传统建筑文化和藏书文化为主线，聚焦中华文化种子基因"藏之名山、传之后世"的主旨，力求充分把握山水、古今、自然与人文的融合，修复崖壁宕口、重塑山水形胜、融合人文景观，将万年百世之事的典藏之地融入中国传统理想栖居的山水环境中，实现文化性、传承性、时代性与实用性的有机统一，技术特色如下。

1. 山水交融、馆园一体。充分尊重自然生态，依山就势，因地制宜，院落式建筑掩映在山水园林环境之中，凸显山水交融、露隐相间、馆园结合的特色。

2. 中国特色、文化传承。采用中国传统的院落式布局，沿轴线依山就势，分级布置主体建筑，并通过两侧的廊院空间加以烘托，体现坐北朝南、中轴对称、礼乐交融的特点。

3. 大国气象、时代新韵。建筑外观采用经典的三段式结构：暗红色石材勒脚、黄锈石墙面、深灰色瓦屋面，檐口、雨篷等重点部位采用不锈钢仿铜装饰，充分展现大国气象和新时代风采。

4. 主体功能、安全高效。以版本的典藏为核心，所有保藏空间内部连通形成整体，最大限度地保证版本运输、加工、保存整体工艺流程的顺畅。

文兴楼北侧实景

文瀚阁南侧实景

文瀚厅

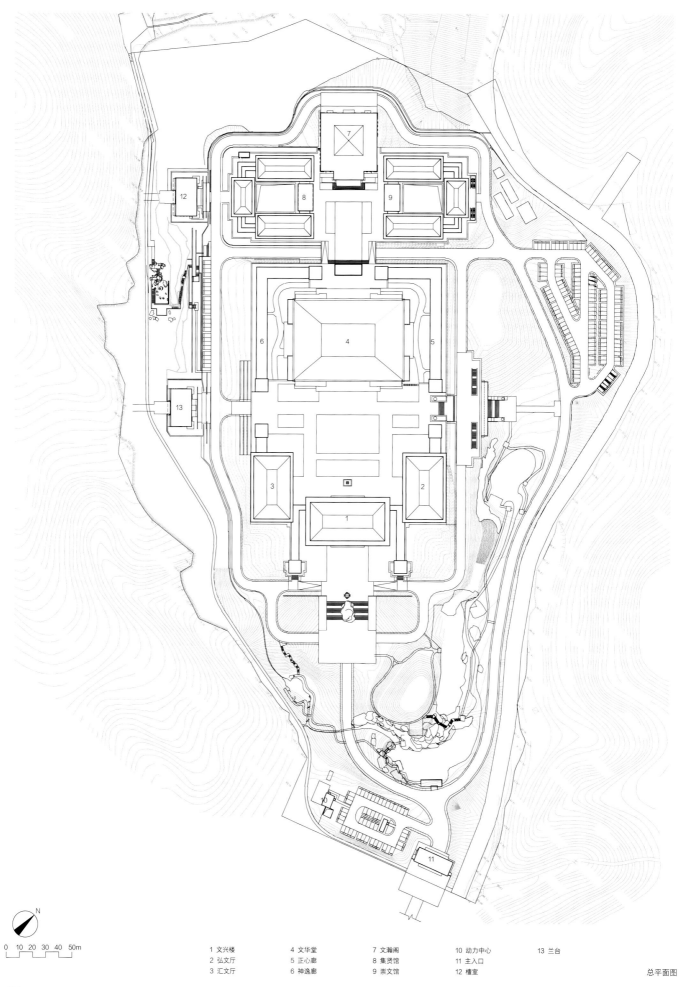

N

0 10 20 30 40 50m

1 文兴楼   4 文华堂   7 文瀚阁   10 动力中心   13 兰台
2 弘文厅   5 正心廊   8 集贤馆   11 主入口
3 汇文厅   6 神逸廊   9 崇文馆   12 档室

总平面图

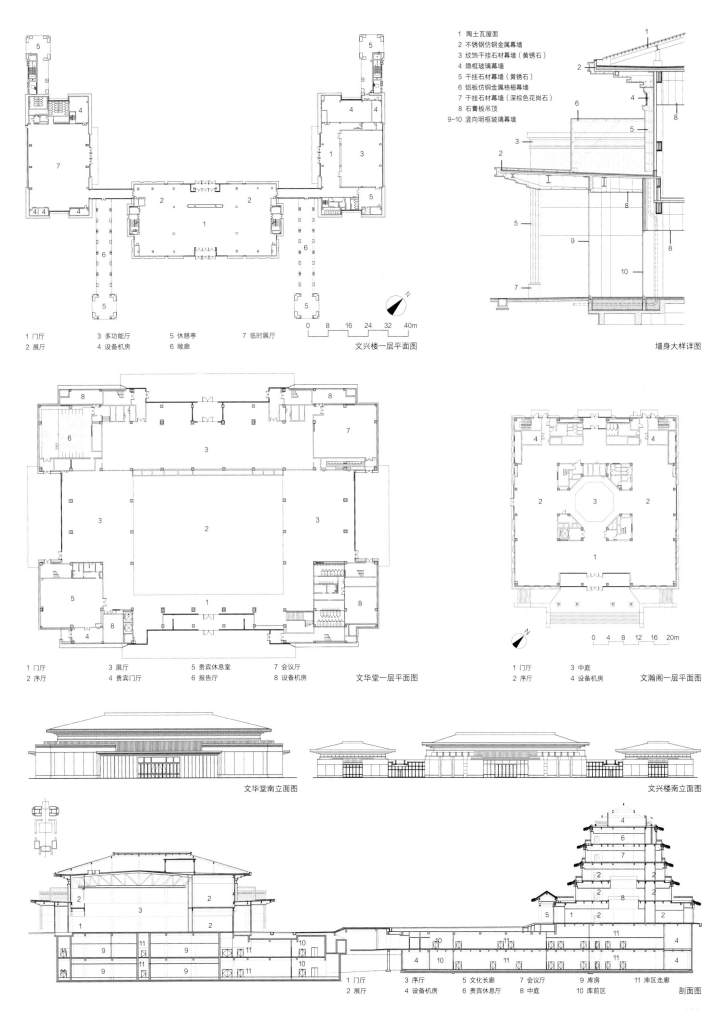

1 陶土瓦屋面
2 不锈钢仿铜金属幕墙
3 纹饰干挂石材幕墙（黄锈石厅）
4 隐框玻璃幕墙
5 干挂石材幕墙（黄锈石）
6 铝板仿铜金属格栅幕墙
7 干挂石材幕墙（深棕色花岗石）
8 石膏板吊顶
9-10 竖向明框玻璃幕墙

墙身大样详图

1 门厅　　　3 多功能厅　　　5 休憩亭　　　7 临时展厅
2 展厅　　　4 设备机房　　　6 敞廊

0 8 16 24 32 40m

文兴楼一层平面图

1 门厅　　　3 展厅　　　5 贵宾休息室　　　7 会议厅
2 序厅　　　4 贵宾门厅　　6 报告厅　　　　8 设备机房

文华堂一层平面图

1 门厅　　　3 中庭
2 序厅　　　4 设备机房

0 4 8 12 16 20m

文瀚阁一层平面图

文华堂南立面图

文兴楼南立面图

1 门厅　　　3 序厅　　　5 文化长廊　　7 会议厅　　　9 库房　　　11 库区走廊
2 展厅　　　4 设备机房　6 贵宾休息厅　8 中庭　　　　10 库前区

剖面图

CONTEMPORARY
CHINESE ARCHITECTURE
RECORDS Ⅱ

当代中国建筑实录 2

商业·休闲娱乐

Commerce & Leisure Entertainment

惠多港购物中心
HDD Mall

开发单位：北京豆各庄金丰置业有限公司
设计单位：泛华集团低碳设计研究院
项目地点：北京市朝阳区
设计 / 建成时间：2018 年 / 2023 年

项目总建筑师：王政
参与设计人员：谢淑艳，王猛，郑盼盼，徐长柳，蒲雨刚

获奖情况
2023 年　第十三届国际空间设计大奖艾特奖（IDEA-TOPS）商业建筑
　　　　　设计全球五强
2023 年　国际设计文化节（IDCF）全球最佳商业空间年度大奖

技术经济指标
结构体系：钢+混凝土结构
主要材料：耐候钢，混凝土，红砖，玻璃
用地面积：50040m²
建筑面积：133300m²
绿地率：30%
停车位：3300 个

在北京市朝阳区东五环的工业遗址焦化厂旁，引入一个约 13 万 m² 的博物馆式新商业综合体惠多港购物中心（简称惠多港），无论在建筑空间还是经营理念上，都给消费者带来了新惊喜，成为朝阳区东南部热门的商业打卡地之一。

立足焦化厂区域浓郁的工业氛围和当下全球气候变化的挑战，惠多港致力于打造惠民商业和博物馆式艺术休闲商业综合体，成为北京工业风尚的新符号和亲民、惠民的新生活板块。其前沿的低碳与智慧设计、公平可持续的发展理念和气势恢宏的工业建筑结构将惠多港打造成极具个性化的创新性后现代商业空间。

惠多港在低碳设计上采用耐候钢等可回收的工业材料，并将 20 世纪 30 年代的建筑红砖再次利旧使用，通过三个中厅的穹顶，将自然光线引入到建筑内部，使得人们无论是在大厅还是步行环廊都拥有丰沛的自然光线，再叠加金属网架在阳光下呈现出的奇妙光影变化，营造出自然、静谧、舒适的商业空间氛围。光、线条、结构及空间序列在此中交错，演绎工业与古典的秩序之美，让人们窥见其积厚流光的文化积淀，为每一位到访者带来充满新意的美学体验。

北中庭观光电梯与穹顶构成的光影变化

东广场下沉步行主入口的红砖踏步

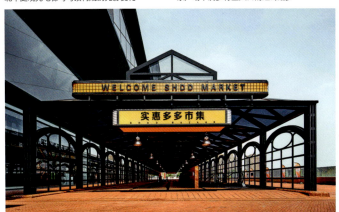

地下市集入口呈现传统火车站的工业视觉风貌

中庭自动扶梯与顶部网架构成

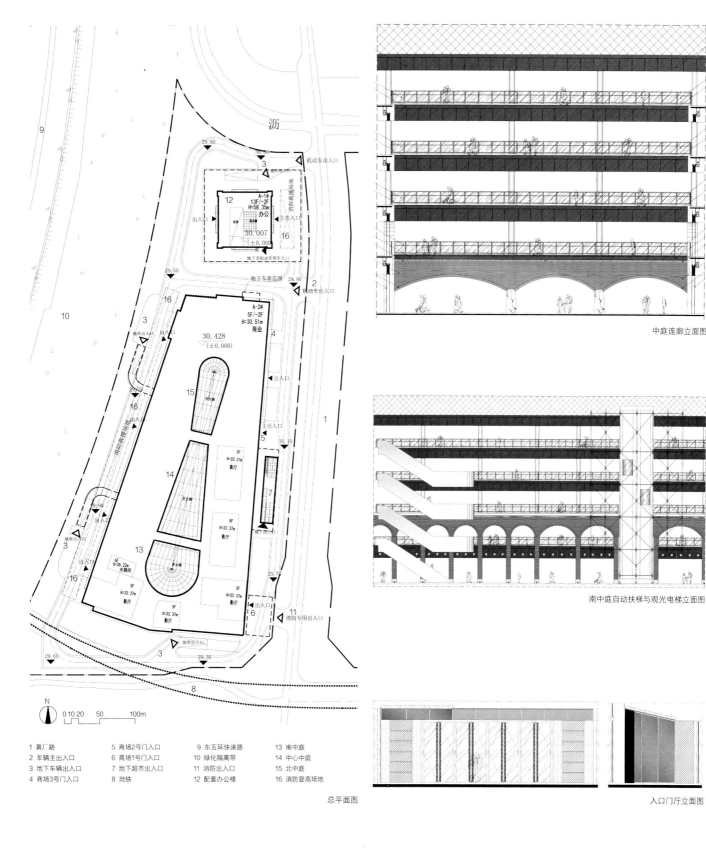

中庭连廊立面图

南中庭自动扶梯与观光电梯立面图

入口门厅立面图

总平面图

1 黄厂路	5 商场2号门入口	9 东五环快速路	13 南中庭
2 车辆主出入口	6 商场1号门入口	10 绿化隔离带	14 中心中庭
3 地下车辆出入口	7 地下超市出入口	11 消防出入口	15 北中庭
4 商场3号门入口	8 地铁	12 配套办公楼	16 消防登高场地

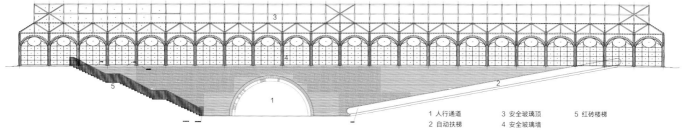

1 人行通道	3 安全玻璃顶	5 红砖楼梯
2 自动扶梯	4 安全玻璃墙

地下商业主入口立面图

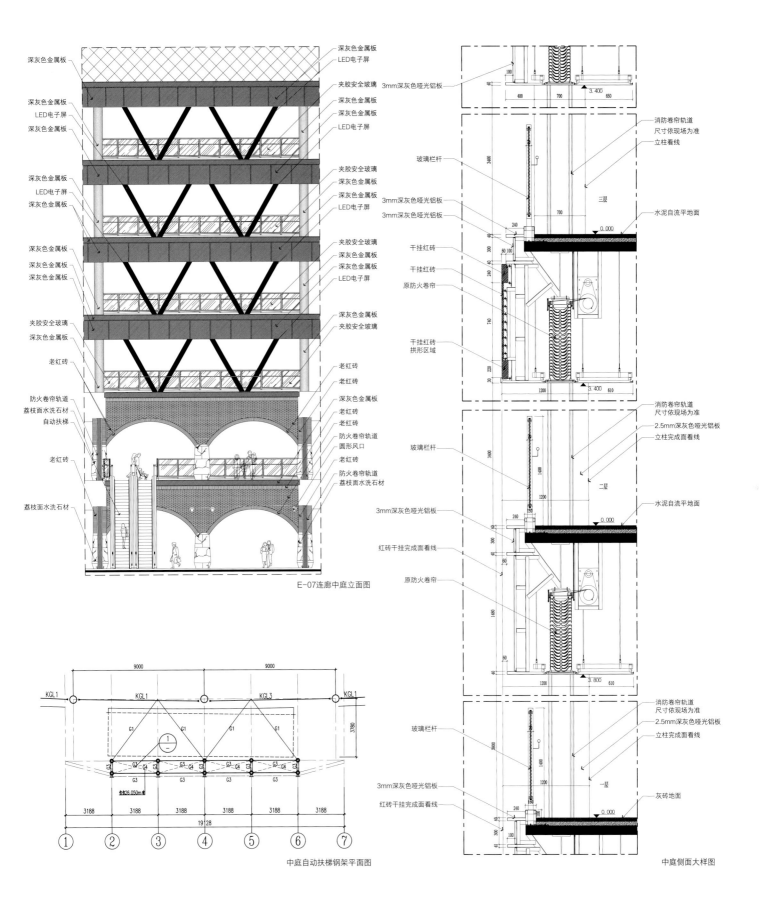

深灰色金属板
深灰色金属板
LED电子屏
深灰色金属板

深灰色金属板
LED电子屏
深灰色金属板

深灰色金属板
深灰色金属板
深灰色金属板

夹胶安全玻璃
深灰色金属板

老红砖

防火卷帘轨道
荔枝面水洗石材
自动扶梯

老红砖

荔枝面水洗石材

深灰色金属板
LED电子屏

夹胶安全玻璃
深灰色金属板
深灰色金属板
LED电子屏

深灰色金属板
深灰色金属板
LED电子屏

夹胶安全玻璃
深灰色金属板
LED电子屏

夹胶安全玻璃

老红砖
老红砖
深灰色金属板
老红砖
老红砖
防火卷帘轨道
圆形风口
老红砖
防火卷帘轨道
荔枝面水洗石材

E-07连廊中庭立面图

中庭自动扶梯钢架平面图

3mm深灰色哑光铝板

消防卷帘轨道
尺寸依现场为准
立柱看线

玻璃栏杆

3mm深灰色哑光铝板
3mm深灰色哑光铝板

干挂红砖
干挂红砖

原防火卷帘

干挂红砖
拱形区域

三层

水泥自流平地面

消防卷帘轨道
尺寸依现场为准
2.5mm深灰色哑光铝板
立柱完成面看线

玻璃栏杆

3mm深灰色哑光铝板

红砖干挂完成面看线

原防火卷帘

二层

水泥自流平地面

消防卷帘轨道
尺寸依现场为准
2.5mm深灰色哑光铝板
立柱完成面看线

玻璃栏杆

3mm深灰色哑光铝板
红砖干挂完成面看线

一层

灰砖地面

中庭侧面大样图

189

成都SKP
SKP in Chengdu

开发单位：北京华联（SKP）百货有限公司
设计单位：Sybarite UK Limited
合作单位：Field Operations，Speirs Major Lighting Architecture，
　　　　　Eckersley O'Callaghan，The Fountain Workshop，
　　　　　英国奥雅纳工程顾问公司（Arup）（上海）（Shanghai），
　　　　　Buro Happold，华东建筑设计研究院有限公司
项目地点：四川省成都市武侯区
设计 / 建成时间：2018 年 /2022 年

主持建筑师：Torquil McIntosh，Simon Mitchell
主要设计人员：Aldo Sanzò，Enrico Falchetti

获奖情况
2023 年 美国国际设计大奖赛（International Design Awards）
　　　　商业建筑设计 / 百货类银奖
2023 年《世界室内新闻》杂志大奖（World Interior News Awards）
　　　　零售及顾客室内设计金奖

技术经济指标
结构体系：现浇混凝土 + 钢结构
主要材料：夹层玻璃，涂层铝，GRC（玻璃纤维增强混凝土），
　　　　　UHPC（超高性能混凝土）
用地面积：260000m²　　　建筑面积：370000m²
绿地率：70%　　　　　　　停车位：2400 个

成都 SKP 位于城市绿色生态圈内，项目需实现 70% 的绿化覆盖率要求。Sybarite 建筑设计公司化挑战为机遇，实现地面公园与下沉高端百货结合的"亲自然"总体规划。占地 260000m² 的地面公园，是对城市的馈赠；融合下方深达 5 层、共计 370000m² 的零售、餐饮和停车场空间，一个可休闲、可感受自然、可购物、可享受美食的目的地就此诞生。

项目蕴含"平行世界"的隐喻——从 33 处自然景观构成的公园，到下沉式百货，Sybarite 通过如水幕盒子、风铃墙、中央阶梯等设计，实现建筑与自然的融合；北面的 SKP 和南面的 SKP-S，通过 250m 的美食和时尚大道串联，开启由摩登到前卫的旅程。

品牌化的设计语言，在打造百货时至关重要。Sybarite 在与 SKP 合作初期，为客户创造了"SKP 曲线"这一设计语言，它在北京和西安的 SKP 设计中得到应用，并在成都得到全新尺度上的发展和使用，策略性地创造了充满品牌传承感和顾客归属感的环境。

中央大台阶和水幕盒子的设计，体现了成都SKP总体上融合建筑与自然的理念

Y形桥不仅在新尺度上应用"SKP曲线"，也形成了下沉式广场区域，可作为户外表演和各类活动空间

SKP-S的室内建筑语言截然不同，以粗野主义风格呈现乌托邦感的空间

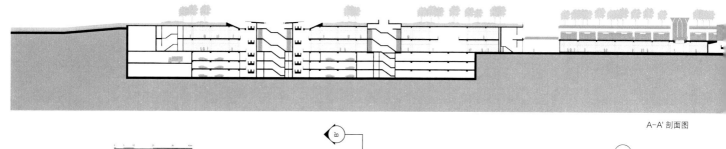

A-A' 剖面图

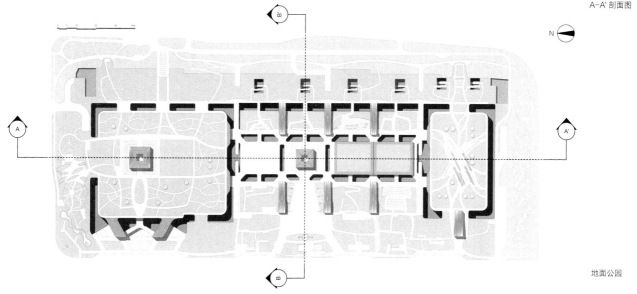

地面公园

1 SKP百货
2 SKP-S百货
3 K大道
4 G大道

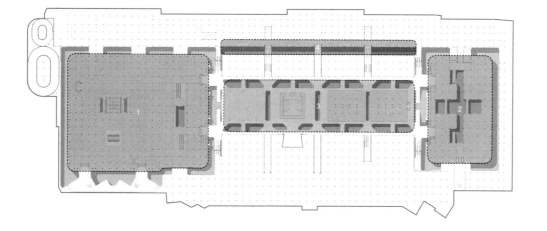

二层平面图

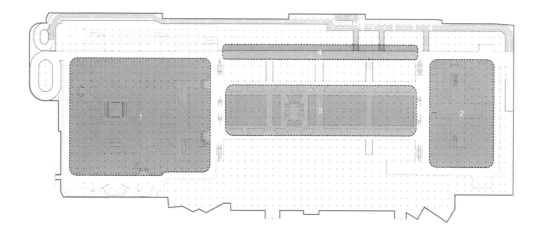

一层平面图

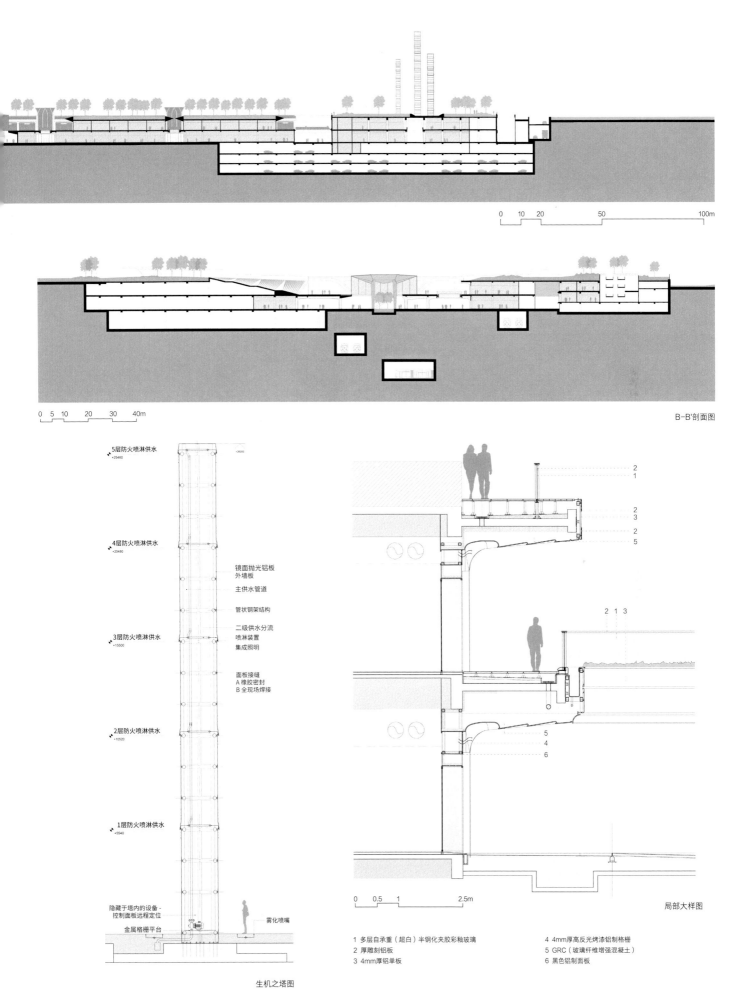

B-B'剖面图

0 10 20　50　100m

0　5 10　20　30　40m

5层防火喷淋供水
+26000

4层防火喷淋供水
+20480

镜面抛光铝板
外墙板

主供水管道

管状钢架结构

二级供水分流
喷淋装置
集成照明

3层防火喷淋供水
+15500

面板接缝
A 橡胶密封
B 全现场焊接

2层防火喷淋供水
+10520

1层防火喷淋供水
+5540

隐藏于塔内的设备 -
控制面板远程定位

金属格栅平台

雾化喷嘴

生机之塔图

0　0.5　1　　　2.5m

局部大样图

1 多层自承重（超白）半钢化夹胶彩釉玻璃　　4 4mm厚高反光烤漆铝制格栅

2 厚雕刻铝板　　　　　　　　　　　　　　5 GRC（玻璃纤维增强混凝土）

3 4mm厚铝单板　　　　　　　　　　　　　6 黑色铝制面板

193

合肥骆岗中央公园园博小镇S8地块
S8 Plot of Garden Expo Town, Luogang Central Park, Hefei

扫码观看
更多内容

开发单位：合肥市滨湖新区建设投资有限公司
设计单位：中国建筑设计研究院有限公司 /
　　　　　中国建筑标准设计研究院有限公司
项目地点：安徽省合肥市包河区
设计 / 建成时间：2022 年 / 2023 年

主持建筑师：李兴钢
主要设计人员：李兴钢，易灵洁，姜汶林，叶梓，王汉，谭舟（建筑方案）；
　　　　　　　狄明，龚坚，曹雳，陈韬鹏，曾彦玥，李晓霖（建筑施
　　　　　　　工图）；邢万里，杨赟，马勇，丁井臻（结构）；关午军，
　　　　　　　杨宛迪，李任，武晓蒙（景观）

技术经济指标
结构体系：钢框架结构（新建），砖混加固结构（保留）
主要材料：钢，混凝土，砌体，质感涂料，铝板，金属网，红砖
占地面积：9888m²
建筑面积：9811m²（保留建筑面积：4821m²，新建建筑面积：4990m²）

第十四届中国（合肥）国际园林博览会城市更新片区的园博小镇二、三期，被规划为一个"老机场建新园博"、生态化更新理念之下的航空记忆园博小镇。结合现状的建筑功能分区和院落植被结构，形成多个建筑与景观一体的组团地块。延续原有的乘客轴、后勤轴和四座标志性高塔，在塔间视觉通廊处增设景观构筑物以留存及提示骆岗国际机场的历史脉络。

S8 地块位于园博小镇北入口，现有民航安管办公楼、省局办公楼、公安处办公楼等多栋砖混建筑和一座砖砌水塔。设计最大限度保留既有的建筑和树木，延续"三横一纵"的虚实肌理和南北双院落的空间格局。改造提升后，项目成为本地精品餐饮复合新兴传媒产业的商业群落。

全新的钢结构框架系统以一种生长的姿态介入场地，创造出檐廊、阶梯、平台、庭园等游览要素，既联系旧建筑又建立新形象，为体验者提供了一系列内外联动的立体空间和动静相宜的环境氛围。更新后的西北侧架空体量，以轻盈漂浮的形体和开敞通透的界面，进一步强化了小镇门户的昭示性。

砖制水塔作为整个小镇重要的记忆载体，通过景观语汇将"水"转译为贴近园博园主题的植被、铺装和灯光。中央下沉庭院内的格构景亭，处于水塔和气象塔的视廊之间，促成了人与场地的对话。

东侧鸟瞰

西北鸟瞰，全新的钢结构框架系统，既联系旧建筑，又建立新形象

西侧街景，一系列内外联动的立体空间和动静相宜的环境氛围

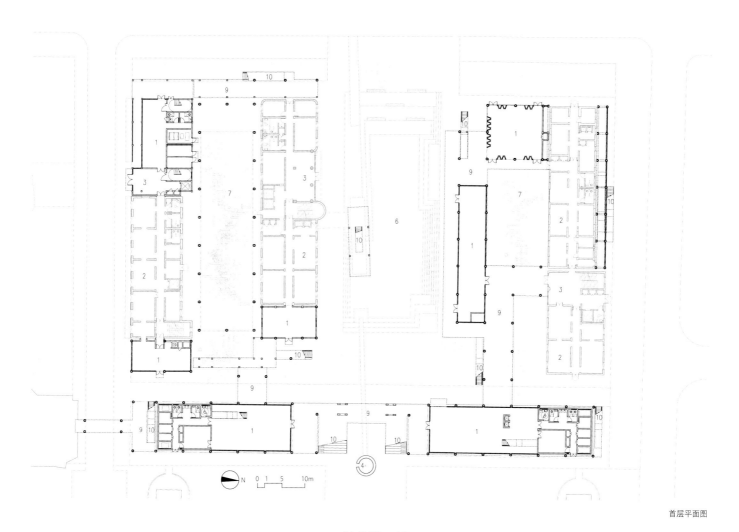

首层平面图

1 新建筑商铺　　3 商铺门厅　　5 格构景亭　　7 景观庭院　　9 室外檐廊　　11 室外连桥
2 改造建筑商铺　4 保留水塔　　6 下沉庭院　　8 室外平台　　10 室外楼梯　　12 屋顶花园

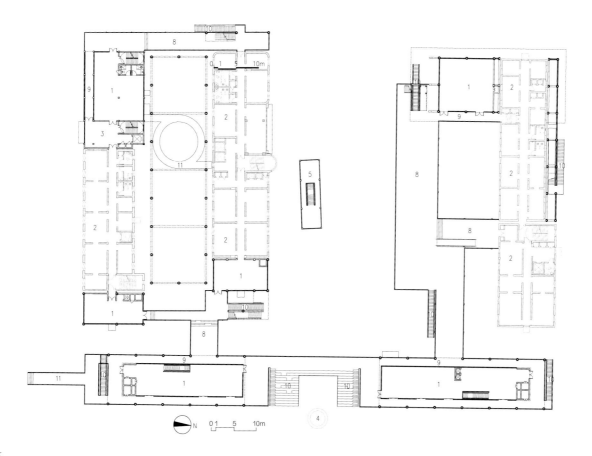

二层平面图

196

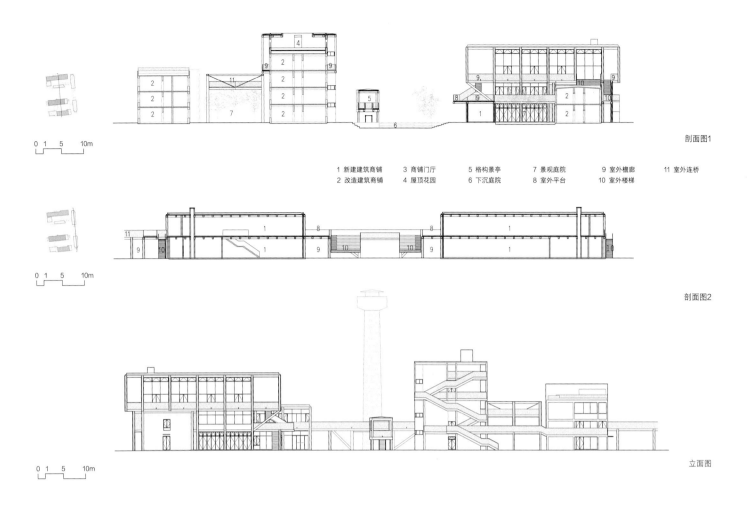

剖面图1

1 新建筑商铺	3 商铺门厅	5 格构景亭	7 景观庭院	9 室外檐廊	11 室外连桥
2 改造建筑商铺	4 屋顶花园	6 下沉庭院	8 室外平台	10 室外楼梯	

剖面图2

立面图

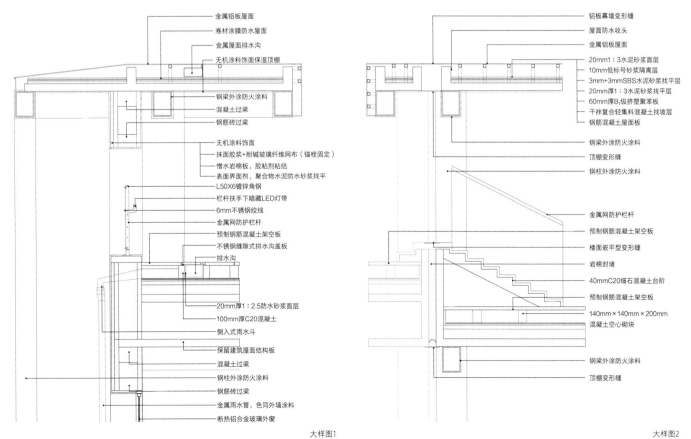

金属铝板屋面
卷材涂膜防水屋面
金属屋面排水沟
无机涂料饰面保温顶棚

钢梁外涂防火涂料
混凝土过梁
钢筋砖过梁

无机涂料饰面
抹面胶浆+耐碱玻璃纤维网布（锚栓固定）
憎水岩棉板，胶粘剂粘结
表面界面剂,聚合物水泥防水砂浆找平
L50X6镀锌角钢
栏杆扶手下暗藏LED灯带
6mm不锈钢绞线
金属网防护栏杆
预制钢筋混凝土架空板
不锈钢缝隙式排水沟盖板
排水沟

20mm厚1:2.5防水砂浆面层
100mm厚C20混凝土
侧入式雨水斗
保留建筑屋面结构板
混凝土过梁
钢柱外涂防火涂料
钢筋砖过梁
金属雨水管, 色同外墙涂料
断热铝合金玻璃外窗

铝板幕墙变形缝
屋面防水收头
金属铝板屋面
20mm1:3水泥砂浆面层
10mm低标号砂浆隔离层
3mm+3mmSBS水泥砂浆平层
20mm厚1:3水泥砂浆找平层
60mm厚B₁级挤塑聚苯板
干拌复合轻料混凝土找坡层
钢筋混凝土屋面板

钢梁外涂防火涂料
顶棚变形缝
钢柱外涂防火涂料

金属网防护栏杆
预制钢筋混凝土架空板
楼面嵌平型变形缝
岩棉封堵
40mmC20细石混凝土台阶
预制钢筋混凝土架空板
140mm×140mm×200mm
混凝土空心砌块

钢梁外涂防火涂料
顶棚变形缝

大样图1   大样图2

197

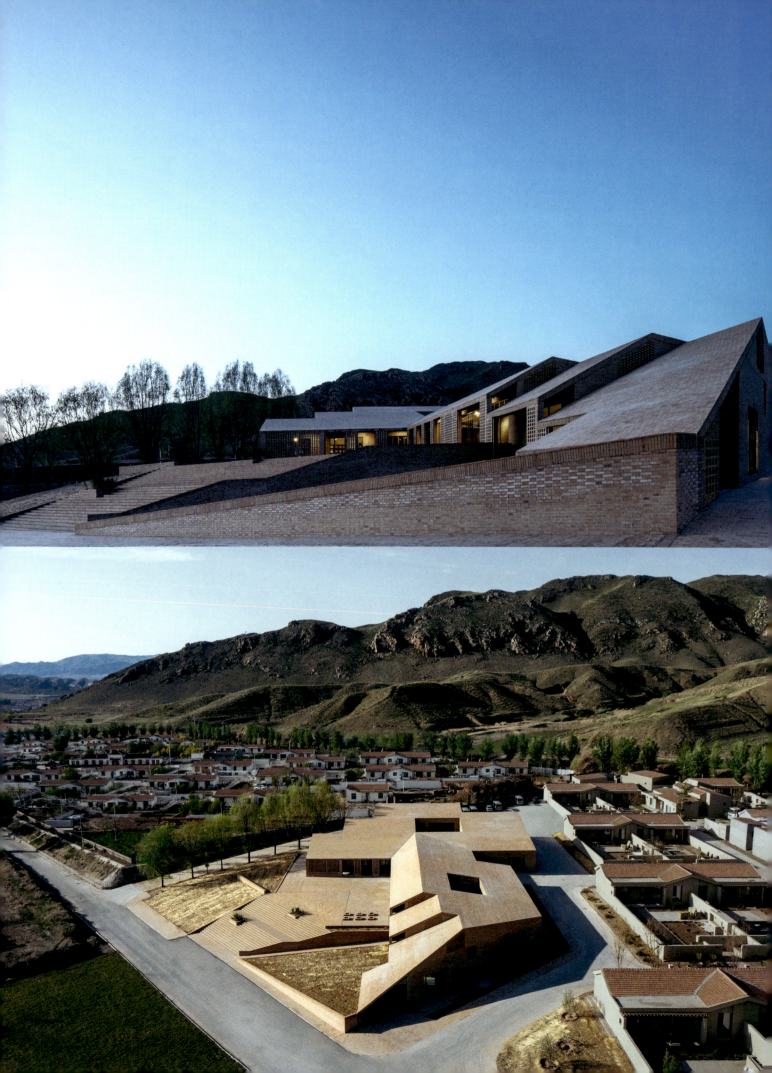

马鬃山游客中心
Horsemane Mountain Visitor Center

开发单位：呼和浩特市地铁实业有限公司
设计单位：内蒙古工大建筑设计有限责任公司
项目地点：内蒙古自治区呼和浩特市赛罕区
设计 / 建成时间：2022 年 / 2023 年

主持建筑师：张鹏举
主要设计人员：李燕，郭鹏，黄利利，李会元，通拉嘎，高红艳

技术经济指标
结构体系：剪力墙结构
主要材料：耐火砖，钢筋混凝土
用地面积：8464m²
建筑面积：1884m²

石门沟村位于呼和浩特市马鬃山滑雪场西侧的山脚下，是人们到达滑雪场的必经之路。马鬃山民宿小镇是以石门沟村的既有民居为基础，集住宿、餐饮、度假等功能于一体的民宿建筑群。马鬃山民宿小镇游客中心是建筑群中承担餐饮、服务与接待功能的公共用房，位于石门沟村的西南侧，紧邻入村干道，呈半围护状。设计谨慎地组织并处理了新建与改造、场地与道路、建筑与山体、高差与动线、建造与材质等要素之间的关系，使项目既融入环境，又建立起新的秩序。

设计以内院为空间组织语言，在组织天然采光与自然通风的同时，明确动静分区并将室外景观引入室内；新建筑与村落轴线等环境要素相互匹配，延续了聚落布局肌理；基地因循就势仅作找平等基础处理，这是尊重场地和经济性考量的结果；材料的选用与搭配受周边传统民居的影响，温暖的红砖与通透的玻璃使游客更加舒缓与放松；设计根据地势的变化对游客动线做相应的竖向设计，同时模拟了登山过程，加强了游客的体验感。

外廊空间

从西南侧看游客中心局部

游客中心室内

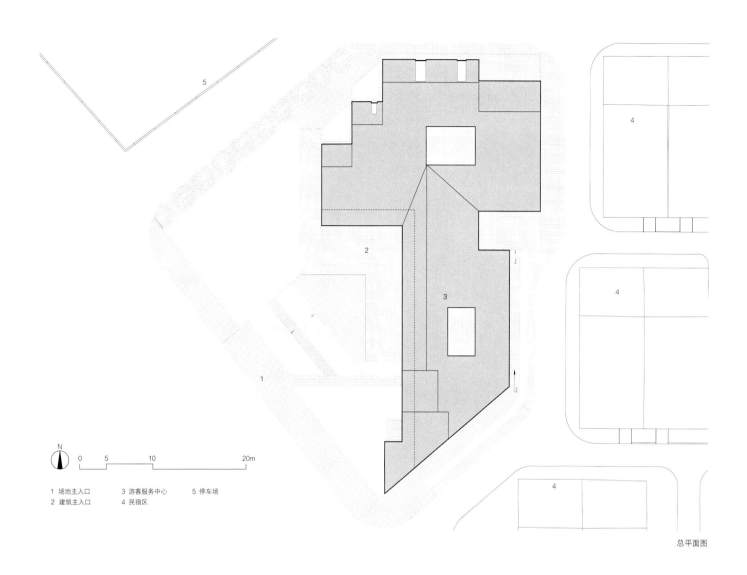

N
0 5   10   20m

1 场地主入口   3 游客服务中心   5 停车场
2 建筑主入口   4 民宿区

总平面图

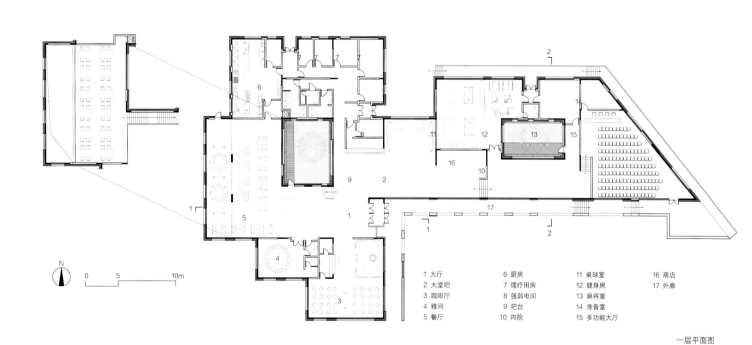

N
0   5   10m

1 大厅   6 厨房   11 桌球室   16 商店
2 大堂吧   7 理疗用房   12 健身房   17 外廊
3 咖啡厅   8 强弱电间   13 麻将室
4 雅间   9 吧台   14 准备室
5 餐厅   10 内院   15 多功能大厅

一层平面图

200

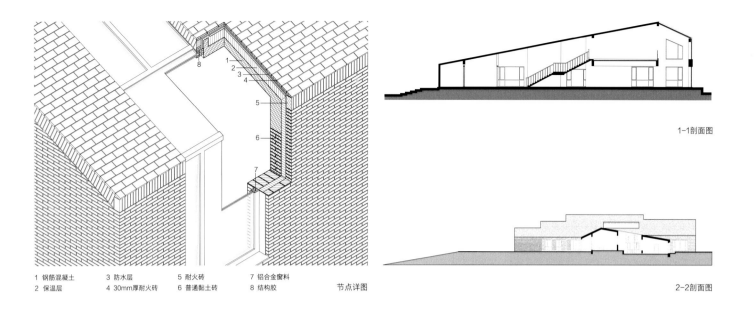

1 钢筋混凝土　　3 防水层　　　　5 耐火砖　　　　7 铝合金窗料
2 保温层　　　　4 30mm厚耐火砖　6 普通黏土砖　　8 结构胶　　　　节点详图

1-1剖面图

2-2剖面图

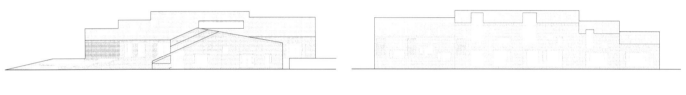

南立面图

北立面图

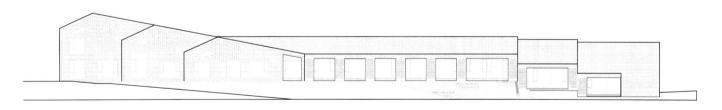

西立面图

东立面图

人人书屋
Renren Reading Room

扫码观看
更多内容

开发单位：信阳两个更好实业有限公司
设计单位：场域建筑工作室
项目地点：河南省信阳市羊山新区
设计 / 建成时间：2022 年 / 2023 年

主持建筑师：梁井宇
主要设计人员：叶思宇，周源，吴璇旋，闫明永

技术经济指标
结构体系：钢结构
主要材料：钢材，砌体，木材，涂料
用地面积：250m²
建筑面积：192m²

　　人人书屋（羊山中学社区书屋）是位于信阳市的一项公共文化网络项目，旨在为周边社区居民提供设计和服务。书屋位于羊山中学对面的街道上，坐南朝北，与商铺相邻，是一个街区型建筑。除了为周边社区提供服务外，建筑还为临街的访客提供便利。

　　书屋与周边商铺的立面和街道之间的关系较为紧密，体量凸显于原有商铺平面之上，以突出社区空间的公共性。这种设计使行人在步行过程中能够感受到距离和空间的变化，与书屋产生互动关系。由于周边环境嘈杂，为了创造安静的室内阅读环境，该项目采用了内向的设计。建筑入口处采用了灰空间的处理手法，需经过一个半室外的廊道和一个室外的景观小花园进入，室内外环境有效连接，入口处的设计顺畅引导访客进入书屋。同时，建筑外观采用灰白色材料，与周边旧建筑形成对比，呈现出更加纯净的体量感。

　　书屋的功能主要包括阅读区、咖啡区、商品展示区等。阅读区设置书墙，隔绝外部环境噪声，为访客和学生提供安静独立的阅读空间，采用顶部采光方式解决自然采光问题。咖啡区为人们提供放松身心和交流的场所，通过整面落地玻璃使客人可以欣赏庭院景观和街道情况，书屋旨在为居民创造舒适的阅读和休憩空间，为城市提供美好的文化生活场所。

书屋沿街立面外观

书屋阅读区

书屋庭院景观

N

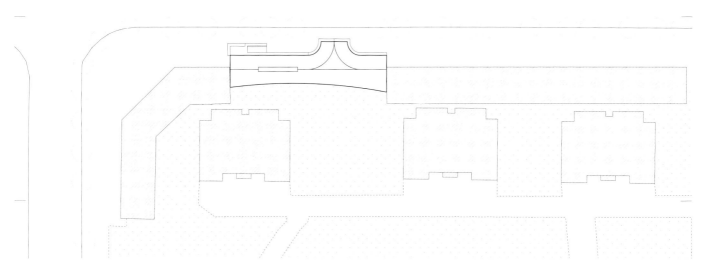

0 5 10 20m

总平面图

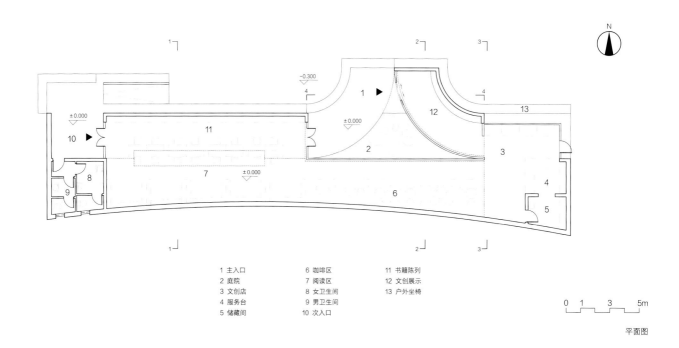

N

1 主入口	6 咖啡区	11 书籍陈列
2 庭院	7 阅读区	12 文创展示
3 文创店	8 女卫生间	13 户外坐椅
4 服务台	9 男卫生间	
5 储藏间	10 次入口	

0 1 3 5m

平面图

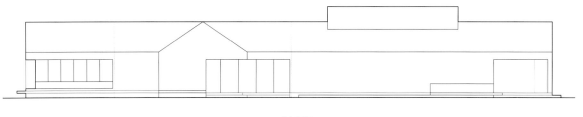

北立面图

东立面图

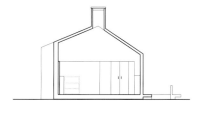

1-1剖面图

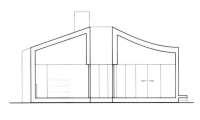

2-2剖面图

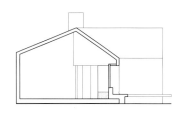

3-3剖面图

4-4剖面图

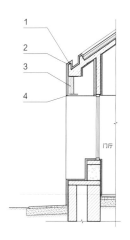

1 滴水
2 防水层收头
3 断桥铝窗框Low-E玻璃窗
4 滴水
5 防水层收头

节点详图1

1 φ6mm水泥塑料胀管螺钉, 中距500mm
2 密封膏封严
3 挤塑板填塞
4 滴水

节点详图2

筒仓文创园——遂宁市河东新区"三旧"文旅改造

Silo Cultural and Creative Park – "Three Olds" Cultural Tourism
Renovation in Hedong New District, Suining City

开发单位：遂宁市河东开发建设投资有限公司
设计单位：重庆元象建筑设计咨询有限公司
施工图单位：北京世纪千府国际工程设计有限公司
项目地点：四川省遂宁市河东新区
设计/建成时间：2022年/2023年

主持建筑师：陈俊，苏云锋，宗德新
主要设计人员：陈剑锋，李璎玥，翁巨亮，袁理，张海滨，唐敏，
赵雪冰，王垠博，高振凌，张严今，欧维浩，刘明昊

技术经济指标
结构体系：钢+混凝土结构
主要材料：穿孔铝板，长城板，钢板，耐候钢板，水洗石，混凝土
用地面积：22000m²   建筑面积：7378m²
绿地率：26%   停车位：78个

遂宁市河东新区原中铁八局商混站"三旧"文旅改造项目力图将空置的国有资产用地和废旧建筑资源盘活，坚持"策划、设计、建设、运营"一体化推进，以"文化拾撷、记忆传承、遂宁故事"为思路，通过"改"厂区建筑、"留"工业风格、"增"景观设施、"存"老厂记忆等方式，植入"文创、青旅、空间"等消费场景和文旅业态。

设计充分尊重原有工业遗存的文化记忆，保留场地台地地形，组织多维度的立体交通联系，兼顾场地体验性与可达性的双重原则。筒仓文创园对搅拌站的生产流程进行部分提取与演绎，并对原有遗存结构与材料进行元素抽象转译，塑造新消费打卡场景，激发城市空间活力。

项目以文化创意和时尚为吸引核，综合白天展陈业态与夜游经济业态，推出遂宁城市首个"时尚潮玩+大学生创新创业"空间，通过青年发展与潮流业态承载城市文化娱乐休闲目的地功能，弥补城市功能缺失。

筒仓高空连廊，渗透性界面展示结构表现性与塑造丰富的光影效果

潮酷CLUB与原有配料机之间的新旧对比

多维度交通联系呈现奇幻空间氛围

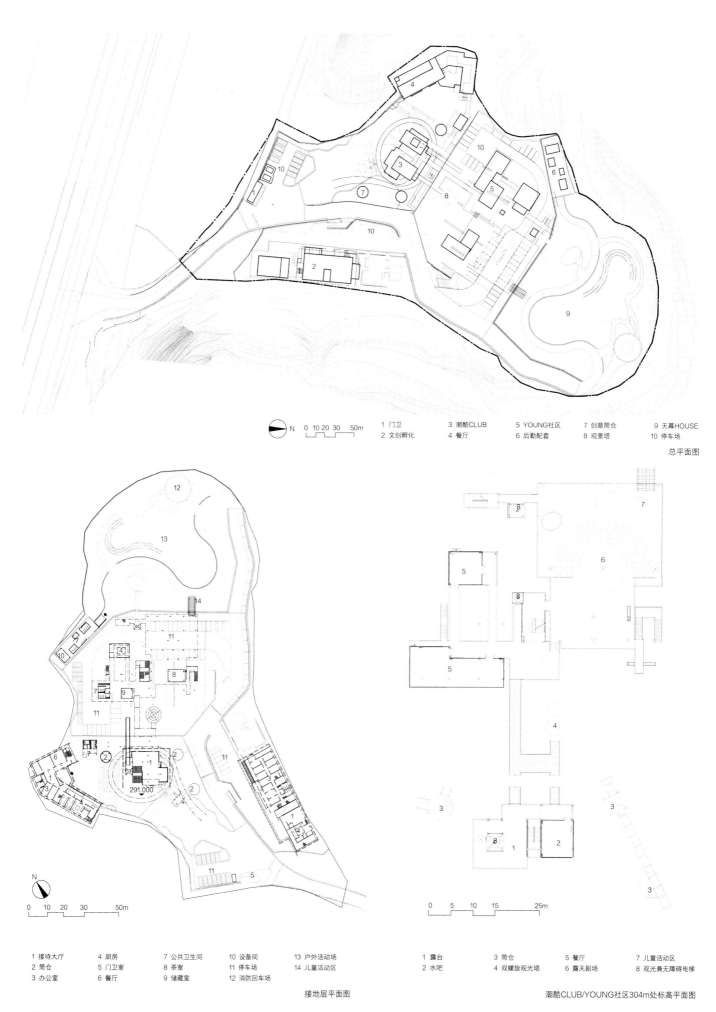

N 0 10 20 30 50m

1 门卫　　　3 潮酷CLUB　　　5 YOUNG社区　　　7 创意筒仓　　　9 天幕HOUSE
2 文创孵化　　4 餐厅　　　　　6 后勤配套　　　8 观景塔　　　　10 停车场

总平面图

N
0 10 20 30 50m

1 接待大厅　　4 厨房　　　7 公共卫生间　　10 设备间　　13 户外活动场
2 筒仓　　　　5 门卫室　　8 茶室　　　　　11 停车场　　14 儿童活动区
3 办公室　　　6 餐厅　　　9 储藏室　　　　12 消防回车场

接地层平面图

1 露台　　　3 筒仓　　　　　5 餐厅　　　　　7 儿童活动区
2 水吧　　　4 双螺旋观光塔　6 露天剧场　　　8 观光兼无障碍电梯

0 5 10 15 25m

潮酷CLUB/YOUNG社区304m处标高平面图

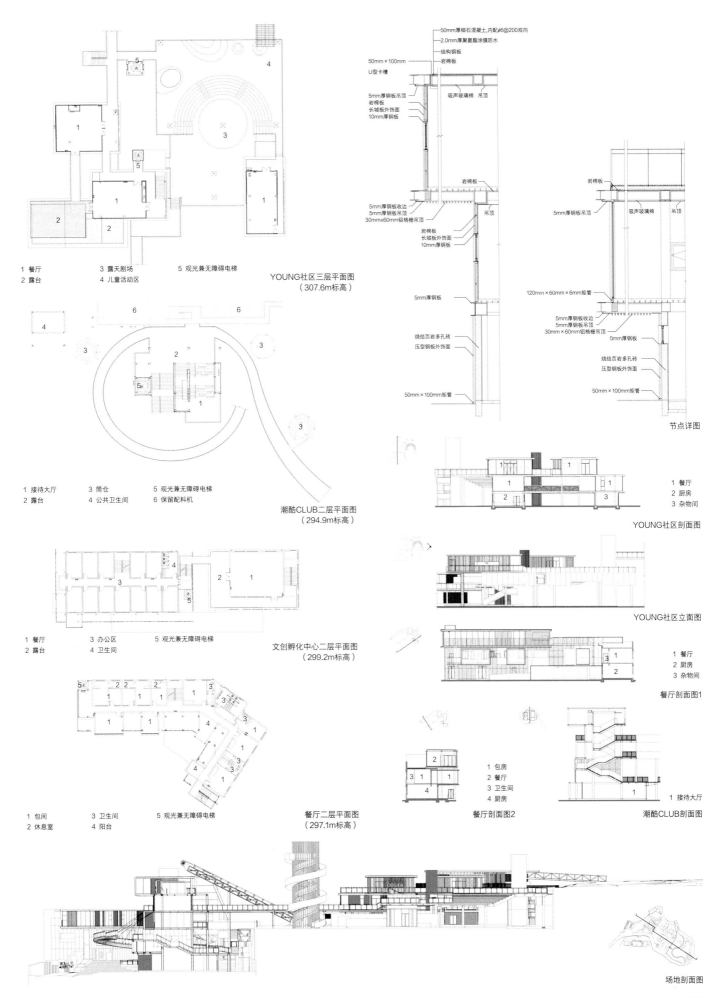

1 餐厅　　　3 露天剧场　　　5 观光兼无障碍电梯
2 露台　　　4 儿童活动区

YOUNG社区三层平面图
（307.6m标高）

1 接待大厅　　3 筒仓　　　　5 观光兼无障碍电梯
2 露台　　　　4 公共卫生间　6 保留配料机

潮酷CLUB二层平面图
（294.9m标高）

1 餐厅　　　3 办公区　　　5 观光兼无障碍电梯
2 露台　　　4 卫生间

文创孵化中心二层平面图
（299.2m标高）

1 包间　　　3 卫生间　　　5 观光兼无障碍电梯
2 休息室　　4 阳台

餐厅二层平面图
（297.1m标高）

—50mm厚细石混凝土,内配φ6@200双向
—2.0mm厚聚氨酯涂膜防水
—结构钢板
—岩棉板
50mm × 100mm
U型卡槽

5mm厚钢板吊顶
岩棉板
长城板外饰面
10mm厚钢板

吸声玻璃棉　吊顶

岩棉板

5mm厚钢板收边
5mm厚钢板吊顶
30mm×60mm铝格栅吊顶

5mm厚钢板吊顶
吸声玻璃棉　吊顶

吊顶

岩棉板
长城板外饰面
10mm厚钢板

5mm厚钢板

烧结页岩多孔砖
压型钢板外饰面

50mm × 100mm矩管

120mm × 60mm × 6mm矩管

5mm厚钢板收边
5mm厚钢板吊顶
30mm × 60mm铝格栅吊顶
5mm厚钢板

烧结页岩多孔砖
压型钢板外饰面

50mm × 100mm矩管

节点详图

1 餐厅
2 厨房
3 杂物间

YOUNG社区剖面图

YOUNG社区立面图

1 餐厅
2 厨房
3 杂物间

餐厅剖面图1

1 包房
2 餐厅
3 卫生间
4 厨房

餐厅剖面图2

1 接待大厅

潮酷CLUB剖面图

场地剖面图

天空之山——海口湾6号海滨驿站
Sky Mountain——Haikou Bay No.6 High Standard Seaside Station

扫码观看
更多内容

开发单位：海口旅游文化投资发展集团有限公司
设计单位：藤本壮介建筑事务所 /
　　　　　中国建筑西南设计研究院有限公司 /
　　　　　Lab D+H 上海事务所
内容运营合作单位：阿那亚国际文化发展有限公司
项目地点：海南省海口市
设计 / 建成时间：2023 年

主持建筑师：Sou Fujimoto
主要设计人员：Yibei Liu, Wei Wang, Hwasun Im, Xuan Bo,
　　　　　　　Xiaolin Li, Tony Yu（ex-staff），Calum Mulhern,
　　　　　　　Panit Limpiti（藤本壮介建筑事务所）；赵上乐，郭颖，
　　　　　　　黄亮，李建明，盛帅，邓晓宇，蔡沾德，王耀萱（中国建
　　　　　　　筑西南设计研究院有限公司）

技术经济指标
结构体系：清水混凝土结构
主要材料：清水混凝土，玻璃
用地面积：21600m²
建筑面积：3600m²

我们相信海口湾 6 号滨海驿站将会为游客提供一个聚集之地，在这里游客能够实现在城市和自然之间的漫游、交流和社交活动。

本设计采用了自然山谷的形式，并提供了一个像山谷一样的屋顶，逐渐倾斜的轮廓从城市一侧连接到海边，以作为一种新型体验和空间的舞台。

所有的驿站游客服务功能和支持项目都在一个屋檐下，共享一个开放的楼层空间。游客可以在环形屋顶观看风景，还可以在屋檐下休息，在室内游历展览，欣赏音乐表演和其他活动。

实景1

实景2

实景3

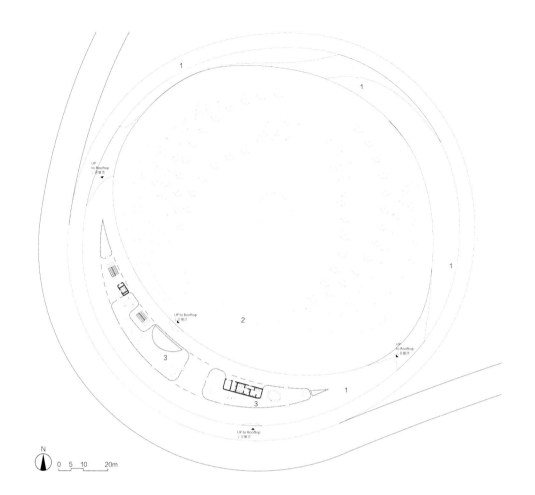

1 自行车停靠
2 铺装水景
3 市民服务空间

底层平面图

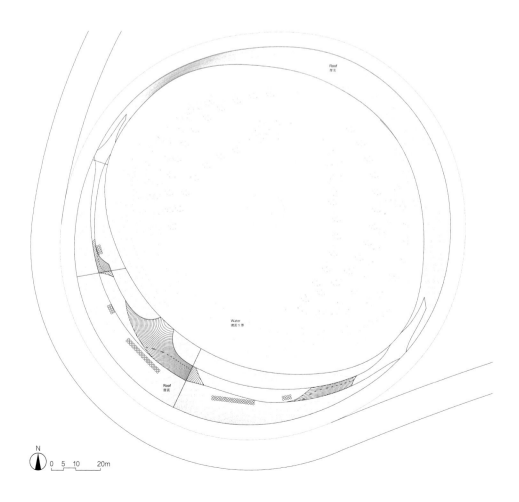

总平面图

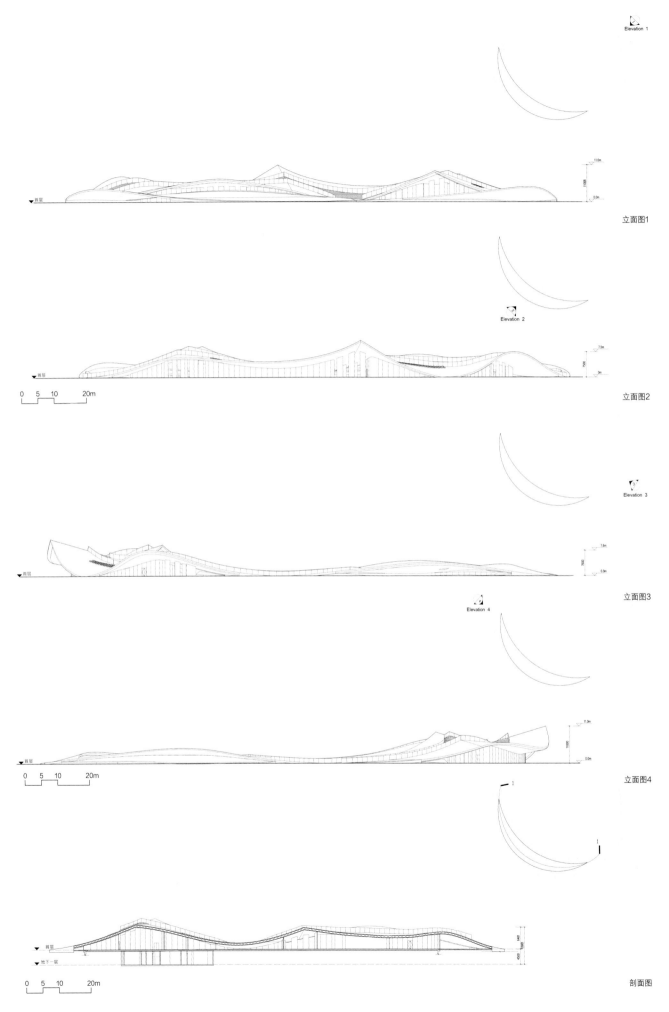

Elevation 1

立面图1

Elevation 2

0 5 10   20m

立面图2

Elevation 3

立面图3

Elevation 4

0 5 10   20m

立面图4

0 5 10   20m

剖面图

213

西南联大先锋书店
Librairie Avant-Garde Mengzi

开发单位：蒙自市滇蒙城市更新改造有限责任公司
设计单位：ZAO 标准营造建筑事务所
项目地点：云南省红河哈尼族彝族自治州蒙自市
设计 / 建成时间：2023 年

主持建筑师：张轲，宋宇宁
主要设计人员：方书君，华运思，孙青峰，张业翰，周曦，于舸

技术经济指标
结构体系：框架体系
主要材料：混凝土
用地面积：2943m²
建筑面积：894m²

西南联大先锋书店位于云南省红河哈尼族彝族自治州蒙自市南湖公园内。蒙自市位于昆明东南方，曾在抗日战争期间为西南联大文法学院提供庇护，其校舍旧址与先锋书店隔湖相望。

在设计方案中，一个回环起伏的混凝土结构向湖面延展开来，连接起旧建筑与亲水平台，却与两者脱开。漂浮的屋顶平台背靠钟楼，面向湖水，为蒙自市民创造出真正开放的城市公共空间。

通过建筑在钟楼旁抬起的一角可进入中心庭院。一条缓缓升起的混凝土坡道在穿过旧建筑拱廊后转折抬升，倏然宽阔起来。市民可走上屋顶，将湖面与联大旧址尽收眼底。起伏的屋顶平台为瞭望城市建立不同高度与角度的独特视角，从而引发人们从特定角度对城市景观的凝视与思考。

新建筑为钢筋混凝土框架结构，表面采用木纹混凝土，以消除当地工艺水平的不利条件，最终呈现出的立面效果粗犷而朴素。屋顶的红色巴劳木也从南湖的树冠中跳脱出来，与西南联大的红屋顶遥相呼应。木纹得以在室内外于不同材料上被连续地感知，进一步模糊了内与外、城市与建筑的界线。

庭院

咖啡休闲区

报告厅

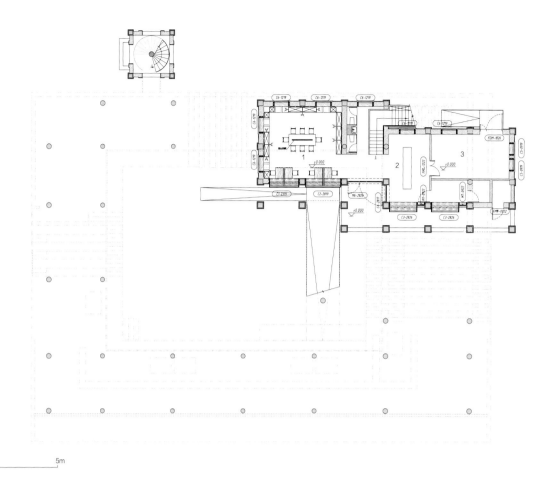

一层平面图

1 儿童阅读区　　2 展览区　　3 仓库　　4 咖啡休闲区　　5 图书区　　6 报告厅

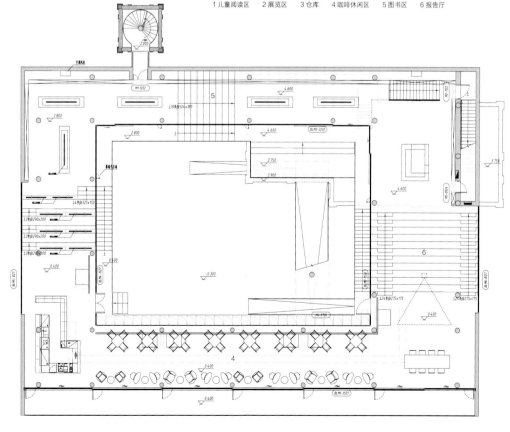

二层平面图

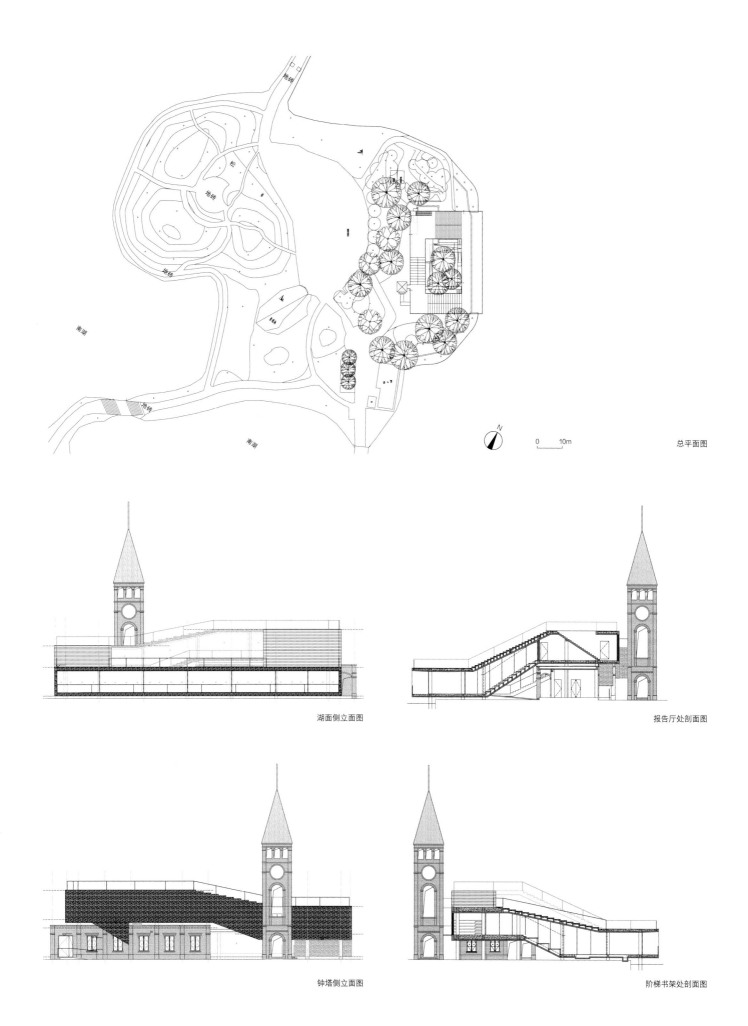

总平面图

0   10m

湖面侧立面图

报告厅处剖面图

钟塔侧立面图

阶梯书架处剖面图

运河汇1958
Canal Hub 1958

开发单位：无锡华侨城实业发展有限公司 /
　　　　无锡地铁生态置业投资有限公司 /
　　　　江苏古运河投资集团有限公司
设计单位：深圳华汇设计有限公司
项目地点：江苏省无锡市梁溪区
设计 / 建成时间：2019 年 / 2023 年

主持建筑师：肖诚
主要设计人员：廖国威，吴怡璇，洪凤莲，王文凯，钟舒鹏，曾惠海，
　　　　　　　张迈杰，张兴余，龚茂峰，谢超华；徐牧，赵婷婷，
　　　　　　　黎昌发（结构）；李燕玲（景观）

技术经济指标
结构体系：钢框架–中心支撑与混凝土框架混合结构体系，框架结构
主要材料：多孔页岩砖，空心玻璃砖，耐候钢板，铝板，金属拉网，
　　　　　清水混凝土，陶板，陶砖，GRC（玻璃纤维增强混凝土）
　　　　　砌块
用地面积：35132m² 　　　　　　　　建筑面积：61063m²
绿地率：15% 　　　　　　　　　　　停车位：457 个

运河汇 1958 项目坐落于古运河边的无锡钢铁厂旧址，场地内几座残存的厂房构架成为一种遗迹式的存在，宏大的巨构与古运河边鳞次栉比的老房子形成鲜明的反差。在城市道路的另一面，则已经形成了新的城市高层社区。如何将一处工业遗存活化再生为以文化商业和游客中心为主体的城市活力片区，是一个非常有挑战的命题。

设计从场地出发，经过两座厂房构成的十字轴，将场地划分为三个清晰而又各具特色的区域，仅存结构的一号厂房和三号厂房以相互垂直的姿态，形成项目最基本的空间骨架。设计在对其原位保留的基础上，在其中植入丰富的功能与空间，完成新与旧的共生。一号厂房改造后会作为游客集散中心使用，设计初衷是对原有建筑语言的传承与发展，使其在植入新功能后还能尽可能地体现其原有空间特征。三号厂房设计策略是"巨构里的微缩城市"，在对其充分保留的基础之上，植入了室内、半室内和室外的各种尺度、材质和功能的空间，最终实现厂房到商业、大尺度到小尺度、严肃到活泼的三重转换。

改造后的三号厂房

一号厂房改造后的立面肌理

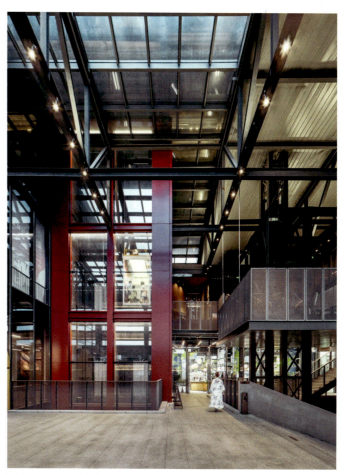

通往天际艺术馆的红色电梯

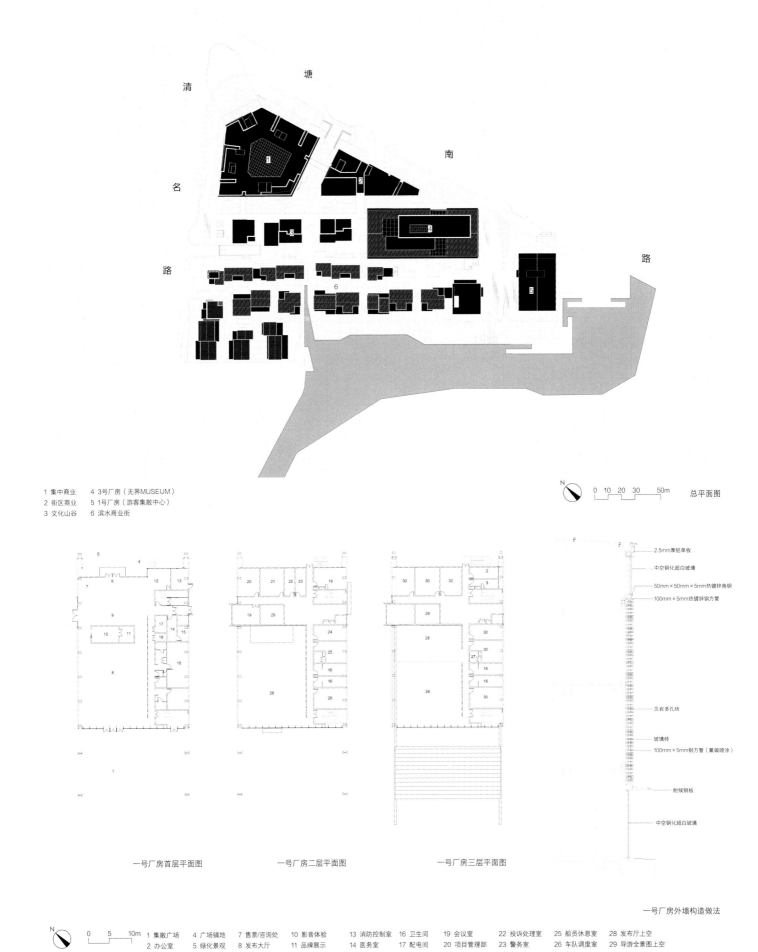

塘
清
南
名
路
路

1 集中商业 4 3号厂房（无界MUSEUM）
2 街区商业 5 1号厂房（游客集散中心）
3 文化山谷 6 滨水商业街

N
0 10 20 30 50m

总平面图

2.5mm厚铝单板
中空钢化超白玻璃
50mm×50mm×5mm热镀锌角钢
100mm×5mm热镀锌钢方管

页岩多孔砖
玻璃砖
100mm×5mm钢方管（氟碳喷涂）
耐候钢板
中空钢化超白玻璃

一号厂房首层平面图　　　　　一号厂房二层平面图　　　　　一号厂房三层平面图　　　　　一号厂房外墙构造做法

N
0 5 10m

1 集散广场　　4 广场铺地　　7 售票/咨询处　　10 影音体验　　13 消防控制室　　16 卫生间　　19 会议室　　22 投诉处理室　　25 船员休息室　　28 发布厅上空
2 办公室　　　5 绿化景观　　8 发布大厅　　　11 品牌展示　　14 医务室　　　17 配电间　　20 项目管理部　23 警务室　　　26 车队调度室　29 导游全景图上空
3 排烟机房　　6 入口门厅　　9 导游全景图　　12 旅游商品售卖　15 广播室　　　18 弱电间　　21 船务部　　24 市场部　　　27 茶水间　　　30 发布厅上空

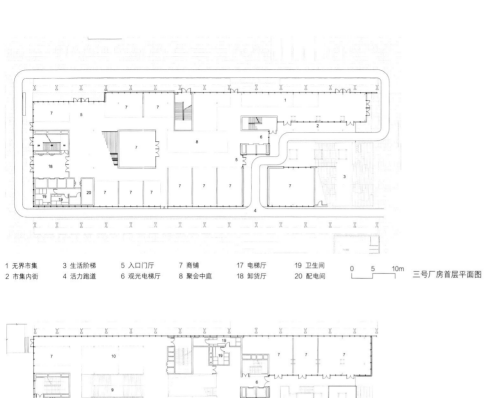

1 无界市集　　3 生活阶梯　　5 入口门厅　　7 商铺　　17 电梯厅　　19 卫生间
2 市集内街　　4 活力跑道　　6 观光电梯厅　　8 聚会中庭　　18 卸货厅　　20 配电间

0　5　10m

三号厂房首层平面图

2 市集内街　　5 入口门厅　　7 商铺　　10 匠心木场　　18 卸货厅　　20 配电间
3 生活阶梯　　6 观光电梯厅　　9 艺术阶梯　　17 电梯厅　　19 卫生间

0　5　10m

三号厂房二层平面图

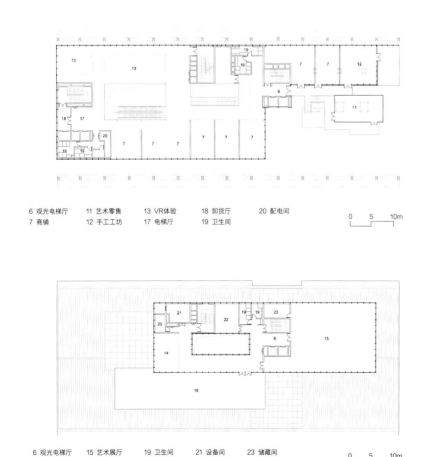

6 观光电梯厅　　11 艺术零售　　13 VR体验　　18 卸货厅　　20 配电间
7 商铺　　12 手工工坊　　17 电梯厅　　19 卫生间

0　5　10m

三号厂房
三层平面图

6 观光电梯厅　　15 艺术展厅　　19 卫生间　　21 设备间　　23 储藏间
14 休闲咖啡　　16 屋顶露台　　20 配电间　　22 管理间

0　5　10m

三号厂房
四层平面图

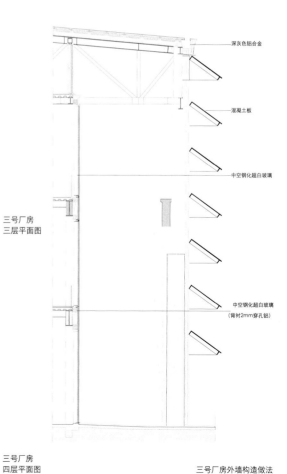

深灰色铝合金

混凝土板

中空钢化超白玻璃

中空钢化超白玻璃
(背衬2mm穿孔铝)

三号厂房外墙构造做法

种子艺术中心
Seed Art Center

开发单位：嘉兴世合新农村开发有限公司 /
　　　　　嘉兴万科房地产开发有限公司
设计单位：B.L.U.E. 建筑设计事务所
项目地点：浙江省嘉兴市南湖区
设计 / 建成时间：2021 年 / 2023 年

主持建筑师：青山周平，藤井洋子
主要设计人员：青山周平，藤井洋子，荣浩翔，陈乃纶，厉静远，
　　　　　　　王余汀，张昕翌，永崎悠

技术经济指标
结构体系：框架混凝土
主要材料：清水混凝土（仿清水），铝板，不锈钢板，预制水洗石板，
　　　　　高密度外墙木饰面板，玻璃，水洗石，竹钢
用地面积：2750m²
建筑面积：7000m²
绿地率：35%

种子艺术中心位于嘉兴市南湖区，距离市中心东侧 10km，处在城市与自然的过渡边界。周围一半是农场与公园，一半是住宅与商业街，不同方位面向不同的景观与氛围，形成了多元、生动的场所感。

7000m² 的建筑空间中置入了多达 3500m² 的室外空间，将自然与空间相融合，形成了完全开放的建筑形式。整个建筑由 20 个形态各异的盒子堆叠而成，呈现出多样与生长的个性。结合层层楼板，盒子与盒子间被创造出大量的灰空间，供人自由地活动与探索。

基于地块面积与功能需求，设置四层楼板作为组织空间的平台。平台关系逐级退让，从立面上呈现出"山"的意象。楼板打破直线的单一与僵硬，通过弯折呼应空间变化，体现出活泼生动的视觉效果。

过去城市快速发展，社会追求饱和的室内使用面积，而从增量时代到存量时代的变化中，曾经被认为极度浪费的室外空间有可能逐渐变得重要。种子艺术中心作为室内、室外空间 1 : 1 构成的建筑，为人们提供了一处与自然联结的喘息空间，在行走与漫游中激发对自我的探索，并建立亲密的邻里关系，延展生活的边界。我们希望这种模式有可能成为接下来新时代邻里中心或商业建筑的新型样板选择。

植物融入入口空间

俯瞰内部空间

相互连通的空间

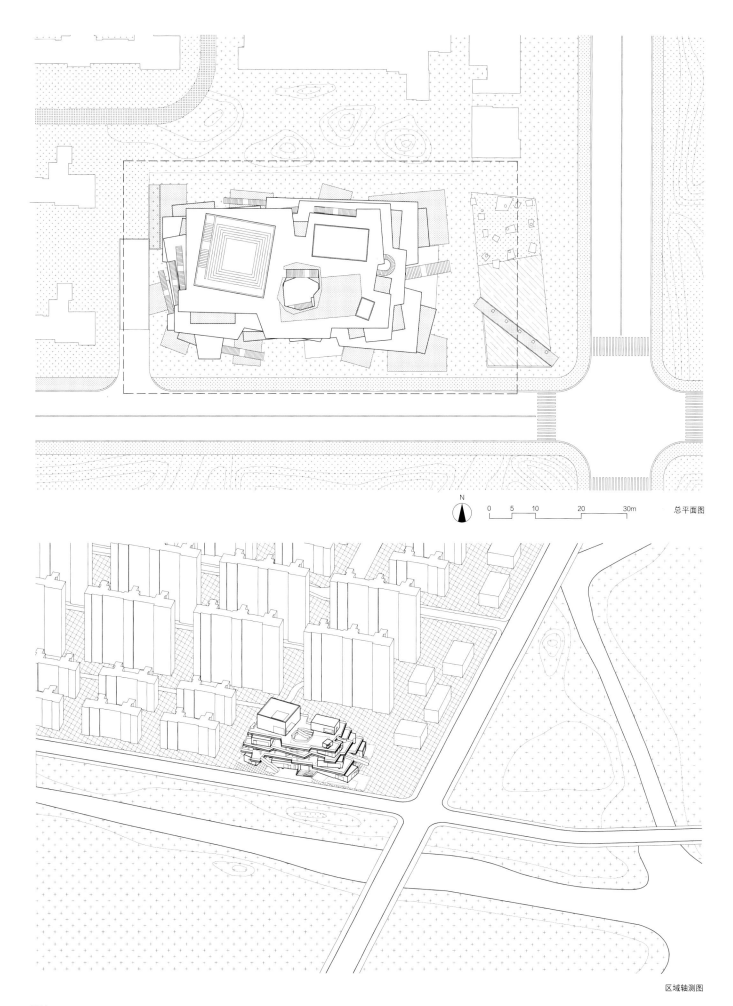

总平面图

N   0 5 10   20   30m

区域轴测图

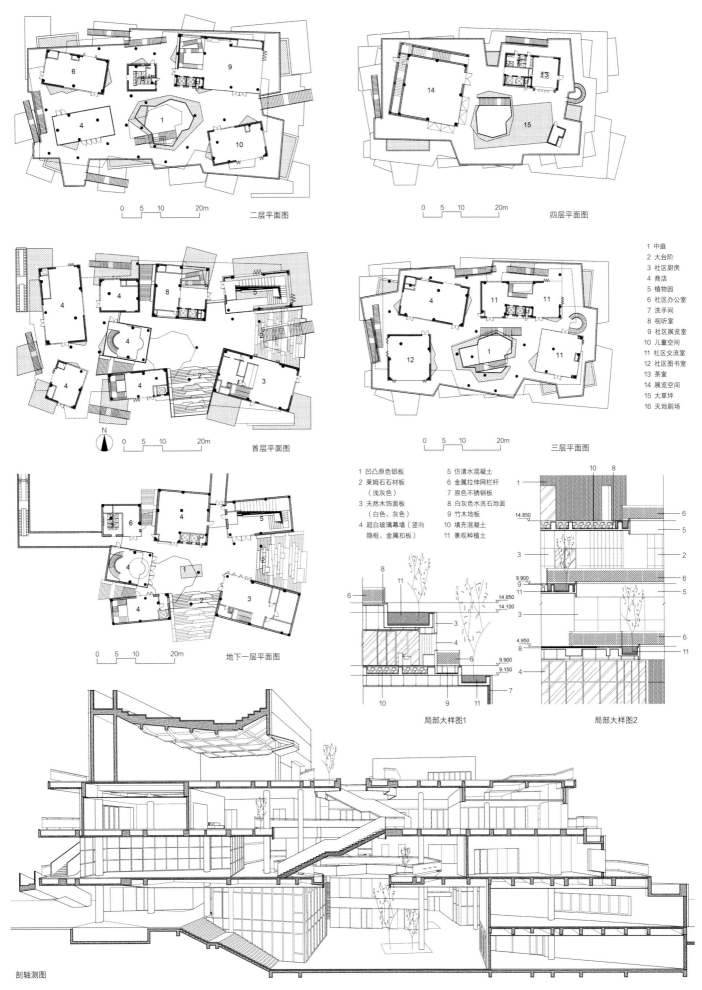

0 5 10 20m 二层平面图

0 5 10 20m 四层平面图

0 5 10 20m 首层平面图

0 5 10 20m 三层平面图

1 中庭
2 大台阶
3 社区厨房
4 商店
5 植物园
6 社区办公室
7 洗手间
8 视听室
9 社区展览室
10 儿童空间
11 社区交流室
12 社区图书室
13 茶室
14 展览空间
15 大草坪
16 天地剧场

0 5 10 20m 地下一层平面图

1 凹凸原色铝板
2 莱姆石石材板
 （浅灰色）
3 天然木饰面板
 （白色、灰色）
4 超白玻璃幕墙（竖向
 隐框、金属扣板）
5 仿清水混凝土
6 金属拉伸网栏杆
7 原色不锈钢板
8 白灰色水洗石地面
9 竹木地板
10 填充混凝土
11 景观种植土

局部大样图1

局部大样图2

剖轴测图

225

地之阁
Dizhi Pavilion

开发单位：四川郎酒集团有限责任公司
设计单位：郎酒建筑设计艺术中心 /
　　　　　中机中联工程有限公司
项目地点：四川省泸州市古蔺县二郎镇
设计 / 建成时间：2020 年 / 2022 年

主持建筑师：林晓光
主要设计人员：张清，李高峰，杨彩平，邹语嫣，万忠伦，戴文俊，
　　　　　　　曹海英

技术经济指标
结构体系：框架结构
主要材料：清水混凝土，玻璃，铝锰镁板
用地面积：37816m²　　　建筑面积：6500m²
绿地率：52%　　　　　　停车位：36 个

　　地之阁项目是一次将规划、建筑、景观和文化四部分内容整体结合的"四位一体"的设计实践。因此，建筑不仅是单纯的建筑学语言表达。

　　建筑应是当代的，也应该是东方的。表达简约而朴素的东方美学是设计之初的愿景。

　　独特的地貌和周边环境让设计从一开始便产生了建筑应该由地而生的初衷，不管是形式还是材料都应追随于此。清水混凝土是为了与这里的喀斯特地貌产生联系，并且有助于让建筑显得更质朴和纯粹。

　　设计把"紫气东来"想象为气韵的流动与汇聚，来自东方的气韵汇流于此，让建筑与场所成为藏风聚气之地。

　　生肖文化是这个场所的主题，项目通过定制的雕塑和油画来营造别具一格的生肖文化表达。

实景1

实景2

实景3

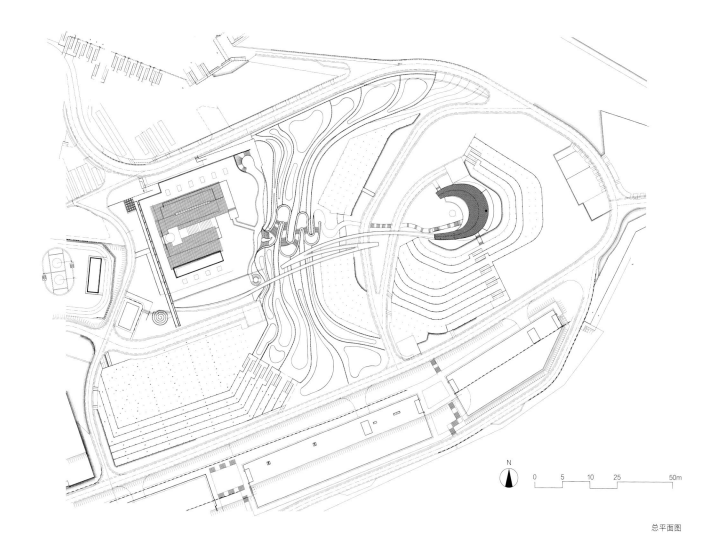

总平面图

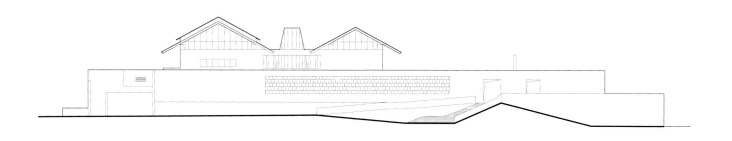

西立面图

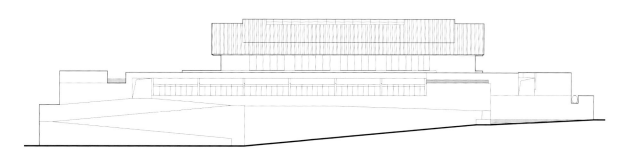

北立面图

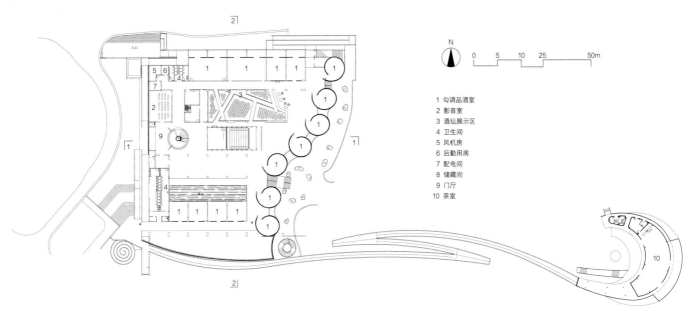

N

0 5 10 25   50m

1 勾调品酒室
2 影音室
3 酒坛展示区
4 卫生间
5 风机房
6 后勤用房
7 配电间
8 储藏间
9 门厅
10 茶室

一层平面图

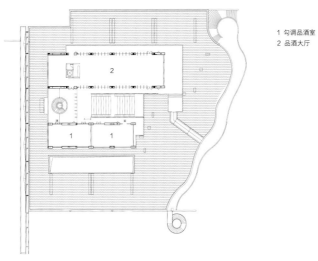

1 勾调品酒室
2 品酒大厅

二层平面图

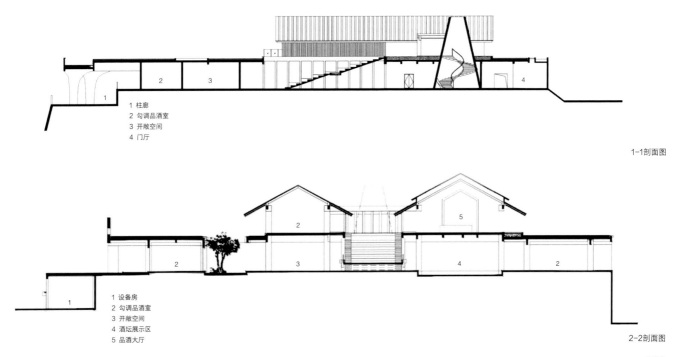

1 柱廊
2 勾调品酒室
3 开敞空间
4 门厅

1-1剖面图

1 设备房
2 勾调品酒室
3 开敞空间
4 酒坛展示区
5 品酒大厅

2-2剖面图

金山岭上院
Upper-cloister in Aranya, Golden Mountain

开发单位：承德阿那亚房地产开发有限公司
设计单位：大舍建筑设计事务所 /
　　　　　枡野俊明 + 日本造园设计 /
　　　　　广州土人景观顾问有限公司（周边）
项目地点：河北省承德市滦平县涝洼乡
设计 / 建成时间：2016 年 / 2022 年

主持建筑师：柳亦春
主要设计人员：柳亦春，沈雯，陈晓艺，王龙海，龚娱，张晓琪，
　　　　　　　王轶，孙慧中，吉宏亮，张准，张冲冲（结构）

获奖情况
2024 年 ArchDaily中国年度建筑大奖

技术经济指标
结构体系：混凝土+钢+碳纤维结构
主要材料：混凝土，钢，石材，碳纤维，聚氨酯泡沫，木材
建筑面积：615m²

　　金山岭上院位于北京和承德交界处的金山岭长城脚下。该项目通过与所处地点的自然及人文风景的结合，为当地社区提供一个在传统禅文化以及当代文化背景下的一处静心冥想的场所。

　　项目的选址地既有过煤矿开发，也有过梯田耕作。在这里建造一个新建筑也是对原本地貌的修复。建筑依山就势，通过 1.6m 退级的台阶式景观，将地形转译为建筑的空间形式与尺度，巧妙地让建筑融入地形。原有的煤矿矿井也被整合为景观的一部分。

　　建筑在空间上通过院落、台地的空间组织，形成了开合有致的空间节奏，使山谷的风景融入建筑的空间之中，建筑的美得以在行进中与风景共同体验。

　　建筑使用了当地开采的石材，并采用了预制的钢结构和单元式碳纤维曲面屋顶，以便在山谷场地的建造中最小地干预环境。六边形曲面屋面单元是通过机器人 CNC（数控机床）三维雕刻特定形态的保温聚氨酯并包覆碳纤维而形成可以传力的结构体，厚度仅 3.5cm。厚重的石材与轻盈的钢和碳纤维在建筑中形成对比与张力，全新的材料做法仍然带来了传统建筑的感觉。

由无尽意看远处山谷石像

室内与庭院局部

远处的山崖与无尽意石庭

N

0 5 20m

总平面图

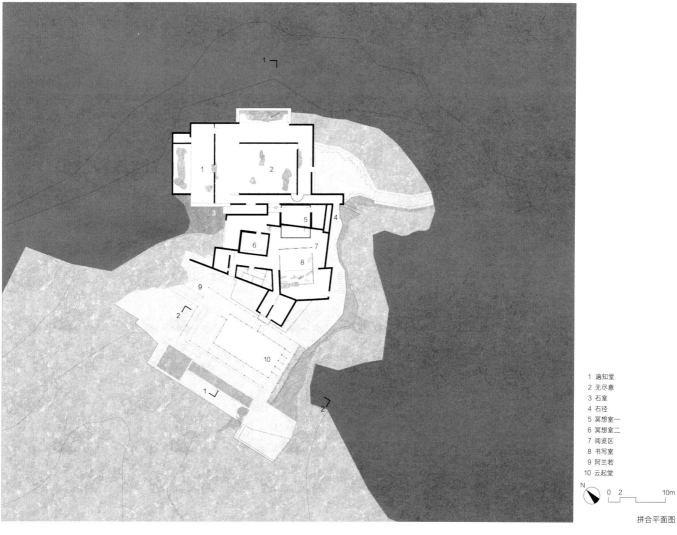

1 遍知堂
2 无尽意
3 石室
4 石径
5 冥想室一
6 冥想室二
7 阅览区
8 书写室
9 阿兰若
10 云起堂

N

0 2 10m

拼合平面图

232

工作模型

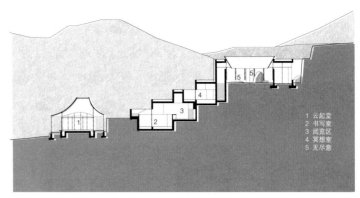

1 云起堂
2 书写室
3 阅览区
4 冥想室
5 无尽意

1-1剖面图

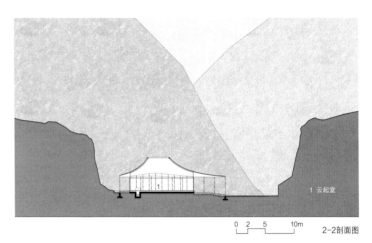

1 云起堂

0 2 5 10m

2-2剖面图

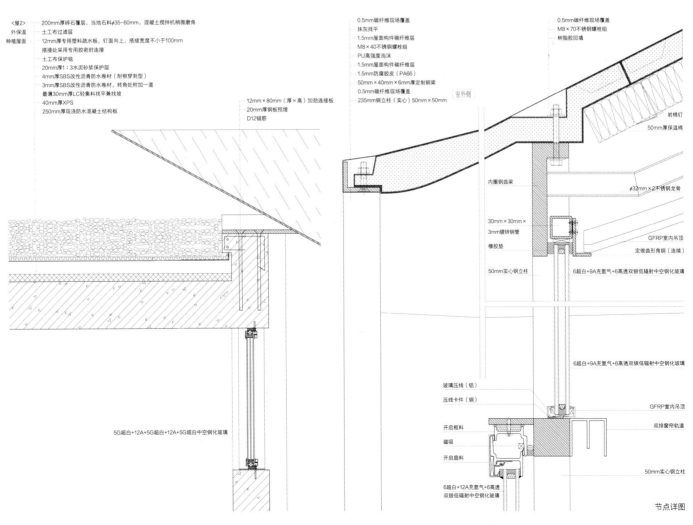

<屋2>
外保温
种植屋面

200mm厚碎石覆层，当地石料φ35-60mm，混凝土搅拌机稍微磨角
土工布过滤层
12mm厚专用塑料疏水板，钉面向上，搭接宽度不小于100mm
搭接处采用专用胶密封连接
土工布保护毯
20mm厚1：3水泥砂浆保护层
4mm厚SBS改性沥青防水卷材（耐根穿刺型）
3mm厚SBS改性沥青防水卷材，转角处附加一道
最薄30mm厚LC轻集料找平兼找坡
40mm厚XPS
250mm厚现浇防水混凝土结构板

12mm×80mm（厚×高）加劲连接板
20mm厚钢板预埋
D12锚筋

5G超白+12A+5G超白+12A+5G超白中空钢化玻璃

0.5mm碳纤维现场覆盖
抹灰找平
1.5mm屋面构件碳纤维层
M8×40不锈钢螺栓组
PU高强度泡沫
1.5mm屋面构件碳纤维层
1.5mm防腐胶皮（PA66）
50mm×40mm×6mm厚定制钢梁
0.5mm碳纤维现场覆盖
235mm钢立柱（实心）50mm×50mm

0.5mm碳纤维现场覆盖
M8×70不锈钢螺栓组
树脂胶回填

室外侧

岩棉钉
50mm厚保温棉

内圈钢曲梁

φ32mm×2不锈钢龙骨

30mm×30mm×
3mm镀锌钢管
橡胶垫

50mm实心钢立柱

GFRP室内吊顶
定制曲形角钢（连续）

6超白+9A充氩气+6高透双银低辐射中空钢化玻璃

6超白+9A充氩气+6高透双银低辐射中空钢化玻璃

玻璃压线（铝）
压线卡件（钢）

开启框料
磁吸
开启扇料

6超白+12A充氩气+6高透
双银低辐射中空钢化玻璃

GFRP室内吊顶

双排窗帘轨道

50mm实心钢立柱

节点详图

缙云石宕8号——书山
Jinyun Quarry #8: Book Mountain

开发单位：缙云县文化旅游发展投资有限公司
设计单位：DnA 建筑事务所
项目地点：浙江省丽水市缙云县仙都街道
设计 / 建成时间：2021 年 / 2022 年

主持建筑师：徐甜甜
照明设计：清华大学建筑学院张昕工作室
声学设计：燕翔，清华大学建筑声学实验室
可持续生态环境设计：林波荣，生态规划与绿色建筑教育部
　　　　　　　　　　重点实验室（清华大学）
安全评测：浙江省浙南综合工程勘察测绘院有限公司
加固设计：浙江大学建筑设计研究院有限公司

技术经济指标
结构体系：钢结构
主要材料：钢板，竹楠木，石板

石宕 8 号的入口距离石宕 9 号仅几米远，石宕内部的不同平台被利用，成为阅读、学习的场所。这个空间向山谷中延伸约 50m，净高度接近 40m。洞穴形态也是从上部往下方手工开采的结果。这些侧向平台展现采石的截断层。采石被禁止后，石宕里这些被废弃的采石区构成了一个随机的内部空间地形。

石宕附近曾经是古代文人聚会雅集的地方。唐代诗人韩愈有云："书山有路勤为径。"相关的文化内涵也让石宕 8 号成为主要空间，中国每一个学子都能意会的传统人文教育理想，被转译铭刻在这个空间的场景里。

室内的横向石阶超过 5 层，高达 12m，需要一定努力才能攀登。这些平台通过楼梯到达，设置有书架和学习的地方，访客可以沉浸在石刻和书法的世界里。就像是攀登知识的山峰一样，这些书房平台在梯道上层层展现，通往顶层。在那里，有一条 27m 长的通往石宕 2 号的隧道。

石宕 10 号、9 号和 8 已于 2022 年春季完工，其他石宕仍在建设中。

扫码观看
更多内容

实景

实景

实景

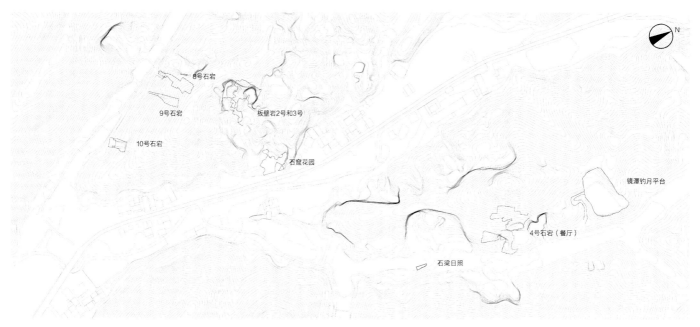

8号石宕

9号石宕

板壁岩2号和3号

10号石宕

石窟花园

镜潭钓月平台

4号石宕（餐厅）

石梁日照

总平面图

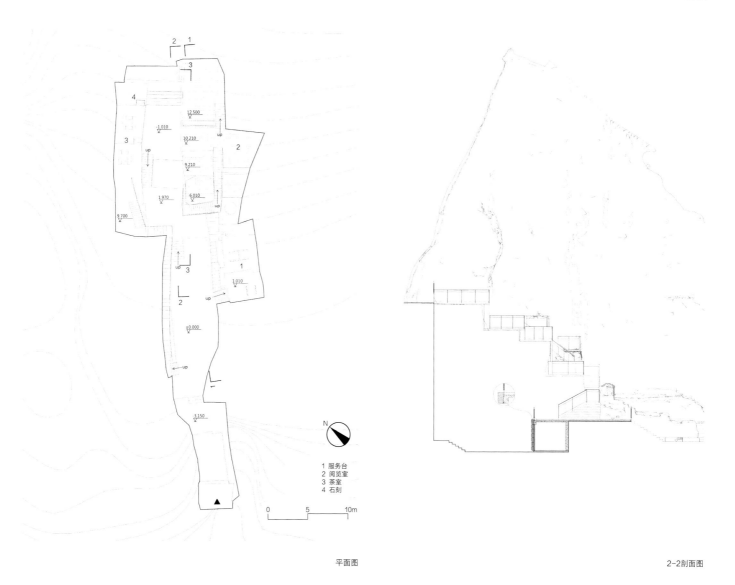

12.500

-1.010

10.210

up

9.210

3

up

2

1.970

6.010

9.700

up

1

up

3

1.010

2

±0.000

up

1

3.150

N

1 服务台
2 阅览室
3 茶室
4 石刻

0　　　5　　　10m

平面图

2-2剖面图

1-1剖面图

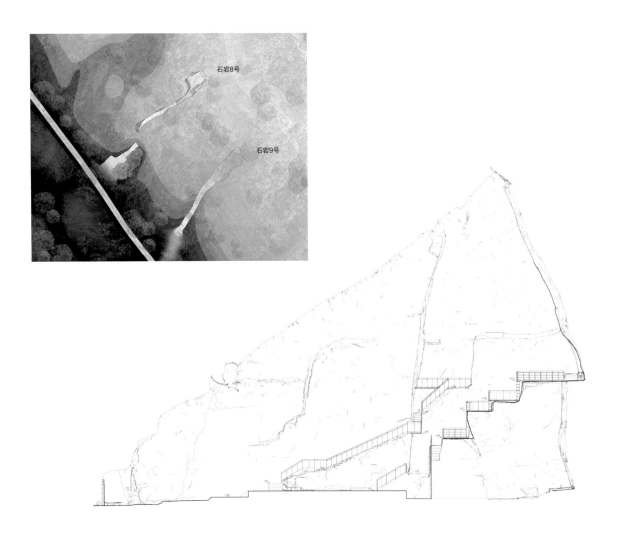

石宕8号

石宕9号

3-3剖面图

集装箱部落
Container Tribe

扫码观看
更多内容

开发单位：青岛港（集团）有限公司
设计单位：青岛腾远设计事务所有限公司 /
　　　　　CGS DESIGN 设计事务所（日本）
项目地点：山东省青岛市市北区
设计 / 建成时间：2020 年 / 2022 年

主持建筑师：尹慧英，盛亮
主创建筑师：于海涛
主要设计人员：董晓涵，田莉，赵琳，王维，范基友，夏龙斌，
　　　　　　　王贝，宋显浩，张玲玲，陶博

技术经济指标
结构体系：钢结构
主要材料：耐候钢，玻璃，混凝土
用地面积：10564m²　　　　建筑面积：6091m²
绿地率：4%　　　　　　　停车位：192 个

项目位于青鸟市北区邱县路以西的青岛邮轮母港客运中心用地内，建筑地上 6091m²，共 4 层，集文创展示、艺术 LAB、风味美食、时尚运动公园、活动展览等多种特色体验业态于一体，打造市北区乃至青岛市最具时尚气息的年轻聚集地。

项目以俄罗斯方块为主题进行设计，深度融合港口的文化元素，打造开放式规划布局。集装箱如俄罗斯方块一样由天而降，自由下落，堆积起来的造型有高有低，有疏有密，参差不齐，自然形成的空隙变成了走廊和天桥。

为了回应旁边的邮轮母港和滨海的氛围，建筑师选择白色作为建筑的主体颜色，在白色基础上增加其他颜色的变化，使建筑与邮轮母港的大环境有整体感。局部的点缀突出集装箱本身的特性，使整个邮轮母港既统一又不失特色。

主要立面，集装箱交错有序

两间民宿，设置在被围合的庭院之中

主入口，大面积玻璃通过内光外透指引人流进入建筑

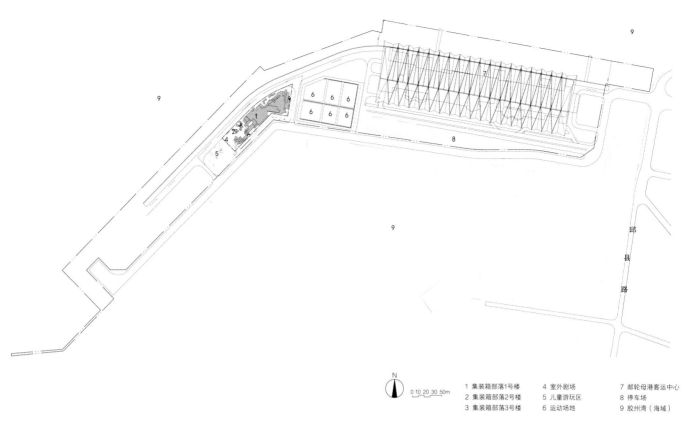

N
0 10 20 30 50m

1 集装箱部落1号楼	4 室外剧场	7 邮轮母港客运中心
2 集装箱部落2号楼	5 儿童游玩区	8 停车场
3 集装箱部落3号楼	6 运动场地	9 胶州湾（海域）

总平面图

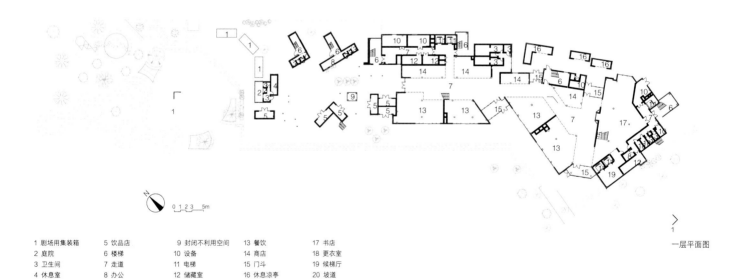

N
0 1 2 3　5m

一层平面图

1 剧场用集装箱	5 饮品店	9 封闭不利用空间	13 餐饮	17 书店
2 庭院	6 楼梯	10 设备	14 商店	18 更衣室
3 卫生间	7 走道	11 电梯	15 门斗	19 候梯厅
4 休息室	8 办公	12 储藏室	16 休息凉亭	20 坡道

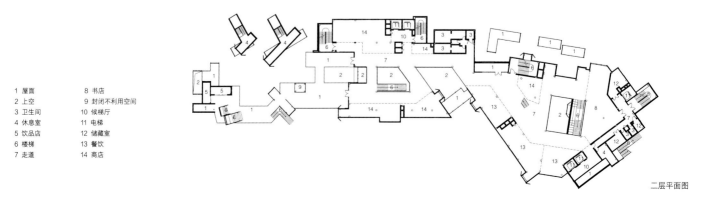

二层平面图

1 屋面	8 书店
2 上空	9 封闭不利用空间
3 卫生间	10 候梯厅
4 休息室	11 电梯
5 饮品店	12 储藏室
6 楼梯	13 餐饮
7 走道	14 商店

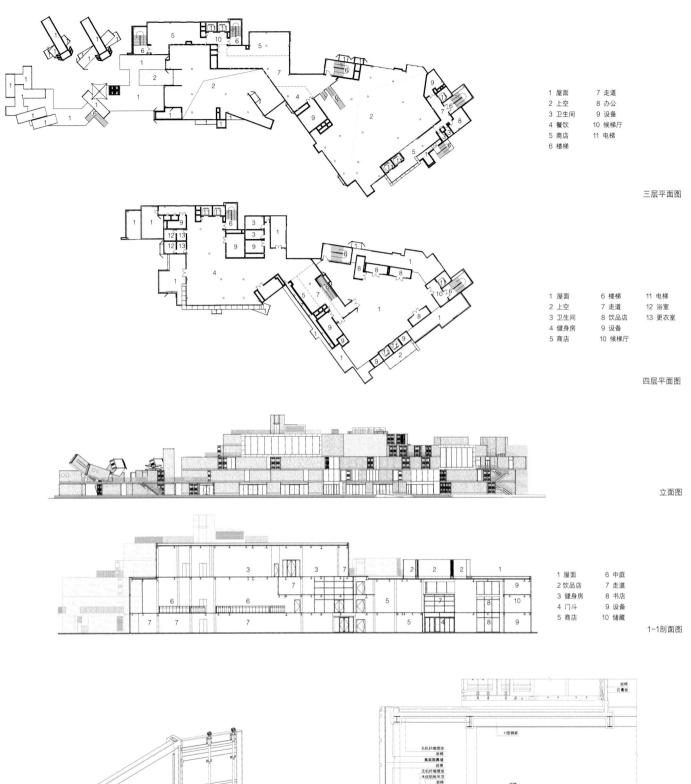

三层平面图

1 屋面	7 走道
2 上空	8 办公
3 卫生间	9 设备
4 餐饮	10 候梯厅
5 商店	11 电梯
6 楼梯	

四层平面图

1 屋面	6 楼梯	11 电梯
2 上空	7 走道	12 浴室
3 卫生间	8 饮品店	13 更衣室
4 健身房	9 设备	
5 商店	10 候梯厅	

立面图

1-1剖面图

1 屋面	6 中庭
2 饮品店	7 走道
3 健身房	8 书店
4 门斗	9 设备
5 商店	10 储藏

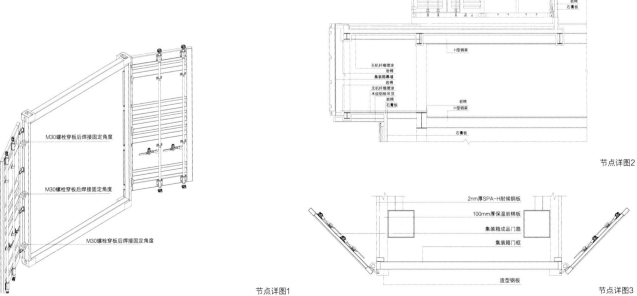

节点详图1

节点详图2

节点详图3

青龙湖水质监测瞭望观景亭

Qinglong Lake Water Quality Monitoring Observation Pavilion

扫码观看
更多内容

开发单位：当阳市水利和湖泊局
设计单位：华中科技大学谭刚毅教授工作室 /
　　　　　F.O.G. 浮格建筑设计事务所
项目地点：湖北省当阳市巩河村
设计 / 建成时间：2021 年 / 2022 年

主持建筑师：谭刚毅，曹筱袤，徐利权
主要设计人员：侯绍凯，詹迪，郑宇，林茂航

获奖情况
2024 年 WAF 中国景观设计大奖
2022 年 意大利 A' 设计大奖赛建筑类别铜奖
2022 年 美国国际设计大奖（IDA）建筑类别荣誉提名奖
2022 年 DEZEEN 设计大奖小建筑类别长名单入围

技术经济指标
结构体系：钢木结构
主要材料：钢，胶合木，石材，青瓦，青砖
用地面积：1820m²
建筑面积：316m²

　　青龙湖水质监测瞭望观景亭位于湖北省当阳市巩河水库一侧的岗地，与自然村相连，是巩河水厂配套的水质监测瞭望和室外景观工程。设计之初，设计团队通过与业主充分协商，结合水质监测的功能，在保证水厂运行与管理安全性的基础上，打开围墙，将部分室外区域转变为公共景观，并借由观景亭为村民提供农歇之处。"亭者，停也"。作为驻足停歇的空间节点，本设计将"亭"解构为"屋盖"与"台基"两个构造元素。"屋盖"顺应陡坡地形朝南倾斜，形成可停歇的风雨廊；"台基"朝北倾斜，与入口广场相连，成为可以登高望远的观景台。借助与场地呼应的"屋盖"与"台基"，设计提供了一动一静、一快一慢两种截然不同却又相映成趣的观景体验。

风雨廊下的村民

风雨廊下的嬉戏的孩童

从瞭望台下看风雨廊

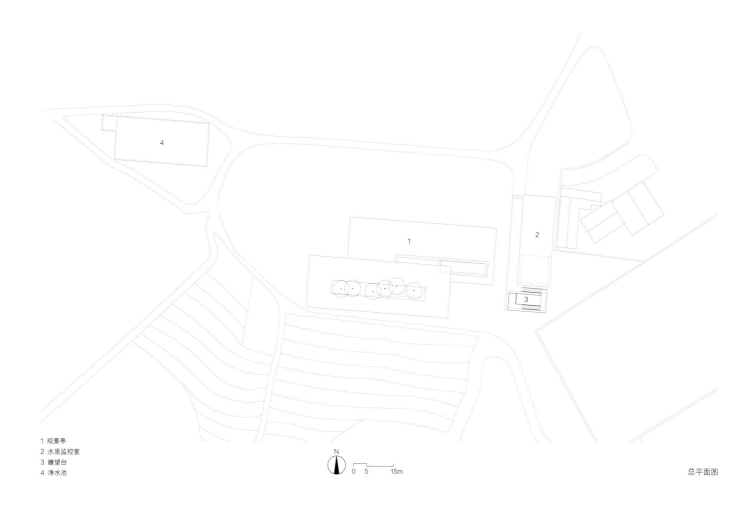

1 观景亭
2 水质监控室
3 瞭望台
4 净水池

N
0 5   15m

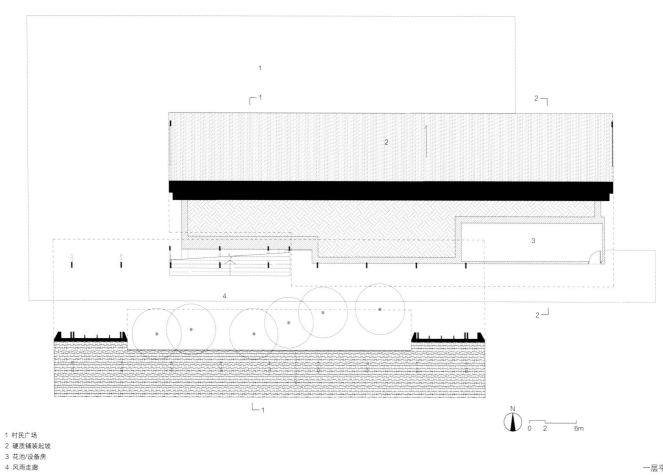

1 村民广场
2 硬质铺装起坡
3 花池/设备房
4 风雨走廊

N
0 2   6m

一层平面图

244

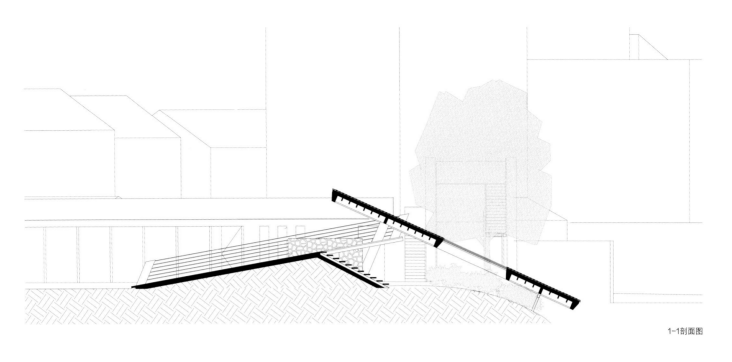

1-1剖面图

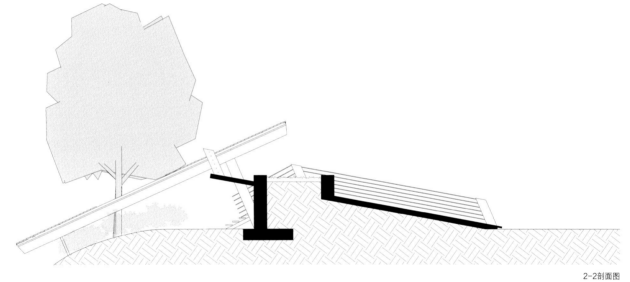

2-2剖面图

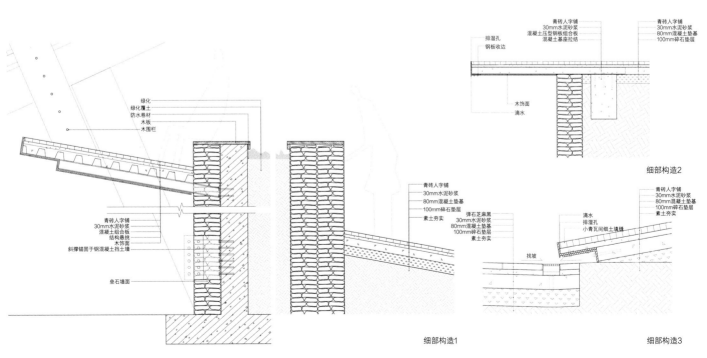

绿化
绿化覆土
防水卷材
木板
木围栏

青砖人字铺
30mm水泥砂浆
混凝土组合板
结构悬挑
木饰面
斜撑锚固于钢混凝土挡土墙

垒石墙面

青砖人字铺
30mm水泥砂浆
80mm混凝土垫基
100mm碎石垫层
素土夯实

弹石芝麻黑
30mm水泥砂浆
80mm混凝土垫基
100mm碎石垫层
素土夯实

排湿孔
钢板收边

青砖人字铺
30mm水泥砂浆
混凝土压型钢板组合板
混凝土基座拉结

青砖人字铺
30mm水泥砂浆
80mm混凝土垫基
100mm碎石垫层

木饰面
滴水

细部构造2

滴水
排湿孔
小青瓦间细土墙缝

找坡

青砖人字铺
30mm水泥砂浆
80mm混凝土垫基
100mm碎石垫层
素土夯实

细部构造1

细部构造3

首钢园六工汇
Shougang Chang'an Mills

开发单位：北京首钢建设投资有限公司
设计单位：杭州中联筑境建筑设计有限公司
合作单位：北京首钢国际工程技术有限公司 /
　　　　　易兰（北京）规划设计股份有限公司 /
　　　　　北京弘石嘉业建筑设计有限公司
项目地点：北京市石景山区
设计 / 建成时间：2016 年 / 2022 年

主持建筑师：薄宏涛
主要设计人员：薄宏涛，殷建栋，张昊楠，刘鹏飞，蒋珂，高巍，
　　　　　　　邢紫旭，康琪，张洋，蒋静颖，李凯欣

获奖情况
2023 年 世界建筑新闻奖商业类别金奖
2023 年 世界高层建筑与都市人居学会城市人居奖卓越奖
2021-2022 年 第八届 CREDAWARD 地产设计大奖·中国社会公共项目
　　　　　类金奖

技术经济指标
结构体系：框架–剪力墙结构，框架结构
主要材料：混凝土，砌体，砂浆，木材
用地面积：132373m²　　　建筑面积：223753m²
停车位：1285 个

六工汇位于北京市石景山区，是环绕国家体育总局冬季训练中心的重要城市织补建筑群落。项目北望秀池，南观群明湖，西眺石景山，是两湖区域的核心建筑群。六工汇购物广场坐落于滨水轴与商业轴交点位置，是六工汇的要冲地块。购物广场入口广场、制粉车间亲子广场、加速澄清池西广场、冷却塔西广场、五一剧场东广场和北侧三高炉南广场，以及西侧的冬训中心东广场共同围绕两湖绿脊链接了区域所有活力的功能建筑。小街区密路网的空间布局避免了过大尺度的压迫感，让街区做到步行友好，为城市活力提供了有效的附着载体。

地块内保留包括 7000 风机房、第二泵站、九总降等建筑，设计在对以上保留建筑进行改造、保护的基础上，织补新建建筑并辅以多层次景观设计，围绕两湖绿脊链接了区域所有活力的功能建筑。依托工业遗存和冬奥运动主题，定位为"创建跨界产业总部社群，打造新型微度假式的生活方式"，致力打造汇聚低密度的现代创意办公空间、复合式商业、多功能活动中心和绿色公共空间的新型城市综合体。

六工汇更新后拥有良好的网络传播效应，这使园区跳脱出京西的"传统商业不发育带"，获得了很大的商业流量和区域集聚效应。在运营团队的推动下，大量室内外联动活动让周边居民的日常生活愈加丰富多彩。

六工汇购物广场北立面夜景

六工汇加速澄清池

带有共享空间的天阶

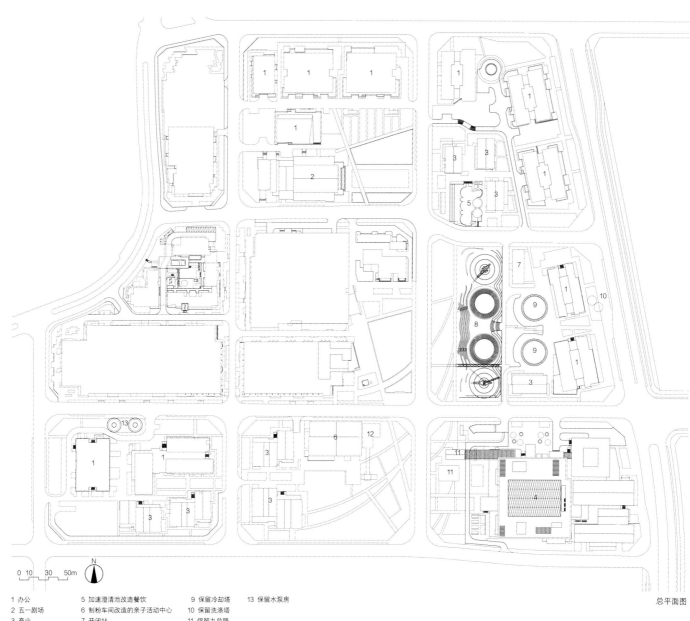

0 10 30 50m N

1 办公　　　　　　　5 加速澄清池改造餐饮　　　9 保留冷却塔　　　13 保留水泵房

2 五一剧场　　　　　6 制粉车间改造的亲子活动中心　　10 保留洗涤塔

3 商业　　　　　　　7 开闭站　　　　　　　11 保留九总降

4 六工汇购物中心　　8 沉淀池广场　　　　　12 保留转运站

总平面图

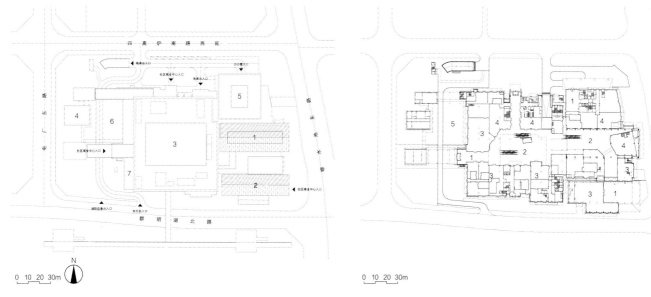

0 10 20 30m N

1 7000风机房（保留）　　3 商业中心　　　5 办公塔楼　　　7 景观露台

2 第二泵站　　　　　　　4 九总降　　　　6 庭院

购物中心总平面图

1 入口门厅　　　　3 配套餐饮　　　5 运动主题庭院

2 景观中庭　　　　4 商业

购物中心一层平面图

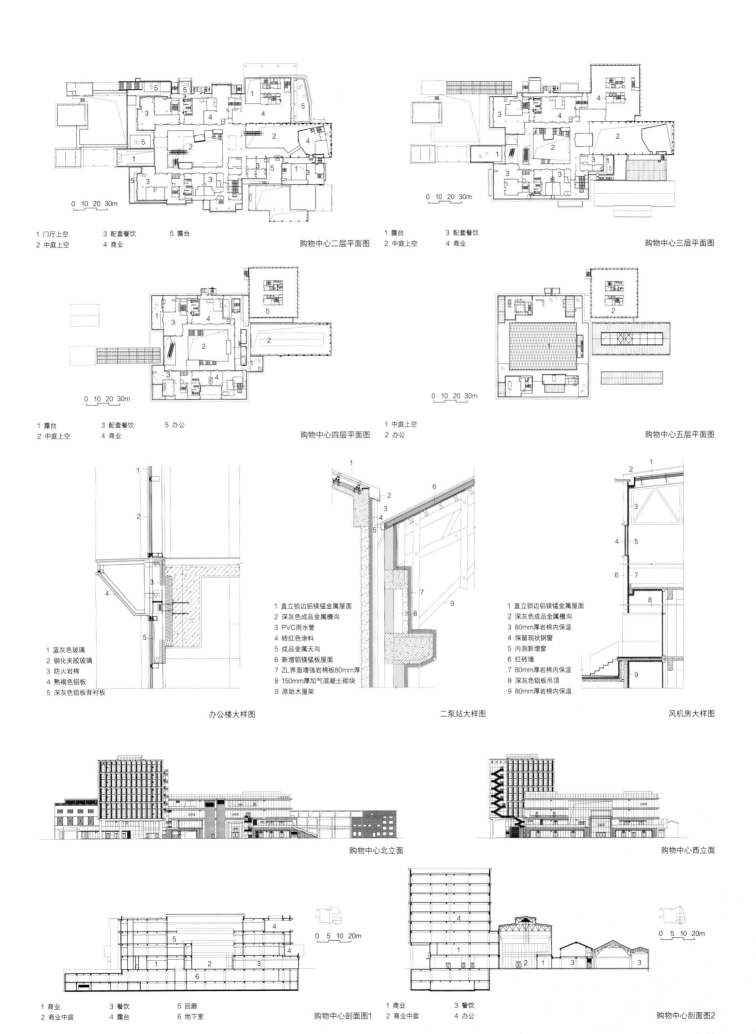

1 门厅上空　　3 配套餐饮　　5 露台
2 中庭上空　　4 商业
购物中心二层平面图

1 露台　　　　3 配套餐饮
2 中庭上空　　4 商业
购物中心三层平面图

1 露台　　　　3 配套餐饮　　5 办公
2 中庭上空　　4 商业
购物中心四层平面图

1 中庭上空
2 办公
购物中心五层平面图

1 蓝灰色玻璃
2 钢化夹胶玻璃
3 防火岩棉
4 熟褐色铝板
5 深灰色铝板背衬板
办公楼大样图

1 直立锁边铝镁锰金属屋面
2 深灰色成品金属檐沟
3 PVC雨水管
4 砖红色涂料
5 成品金属天沟
6 新增铝镁锰板屋面
7 ZL界面增强岩棉板80mm厚
8 150mm厚加气混凝土砌块
9 原始木屋架
二泵站大样图

1 直立锁边铝镁锰金属屋面
2 深灰色成品金属檐沟
3 80mm厚岩棉内保温
4 保留现状钢窗
5 内测新增窗
6 红砖墙
7 80mm厚岩棉内保温
8 深灰色铝板吊顶
9 80mm厚岩棉内保温
风机房大样图

购物中心北立面

购物中心西立面

1 商业　　　　3 餐饮　　　　5 回廊
2 商业中庭　　4 露台　　　　6 地下室
购物中心剖面图1

1 商业　　　　3 餐饮
2 商业中庭　　4 办公
购物中心剖面图2

249

零碳纸飞机——上海临港星空之境海绵公园游客服务中心

Zero-Carbon Origami Airplane——Shanghai Lin'gang Starry Sky Theme park Visitor Service Center

扫码观看
更多内容

开发单位：上海市临港新片区城市建设交通运输事务中心
设计单位：中国建筑设计研究院有限公司绿色建筑设计研究院 /
　　　　　中国城市发展规划设计咨询有限公司
项目地点：上海市临港片区南汇新城
设计 / 建成时间：2020 年 / 2022 年

主持建筑师：刘恒
主要设计人员：刘恒，徐风，闫伟，高林，王鹏，杨茜，韩玲，刘晓娟，
　　　　　　　董越，倪斗，刘权熠，徐红星，许琴，高志宏，张拗凡，
　　　　　　　杨钰，李天阳，黎想，徐涵涵，黄鸿，霍红岩

获奖情况
2023 年 北京市优秀工程勘察设计奖 公共建筑二等奖
2024 年 主动式建筑国际竞赛公共建筑奖
2023 年 第四届主动式建筑中国区建筑竞赛一等奖

技术经济指标
结构体系：钢结构
主要材料：BIPV（光伏建筑一体化）白色光伏板，不锈钢，砾石聚合物
建筑高度：12.9m　　　　　　　建筑面积：2080m^2

　　"零碳纸飞机"是上海南汇新城星空之境海绵公园内的一栋综合公共服务建筑，内部包含游客问询、换乘休憩、展览活动等功能，是园区内唯一一座按照零碳零能耗理念设计的单体子项。

　　"零碳纸飞机"通过屋面造型的折叠构成简单明晰的形体暗示，与园区星空航天主题呼应。与此同时，飞机造型的折叠屋面作为一块巨大的"能量接收器"，借助 BIPV 太阳能一体化光伏板提供建筑 107% 的能耗补给。屋面底部架空的开放空间可以容纳多样化城市活动，通过起伏高差地面限定不同活动使用区域。建筑外界面采用全开敞围护设施设计，将自然通风与采光最大化，减少空调能耗空间。综合建筑的空间能耗控制与太阳能主动发电等措施，确保建筑使用运营过程中真正意义上的零碳零能耗。

开敞界面与入口姿态

灯光营造出的升腾感

景观薄水面对论坛空间形成降温作用

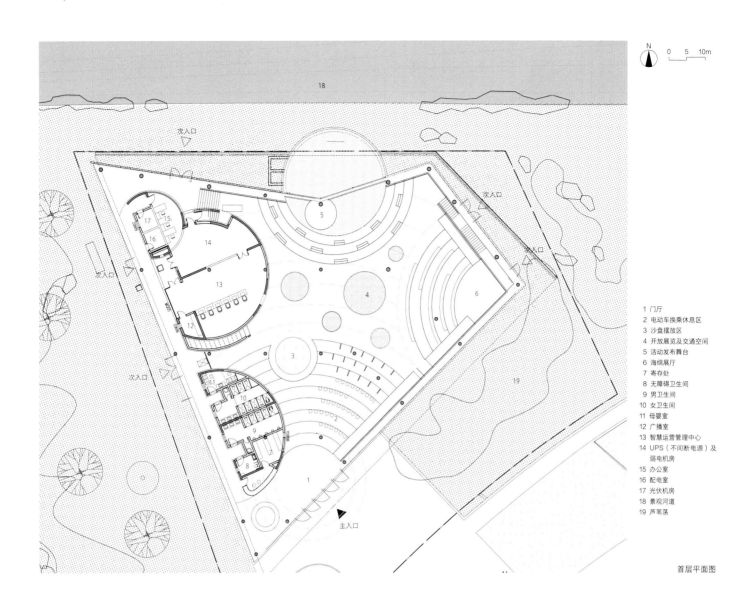

N 0 5 10m

1 门厅
2 电动车换乘休息区
3 沙盘摆放区
4 开放展览及交通空间
5 活动发布舞台
6 海绵展厅
7 寄存处
8 无障碍卫生间
9 男卫生间
10 女卫生间
11 母婴室
12 广播室
13 智慧运营管理中心
14 UPS（不间断电源）及
   弱电机房
15 办公室
16 配电室
17 光伏机房
18 景观河道
19 芦苇荡

首层平面图

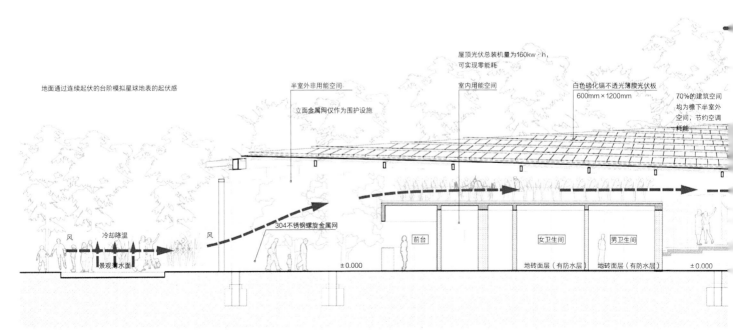

地面通过连续起伏的台阶模拟星球地表的起伏感

半室外非用能空间

立面金属网仅作为围护设施

室内用能空间

屋顶光伏总装机量为160kw·h，
可实现零能耗

白色碲化镉不透光薄膜光伏板
600mm×1200mm

70%的建筑空间
均为檐下半室外
空间，节约空调
耗能

风 冷却降温 风 304不锈钢螺旋金属网

景观蓄水面

前台 女卫生间 男卫生间

±0.000 地砖面层（有防水层）地砖面层（有防水层）±0.000

剖透视图

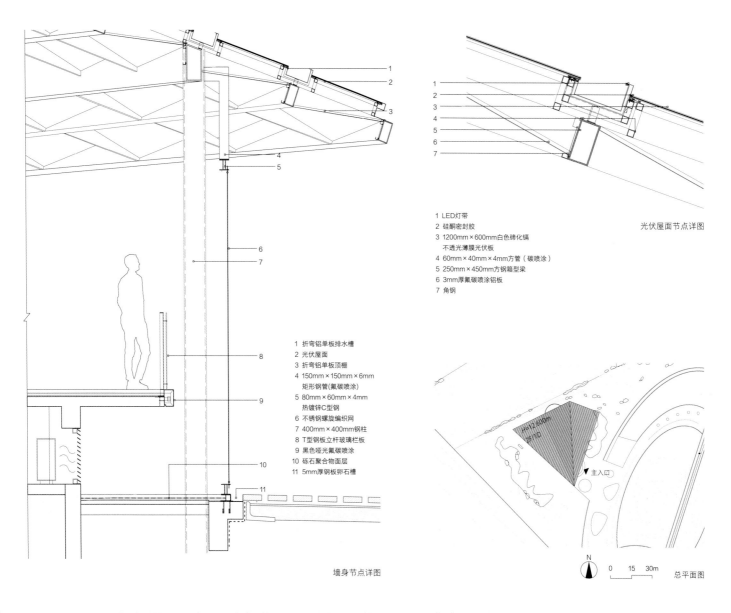

1 LED灯带
2 硅酮密封胶
3 1200mm×600mm白色碲化镉
  不透光薄膜光伏板
4 60mm×40mm×4mm方管（碳喷涂）
5 250mm×450mm方钢箱型梁
6 3mm厚氟碳喷涂铝板
7 角钢

光伏屋面节点详图

1 折弯铝单板排水槽
2 光伏屋面
3 折弯铝单板顶棚
4 150mm×150mm×6mm
  矩形钢管（氟碳喷涂）
5 80mm×60mm×4mm
  热镀锌C型钢
6 不锈钢螺旋编织网
7 400mm×400mm钢柱
8 T型钢板立杆玻璃栏板
9 黑色哑光氟碳喷涂
10 砾石聚合物面层
11 5mm厚钢板卵石槽

墙身节点详图

总平面图

N

0   15   30m

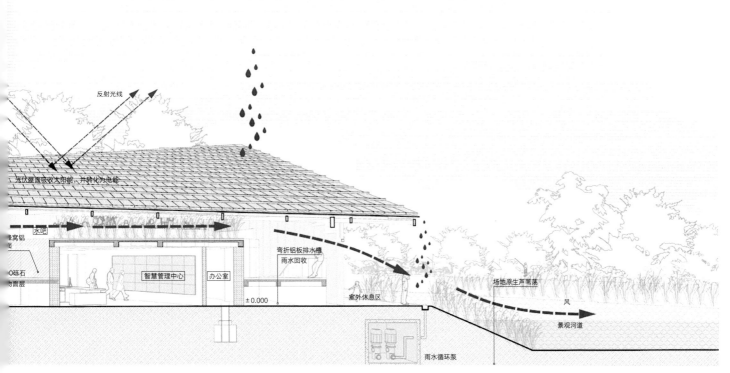

反射光线

光伏屋面吸收太阳能，并转化为电能

水吧

蜂窝铝面

砾石
物面层

智慧管理中心   办公室

±0.000

弯折铝板排水槽
雨水回收

室外休息区

场地原生芦苇荡

风

景观河道

雨水循环泵

沈阳东贸库改造
Renovation of Shenyang Dongmaoku Warehouses

扫码观看
更多内容

开发单位：华润置地（沈阳）房地产有限公司
设计单位：URBANUS 都市实践建筑设计事务所
项目地点：辽宁省沈阳市大东区
设计 / 建成时间：2020 年 / 2022 年

主持建筑师：王辉
主要设计人员：姚咏梅，魏熙，豆勇辉，陈宇，江中雨，柴秉江，
　　　　　　　韩吉喆，王坤，郑娜，黄佳，李刚，汪蕾，高子絮，
　　　　　　　卓科秀，王敬宇

获奖情况
2023 年 Achitizer A+奖建筑+适应性再利用类别专业评委奖
2023 年 LOOP 设计奖建筑 | 改造类别奖
2023 年 WA 中国建筑奖设计实验奖入围奖
2021 年 卷宗 Wallpaper* 设计大奖最佳公共建筑入围奖

技术经济指标
结构体系：钢+混凝土结构
主要材料：金属，玻璃，钢
用地面积：7093m²
建筑面积：9944m²

作为中国最早的物流建筑，始建于 1950 年的沈阳东贸库凝结了厚重的历史与城市记忆。如何把工业遗产与当下生活融合，是建筑师首先要面对的挑战。作为物流仓库的东贸库有 30m 进深，按文物保护要求，外墙不能随意开窗，因此能装进各种能满足现行规范和使用需求的功能选项不多，不太容易把仓储功能转化为日常生活的使用功能。

在这个项目中，通过新的白色空间将两座一样的老仓库连接起来，在每个仓库的第一进空间都设置了温室，形成在东北严寒地区充满温暖的社区花园，也是促成熟人社区的催化剂。花园引导了新生建筑的两个主题，一个是社区图书馆，一个是新社区展厅。通过巧妙的钢结构置换，老仓库壮丽的木结构围合出新生活的空间氛围，在诗意地展示新功能要求的同时，赋予了空间具有历史感的迷人效果。

东贸库的改造是典型的在城市更新中实现空间平权的案例：它利用新的高端楼盘在老旧社区开发的机会，为周边无力提升自身环境的居民提供了新的高品质公共空间。项目把人文历史和当下生活融合为一体，把城市记忆和美好未来铸成一体，为当前的城市建设转型提供了尊重历史、立足当下、面向未来的城市更新模式。

伊甸园

迷宫阅读公园

阅读殿堂

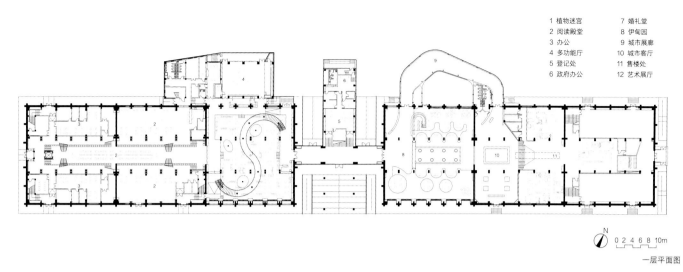

1 植物迷宫　　7 婚礼堂
2 阅读殿堂　　8 伊甸园
3 办公　　　　9 城市展廊
4 多功能厅　　10 城市客厅
5 登记处　　　11 售楼处
6 政府办公　　12 艺术展厅

0 2 4 6 8 10m

一层平面图

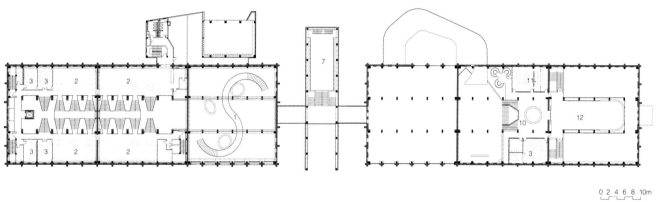

0 2 4 6 8 10m

二层平面图

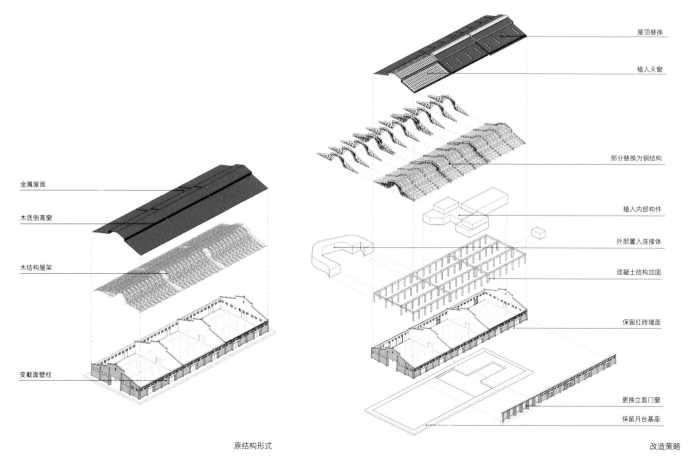

金属屋面

木质侧高窗

木结构屋架

变截面壁柱

屋顶替换

植入天窗

部分替换为钢结构

植入内部构件

外部置入连接体

混凝土结构加固

保留红砖墙面

更换立面门窗

保留月台基座

原结构形式

改造策略

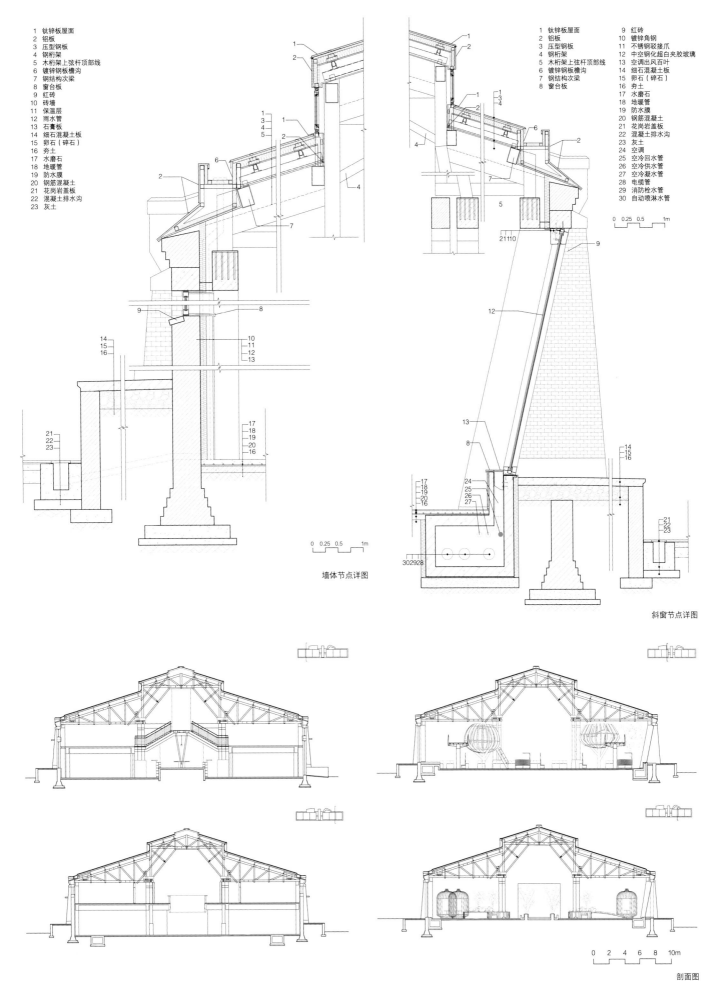

1 钛锌板屋面
2 铝板
3 压型钢板
4 钢桁架
5 木桁架上弦杆顶部线
6 镀锌钢板檐沟
7 钢结构次梁
8 窗台板
9 红砖
10 砖墙
11 保温层
12 雨水管
13 石膏板
14 细石混凝土板
15 卵石（碎石）
16 夯土
17 水磨石
18 地暖管
19 防水膜
20 钢筋混凝土
21 花岗岩盖板
22 混凝土排水沟
23 灰土

1 钛锌板屋面
2 铝板
3 压型钢板
4 钢桁架
5 木桁架上弦杆顶部线
6 镀锌钢板檐沟
7 钢结构次梁
8 窗台板

9 红砖
10 镀锌角钢
11 不锈钢驳接爪
12 中空钢化超白夹胶玻璃
13 空调出风百叶
14 细石混凝土板
15 卵石（碎石）
16 夯土
17 水磨石
18 地暖管
19 防水膜
20 钢筋混凝土
21 花岗岩盖板
22 混凝土排水沟
23 灰土
24 空调
25 空冷回水管
26 空冷供水管
27 空冷凝水管
28 电缆管
29 消防栓水管
30 自动喷淋水管

0 0.25 0.5   1m

墙体节点详图

斜窗节点详图

0 0.25 0.5   1m

0 2 4 6 8 10m

剖面图

257

临汾市解放路平阳广场改造

Pingyang Square Renovation on Jiefang Road, Linfen City

开发单位：临汾市政府工程建设服务中心
设计单位：中国建筑设计研究院有限公司品筑工作室
合作单位：北京自由创林景观规划设计有限公司
项目地点：山西省临汾市尧都区
设计 / 建成时间：2020 年 / 2022 年

主持建筑师：崔海东
主要设计人员：刘晨，李易，董雅秋，党儒天，孔江洪，白晶晶，
　　　　　　　刘海，周丽娜，刘伟，宋海威，张亚平，孙帅

技术经济指标
结构体系：框架-剪力墙结构
主要材料：陶砖，耐候钢，清水混凝土
用地面积：20037m²　　　　建筑面积：1204m²
绿地率：40%　　　　　　　停车位：36 个

平阳广场是临汾市历史文化深厚的市民集会广场，曾是解放战争临汾战役的爆破口和纪念地。设计挖掘提炼城市历史、地理、文化元素，使其升华为兼具纪念性、文化性、市民性的公园景观，时空凝聚再造古城新景。

整体规划为革命历史公园、东广场、西广场三大部分，并结合已有地下人防，保留观礼台、国旗台、重要雕塑等城市记忆。以国旗为轴心增加四片绿地，形成容纳多重人群的活动场域。平面构成以穿插、错动为手法，景墙在主席台南北依次展开，生成错落有致的外部空间。公园北侧局部设置下沉广场，隐喻战役形成的弹坑。建筑造型简洁庄重，以现代材料艺术化复原传统，高大景墙以干挂陶砖为主要饰面，镶嵌混凝土板、耐候钢板，拟合老城墙的砌体形态；低矮景墙采用折线语言表达爆破场景；隆起的景墙台内种植竹子和花草地被，耐候钢板镌刻"临汾战役大事记"字样，与主题浮雕、星形穿孔、泛光照明等共同形成极具爱国主义教育意义的纪念场所。

登台

渐变

凝思

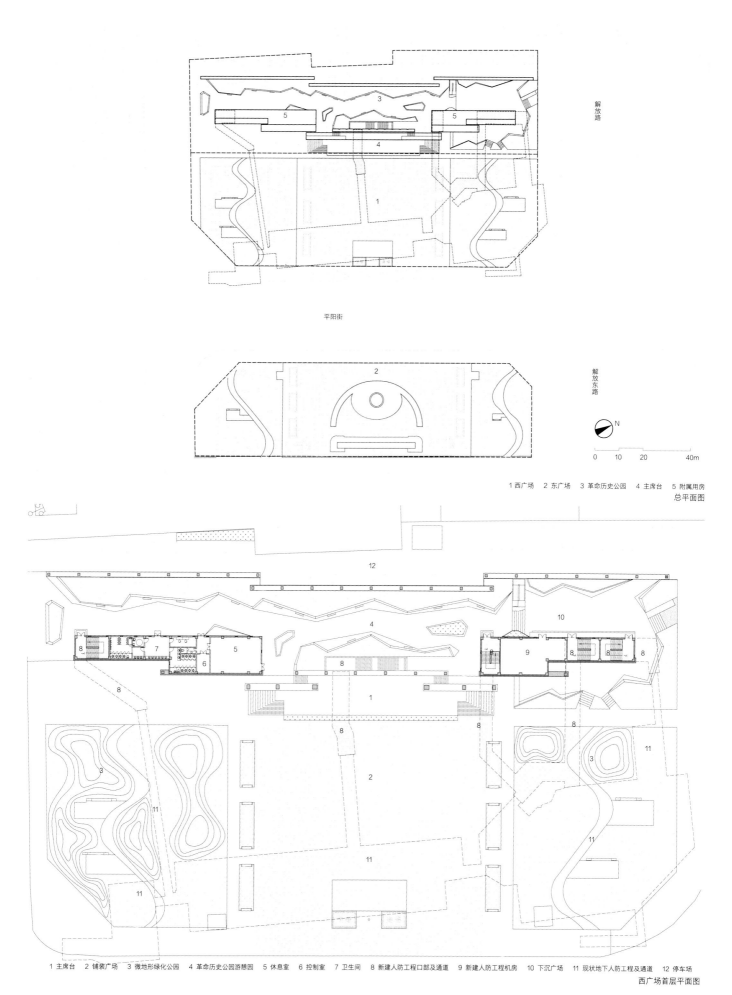

解放路

平阳街

解放东路

N

0 10 20 40m

1 西广场　2 东广场　3 革命历史公园　4 主席台　5 附属用房
总平面图

1 主席台　2 铺装广场　3 微地形绿化公园　4 革命历史公园游憩园　5 休息室　6 控制室　7 卫生间　8 新建人防工程口部及通道　9 新建人防工程机房　10 下沉广场　11 现状地下人防工程及通道　12 停车场

西广场首层平面图

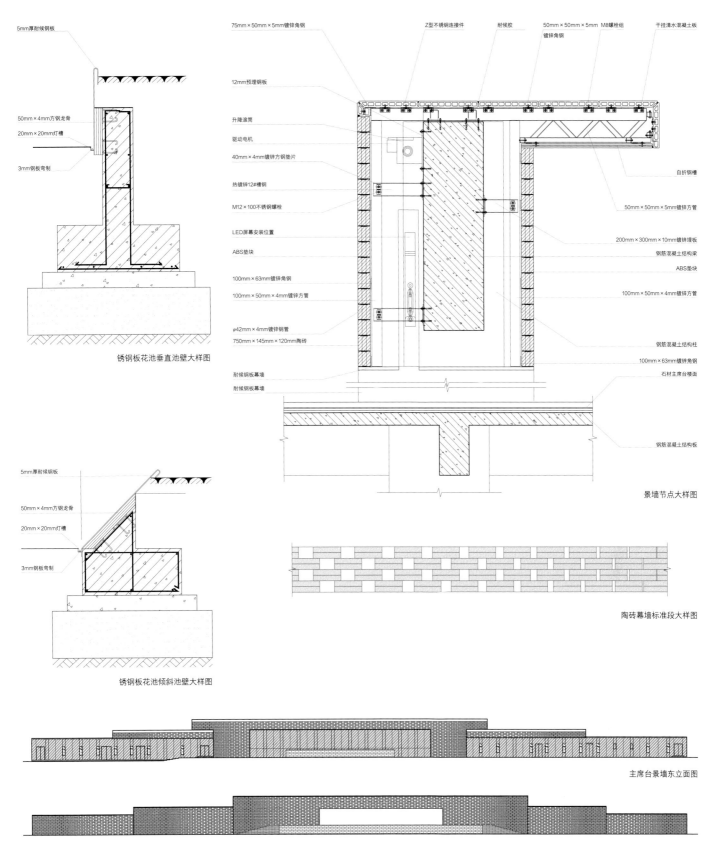

5mm厚耐候钢板
50mm×4mm方钢龙骨
20mm×20mm灯槽
3mm钢板弯制

锈钢板花池垂直池壁大样图

5mm厚耐候钢板
50mm×4mm方钢龙骨
20mm×20mm灯槽
3mm钢板弯制

锈钢板花池倾斜池壁大样图

75mm×50mm×5mm镀锌角钢
12mm预埋钢板
升降滚筒
驱动电机
40mm×4mm镀锌方钢垫片
热镀锌12#槽钢
M12×100不锈钢螺栓
LED屏幕安装位置
ABS垫块
100mm×63mm镀锌角钢
100mm×50mm×4mm镀锌方管
φ42mm×4mm镀锌钢管
750mm×145mm×120mm陶砖
耐候钢板幕墙
耐候钢板幕墙

Z型不锈钢连接件
耐候胶
50mm×50mm×5mm M8螺栓组
镀锌角钢
干挂清水混凝土板

自折清槽
50mm×50mm×5mm镀锌方管
200mm×300mm×10mm镀锌埋板
钢筋混凝土结构梁
ABS垫块
100mm×50mm×4mm镀锌方管

钢筋混凝土结构柱
100mm×63mm镀锌角钢
石材主席台楼面

钢筋混凝土结构板

景墙节点大样图

陶砖幕墙标准段大样图

主席台景墙东立面图

主席台景墙西立面图

261

"天空之镜"敬天台悬崖酒文化体验中心
"Sky Mirrors" Jingtiantai Cliff Liquor Culture Experience Centre

扫码观看
更多内容

开发单位：四川郎酒集团有限责任公司
设计单位：理想建筑设计事务所 / 马秋·福莱斯特建筑事务所 /
　　　　　林晓光工作室
项目地点：四川省泸州市古蔺县二郎镇
设计 / 建成时间：2019 年 / 2022 年

主持建筑师：邹强，马秋·福莱斯特，林晓光
主要设计人员：曾腾，武迪，王庄，马嘉，高放，薛启钧，阿尔诺·马扎，
　　　　　　　埃德加多·巴罗斯，谢一禾，李高峰，杨彩平，邹语嫣，
　　　　　　　万忠伦，韩文乾，申倩，吕律

获奖情况
2023 年 加拿大 GRANDS PRIX DU DESIGN 设计大奖年度建筑大奖
2023 年 美国 IDA 国际设计奖年度文化类建筑金奖
2023 年 美国缪斯设计奖文化建筑类铂金奖

技术经济指标
结构体系：钢+混凝土结构
主要材料：钢，混凝土，砌体，砂浆，镜面不锈钢
用地面积：13013m²　　　建筑面积：3688m²
绿地率：38%　　　　　　停车位：12 个

川贵交界，赤水河边，天空与山水之间漂浮着两个镜面。
一个在上，倒映着远山和天空；一个在下，反射着河谷和大地。
"水镜"
镜水将远山倒影，将天空延伸至无尽。
人们只看到天空和对面山峦，以及悬浮在虚空中的风景。
"天镜"
顶棚是倒置的镜面，光由天窗带着水波洒下，如同置身水下。镜面的虚幻与墙壁的厚重形成对比。

夜晚灯光亮起，在顶棚与窗间反射，宛若繁星，与窗外的星空融为一体，恍如梦境。映射了山谷的景色，赤水仿佛流淌在空中。

品酒室

北立面

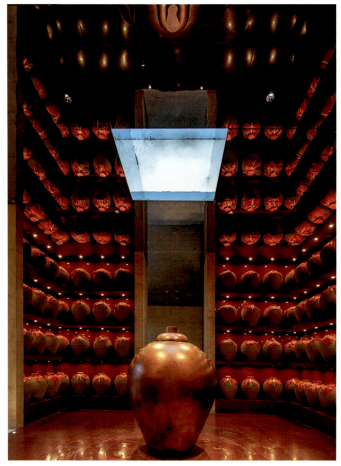

藏酒展示厅

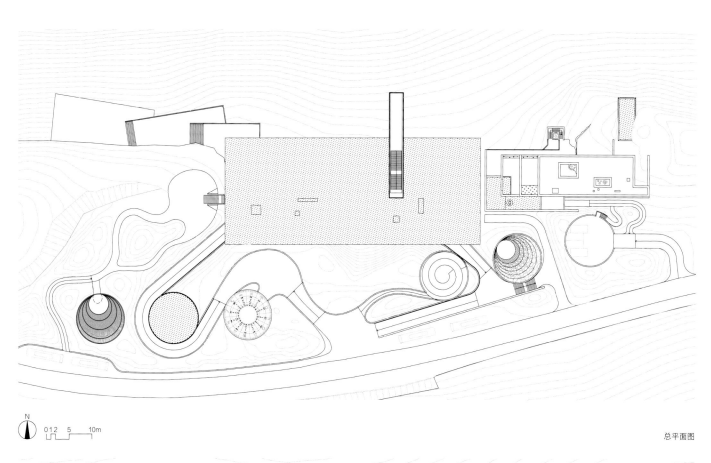

N 0 1 2 5 10m

总平面图

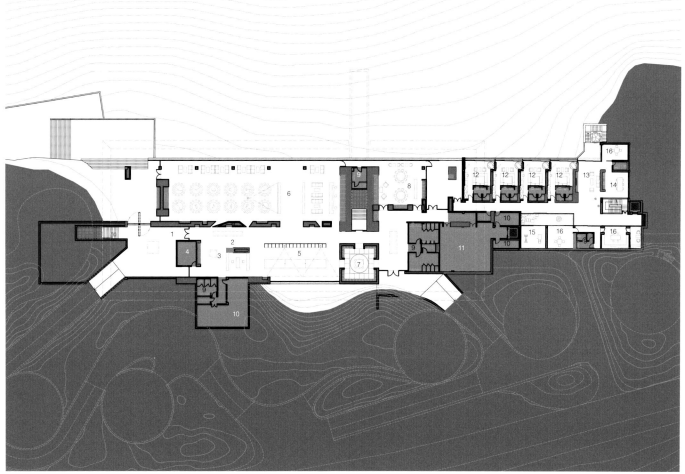

N 0 1 2 5 10m

1 入口	5 销售展示区	9 卫生间	13 起居室
2 走道	6 品酒室	10 储藏间	14 小餐厅
3 接待	7 藏酒展示厅	11 厨房	15 健身室
4 办公室	8 VIP室	12 客房	16 娱乐室

一层平面图

建筑与场地的关系

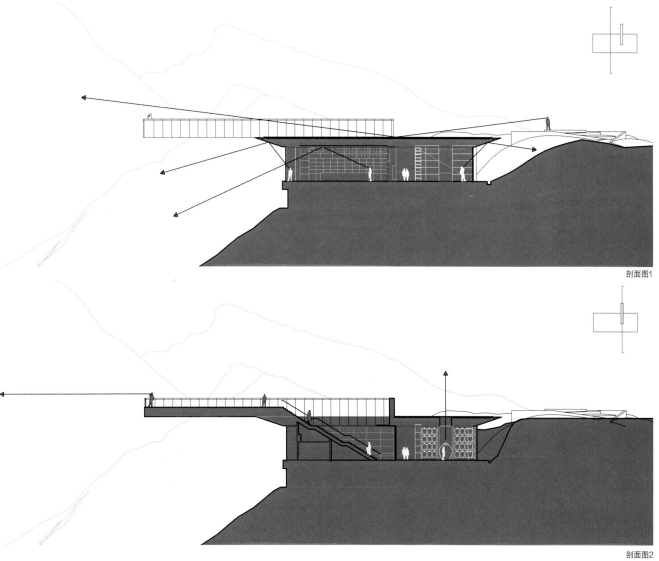

剖面图1

剖面图2

CONTEMPORARY
CHINESE ARCHITECTURE
RECORDS II

当代中国建筑实录 2

餐饮 · 旅馆民宿

Dining & Hotel

阿那亚北岸市集
Marketplace of North Coast Aranya

开发单位：秦皇岛天行建房地产开发有限公司
设计单位：致正建筑工作室
项目地点：河北省秦皇岛市昌黎县
设计 / 建成时间：2019 年 / 2022 年

主持建筑师：周蔚，张斌
主要设计人员：金燕琳，陈颖，刘晓宇，李昂，陈钊铭，贺永娴，
　　　　　　　王艳，蔡汉，刘晓曼，杨新越，杨盛皓

技术经济指标
结构体系：钢筋混凝土剪力墙+钢框架结构
主要材料：小木模清水混凝土，铝镁锰板，氟碳喷涂型钢
用地面积：8580m²
建筑面积：地上 3050m²，地下 1615m²

北岸市集位于阿那亚北岸园南部公共组团的北侧，为园区提供平价三餐、生鲜食品及日用品。

市集被限定为一个没有高大空间的平铺单层建筑，我们将它视作一个微缩的城市集市，为其引入了"室内化的店铺与广场"的空间组织。在场地上布置尺寸微差的坡顶小房子作为特色档口，容纳不同的经营内容；市集最外围是一圈屋顶压得更低的连续檐廊，作为市集与园区空间的过渡。这一空间结构维持了传统市集拓扑关系的同时，以迷你尺度融入园区环境，成为由错落小屋顶限定的类聚落空间。建造系统上也区分为钢筋混凝土剪力墙锥形坡顶单元（特色店铺）和钢框架结构平顶空间（公区广场和周边檐廊）两种体系，并利用混合结构的特性营造对空间内容的强化体验。

超市区

食堂区

酒水铺

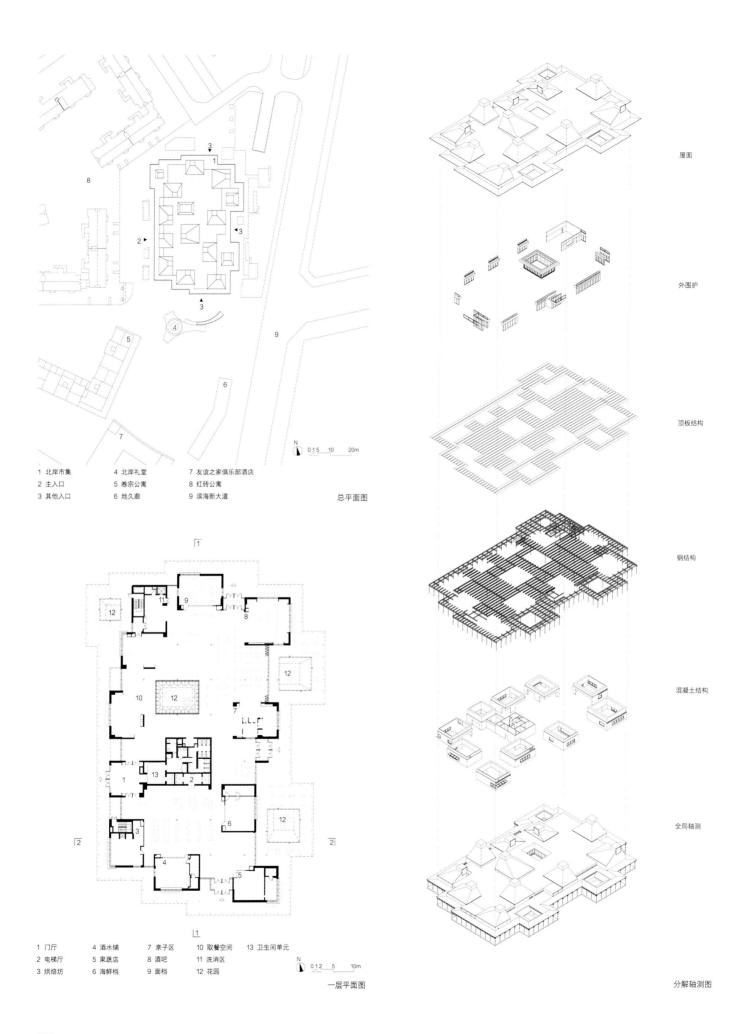

1 北岸市集　　4 北岸礼堂　　7 友谊之家俱乐部酒店
2 主入口　　　5 卷宗公寓　　8 红砖公寓
3 其他入口　　6 地久廊　　　9 滨海新大道

总平面图

屋面

外围护

顶板结构

钢结构

混凝土结构

全局轴测

1 门厅　　4 酒水铺　　7 亲子区　　10 取餐空间　　13 卫生间单元
2 电梯厅　5 果蔬店　　8 酒吧　　　11 洗消区
3 烘焙坊　6 海鲜档　　9 面档　　　12 花园

一层平面图

分解轴测图

270

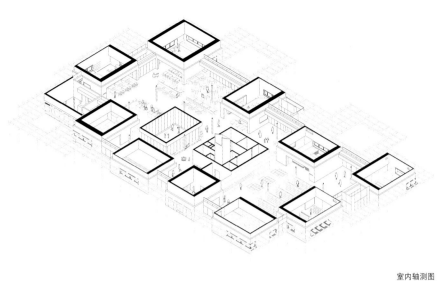

室内轴测图

1 0.9mm铝镁锰合金板
　6mm隔声降噪层
　1.5mm厚合成高分子卷材
　15mm水泥压力板
　40mm×40mm镀锌钢方管檩条，@600mm@1200mm
　90mm厚石墨聚苯板保温层
　20mm厚DS20水泥砂浆找平层
　现浇混凝土结构板
2 0.9mm铝镁锰合金板
　6mm隔声降噪层
　1.5mm厚合成高分子卷材
　15mm水泥压力板
　40mm×40mm镀锌钢方管檩条，@600mm@1200mm
　90mm厚石墨聚苯板保温层
　20mm厚DS20水泥砂浆找平层
　现浇混凝土结构板
　预制混凝土拱片底模，表面刷白色乳胶漆
　工字钢梁，浅灰色氟碳喷涂
3 清水混凝土水性硅透气型漆
　钢筋混凝土剪力墙，表面采用18mm厚300mm×5000mm企口碳化松木模板
　水泥基界面剂
　110mm岩棉板保温层，塑料钉固定于基层墙体上
　聚丙烯薄膜隔汽层
　轻钢龙骨螺栓固定@600mm竖向布置
　12mm厚无石棉纤维水泥平板，自攻螺钉固定
　清水混凝土水性硅透气型保护面漆
4 清水混凝土基底调整材
　清水混凝土专用防水渗透型底漆
　清水混凝土修补专用腻子
　钢筋混凝土剪力墙，表面采用18mm厚300mm×5000mm企口碳化松木模板

5 20mm厚环氧基水磨石
　30mm厚DS15干硬性水泥砂浆结合层
　20mm厚DS15水泥砂浆找平层
　LC5.0轻集料混凝土垫至所需高度
　60mm厚细石混凝土
　40mm厚聚苯乙烯泡沫塑料
　20mm厚DS20 1：2水泥砂浆找平层
　150mm厚C20混凝土垫层，上部配单层网片钢筋8mm@200mm双层双向
　150mm厚碎石夯入土中
　素土夯实
6 浅桔色硅藻泥涂料
　双层12.5mm厚石膏板龙骨
7 浅绿色硅藻泥涂料
　双层12.5mm厚石膏板龙骨
8 1.5mm厚浅橙色烤漆不锈钢龙骨
9 1.5mm厚浅橙色烤漆不锈钢龙骨
10 1.5mm厚浅绿色烤漆不锈钢龙骨
11 1.5mm厚浅绿色烤漆不锈钢
　18.5mm基层板龙骨
12 浅绿色烤漆不锈钢编制网
13 2mm厚拉丝不锈钢钢龙骨
　2mm厚拉丝不锈钢
14 灰色水磨石
　20mm厚水泥砂浆
　100mm厚砌体墙

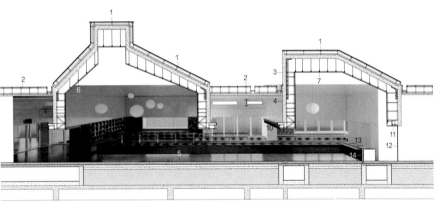

取餐空间剖视详图

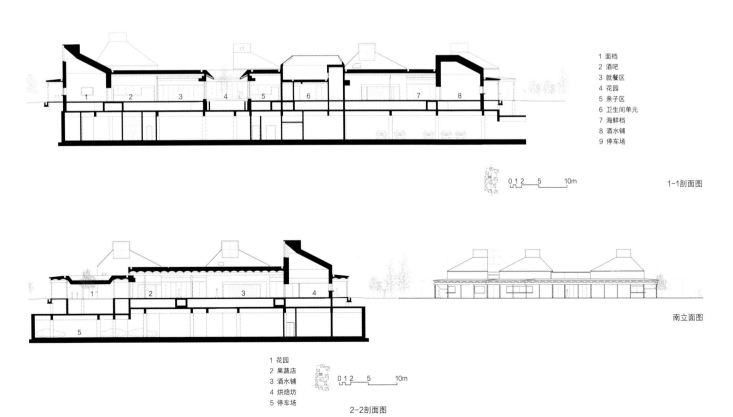

1 面档
2 酒吧
3 就餐区
4 花园
5 亲子区
6 卫生间单元
7 海鲜档
8 酒水铺
9 停车场

0 1 2　5　　　10m

1-1剖面图

1 花园
2 果蔬店
3 酒水铺
4 烘焙坊
5 停车场

0 1 2　5　　　10m

2-2剖面图

南立面图

龙泉山镜高空平台
Longquan Mountain Observatory

开发单位：成都天府新区投资集团有限公司
设计单位：BUZZ 庄子玉工作室
合作单位：中国建筑西南设计研究院有限公司
项目地点：四川省成都市双流区
设计 / 建成时间：2019 年 /2023 年

主持建筑师：庄子玉
主要设计人员：戚征东，李娜，赵玮，石毅，李胤潼，赵宇，李京，
范宏宇，赵欣，孙悟天，蔡薇，梁晨，丁竹靓

获奖名称
2024年 Architizer A+ 奖建筑专业评审奖

技术经济指标
结构体系：钢结构+混凝土结构
主要材料：钢材，GRC（玻璃纤维增强混凝土），碎拼石材
用地面积：23000m²   建筑面积：4200m²
绿地率：75%   停车位：24 个

龙泉山镜高空平台作为成都市区制高点上的建筑物，理应是"流动的""消融的""景观的"。故而，设计通过"人工"手段在"自然"之中获取一种对于大型"景观"的回应或对话，使这栋建筑并未突兀地立在山中，反而更像是一块隆起的地表，以一种具有流动性的状态去回应与山体的关系。"匍匐"的姿态是对成都平原这一地貌的映射，建立起非常强的横向延展关系。这种横向关系是由一系列不同高差但又相对连续的水平方向界面组成，延展性也在流动的平面里产生。

平面流动过程中围合出诸多庭院，应对不同的高差，产生不同的场所特征；庭院的不同位置也创造出不同的对景关系。建筑的顶部结合场地高差，形成了一个蜿蜒的上人屋面，也成为山间开放的观景平台。屋面本身由大小不一的天然石材铺设，经年累月，植被慢慢沿着石材之间的缝隙爬上屋面，使建筑悄无声息地演变成自然山体表面的形态。

屋面下由景观水池和泳池合而为一的连续水面映射出天空的颜色，水面的边界也消融在远方的天际线中。多功能厅以及泳池辅助性功能空间退回到水面之后，留给泳池更开放的观景视野。餐厅被环绕在同样开放的景观水池之间，主体部分探身到山体之外，以获得更好的观景体验。而后勤功能等体验感较弱的部分则覆盖在挑檐之下或藏在场地之中。

建筑本身具有的强烈特质性与地标性，像一个飞船或者天外来客，蓄势待发；同时又足够消隐，使其不对已有的自然环境构成威胁和抵触，像林间的飞桥般若隐若现。

无边镜面水池

室内

屋顶观景台

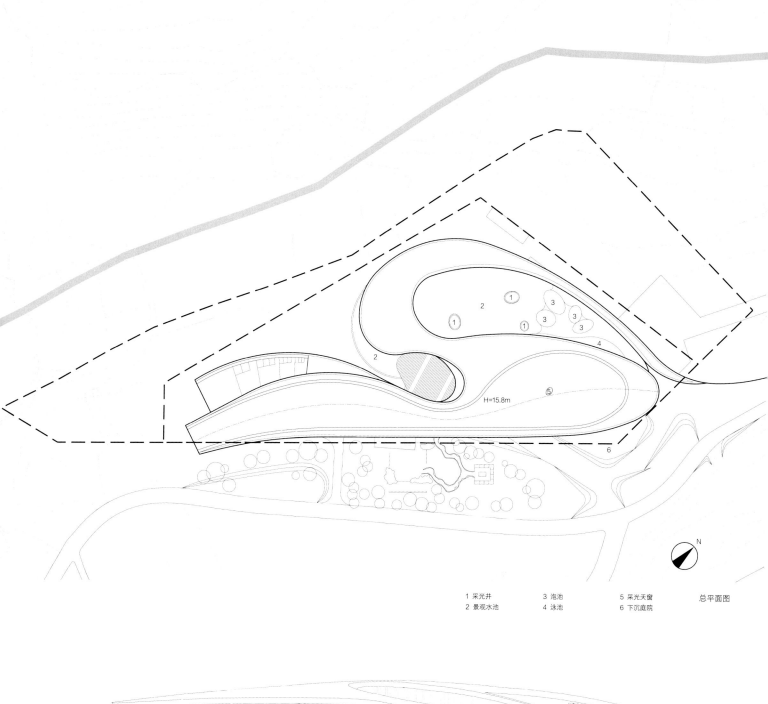

1 采光井	3 泡池	5 采光天窗	总平面图
2 景观水池	4 泳池	6 下沉庭院	

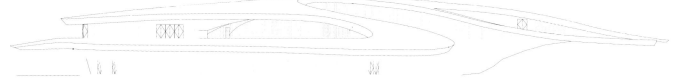

东南立面图

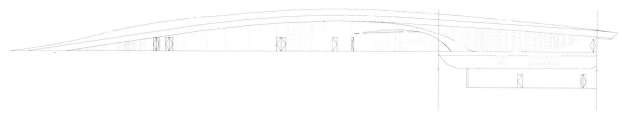

西北立面图

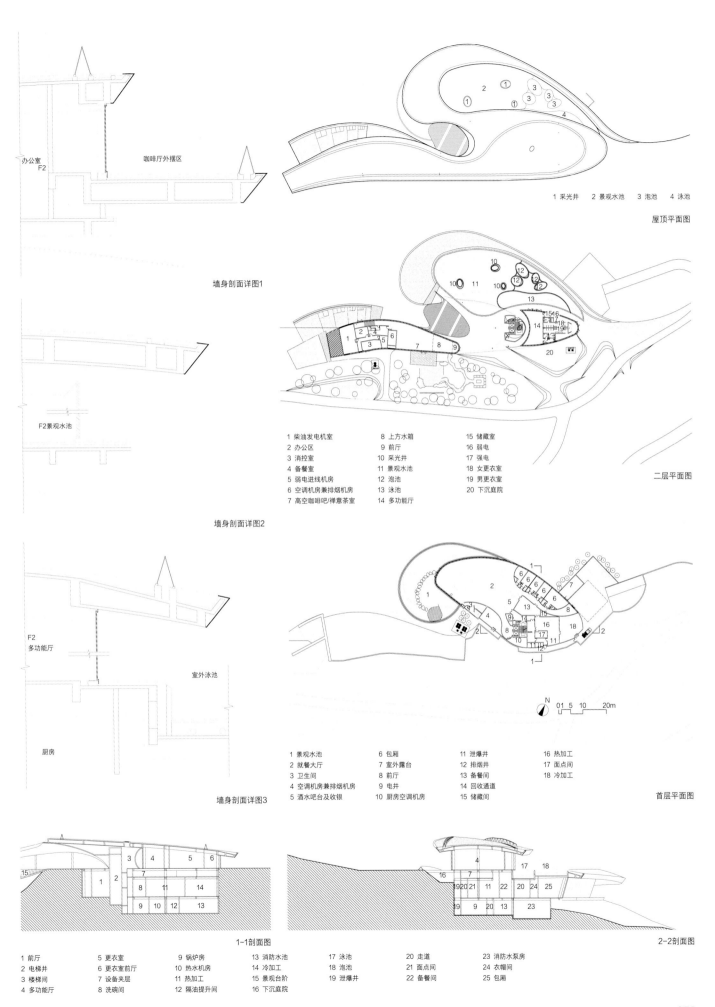

办公室
F2

咖啡厅外摆区

墙身剖面详图1

F2景观水池

墙身剖面详图2

F2
多功能厅

室外泳池

厨房

墙身剖面详图3

屋顶平面图

1 采光井　2 景观水池　3 泡池　4 泳池

二层平面图

1 柴油发电机室　　8 上方水箱　　15 储藏室
2 办公区　　　　　9 前厅　　　　16 弱电
3 消控室　　　　　10 采光井　　　17 强电
4 备餐室　　　　　11 景观水池　　18 女更衣室
5 弱电进线机房　　12 泡池　　　　19 男更衣室
6 空调机房兼排烟机房　13 泳池　　　20 下沉庭院
7 高空咖啡吧/禅意茶室　14 多功能厅

首层平面图

N　01 5　10　　20m

1 景观水池　　6 包厢　　　11 泄爆井　　16 热加工
2 就餐大厅　　7 室外露台　12 排烟井　　17 面点间
3 卫生间　　　8 前厅　　　13 备餐间　　18 冷加工
4 空调机房兼排烟机房　9 电井　　14 回收通道
5 酒水吧台及收银　10 厨房空调机房　15 储藏间

1-1剖面图

2-2剖面图

1 前厅　　　5 更衣室　　　9 锅炉房　　　13 消防水池　　17 泳池　　　20 走道　　　23 消防水泵房
2 电梯井　　6 更衣室前厅　10 热水机房　　14 冷加工　　　18 泡池　　　21 面点间　　24 衣帽间
3 楼梯间　　7 设备夹层　　11 热加工　　　15 景观台阶　　19 泄爆井　　22 备餐间　　25 包厢
4 多功能厅　8 洗碗间　　　12 隔油提升间　16 下沉庭院

阿若康巴·拉萨庄园

Arro khampa · Lhasa

开发单位：西藏阿若康巴庄园有限责任公司
设计单位：昆明筑瀚景地装饰设计有限公司
项目地点：西藏自治区拉萨市
设计 / 建成时间：2019 年 / 2023 年

主持建筑师：李众
主要设计人员：李众，徐小枫，罗刚，蔡关福，王李松，赵彦英，
　　　　　　　杨洋，李周虹
艺术顾问：兰庆星，刘和焦

技术经济指标
结构体系：混凝土框架结构
主要材料：混凝土，混凝土固化地坪，木材，地砖
用地面积：1648m²　　　　建筑面积：2674m²
绿地率：17%　　　　　　　停车位：22 个

　　阿若康巴·拉萨庄园原是多年前业主修建作为客栈经营的院子。东、西、北向为二层建筑，南向为单层建筑，开间、进深都较小。场地四周都被其他建筑围合。面对这样一个"困局"，设计团队采用"内向式布局，围合出内院"的理念，营造尽可能丰富的交通体验，让来到这里的人从被包裹在巷道的局促之中穿过，走进内院便体验到豁然开朗的通透感。

　　根据规划条件，在场地的东向退让出前场，使主立面有了一个和周遭脱开的空间。建筑从西到东在建筑主入口的东立面形成丰富的叠退关系。在建筑的内院中，环绕它的四个立面也都有所不同，西向为房间开窗，另外三个方向作为交通，将回廊有意识地在建筑内外穿插，在洞口的形式上产生变化。通过对回廊的建筑立面进行镂空长条窗的设计，使穿行其中的人能有节制地看到对面的人。在藏地，眼神的交会自然和谐，眼神的照面是心开放的开始，在建筑空间中便能如此自由地打破社交边界。

从二层南面回廊中回望窗外建筑

室内

客房

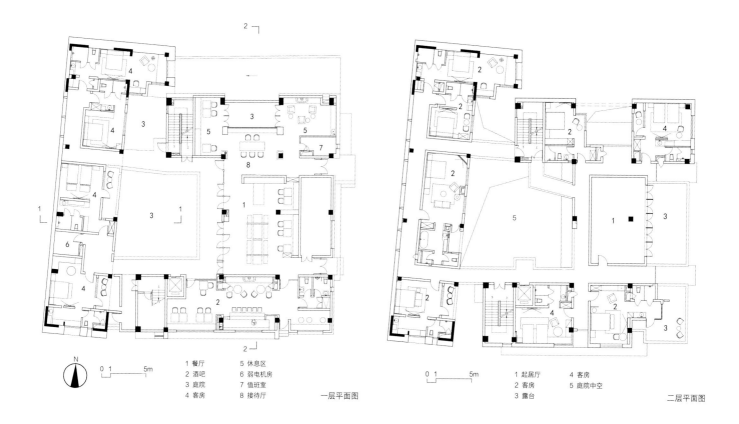

N
0 1   5m

1 餐厅   5 休息区
2 酒吧   6 弱电机房
3 庭院   7 值班室
4 客房   8 接待厅   一层平面图

0 1   5m   1 起居厅   4 客房
                     2 客房   5 庭院中空
                     3 露台   二层平面图

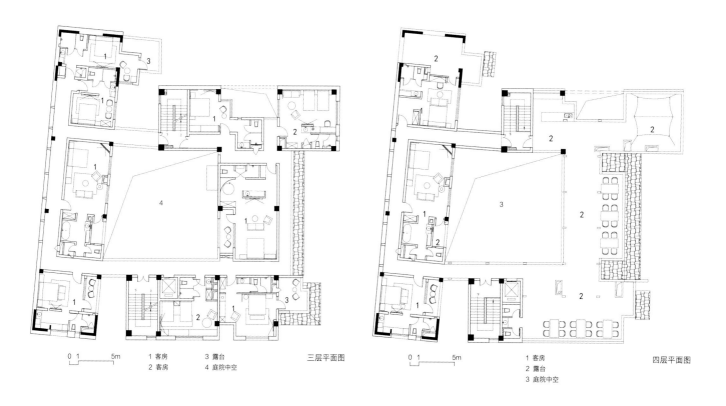

0 1   5m   1 客房   3 露台
                     2 客房   4 庭院中空   三层平面图

0 1   5m   1 客房
                     2 露台
                     3 庭院中空   四层平面图

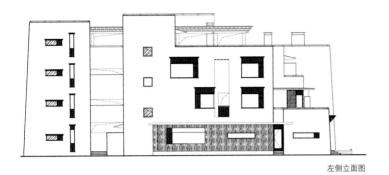

左侧立面图

正立面图

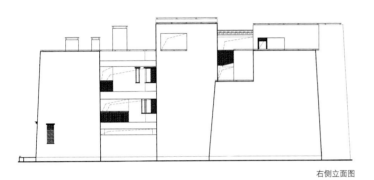

右侧立面图

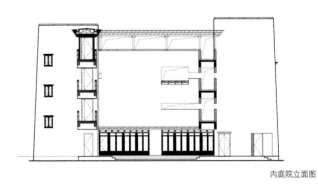

内庭院立面图

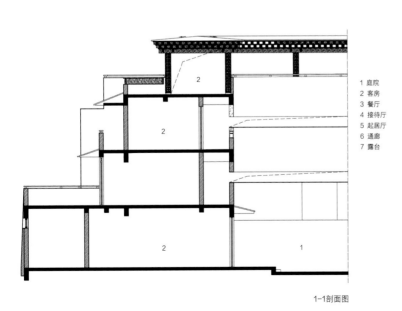

1-1剖面图

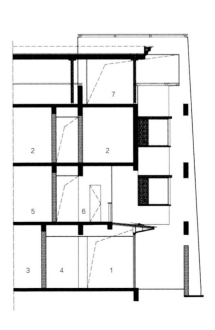

1 庭院
2 客房
3 餐厅
4 接待厅
5 起居厅
6 通廊
7 露台

2-2剖面图

庐江南山君柠野奢度假酒店

Junning Wilderness Luxury Hot Spring Resort Hotel, Nanshan, Lujiang

扫码观看
更多内容

开发单位：合肥南山云起生态旅游开发有限公司
设计单位：来建筑设计工作室
项目地点：安徽省合肥市庐江县
设计 / 建成时间：2018 年 / 2023 年

主持建筑师：马岛
项目建筑师：陈运，严安
主要设计人员：马岛，陈运，王聿宁，刘同强，严安，唐铭，
　　　　　　　廖启贤，张莹，郭晓红，魏铮，陈康，林均翰，
　　　　　　　谢佳辰

技术经济指标
结构体系：木结构，钢结构，混凝土结构
主要材料：金属屋面，胶合木，毛石，外墙艺术涂料
用地面积：23720m²
建筑面积：6713m²
停车位：34 个

南山君柠野奢度假酒店坐落于合肥市郊的群山环抱之中，竹林掩映之下是一座以现代木构为特色的酒店集群。设计团队充分关注基地选址的本土语境，在规划设计过程中，将乡土木作这一不可替代的文化基因作为创作的一条主线，因应场地的地形特征打造出一片新型山水人居聚落。

中国传统建构文化围绕"土木营造"而展开，土构围护体系与轻盈的木构框架和屋顶，赋予建筑以超越建造活动本身的"形制"意义。在现代建筑中，土这一塑性材料常以混凝土来替代，而木则随着胶合技术的发展，在材性和空间塑造的可能性上都有了重大突破。尽管如此，我们仍然愿意回到本土的营造技艺中，去发现与自然的和谐共生且推陈出新的智慧："层叠架屋"是古老的营造传统，而做八边形向心围合的胶合木梁架，间以金属短柱层层抬升、乘势升腾或盘旋而落，则是现代技艺造就的空间表现；"编木栱"是解决跨度问题的传统民间智慧，将其倒转，便以互承的杠杆关系交织成柔美的屋面曲线。错落的圆椽从土色的墙首探出檐下，建筑在实体要素与线性要素的交互中获得一种端庄而又活泼的立面表情。

临水的 2 号书吧邀请了三联书店入驻，在这里还可以品尝一杯庐江特产的白云春毫。将作品与原有地方环境、地域特色产生关联，风貌建设与文化回归并重，我们以此作品探索回归文化本源、实现乡土建设创新发展的一种可能。

8号客房远望

6号客房面水平台

6号客房编木屋顶特写

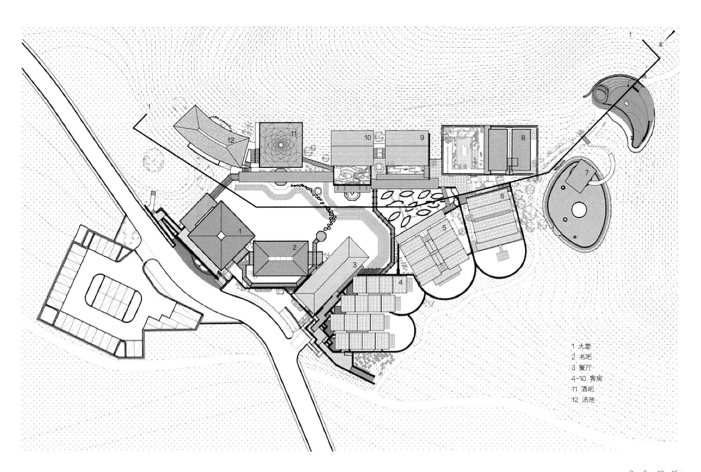

1 大堂
2 书吧
3 餐厅
4~10 客房
11 酒吧
12 汤池

0 5 10 15m

总平面图

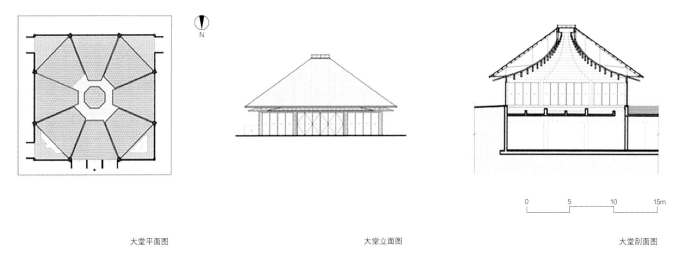

N

大堂平面图   大堂立面图   大堂剖面图

0   5   10   15m

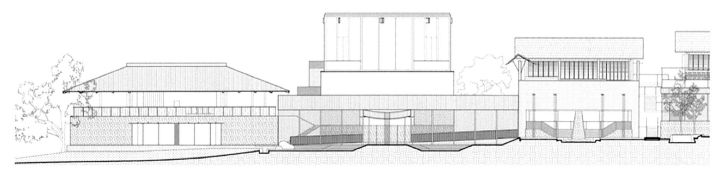

大堂立面图

282

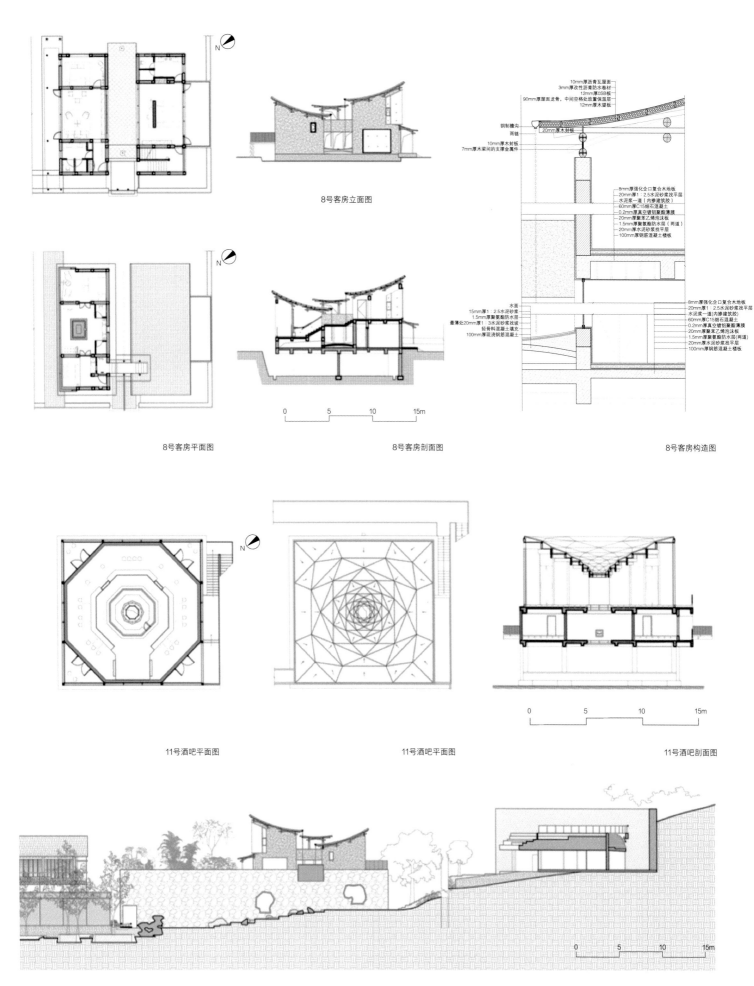

10mm厚沥青瓦屋面
3mm厚改性沥青防水卷材
12mm厚OSB板
90mm厚屋面龙骨，中间空格处放置保温层
12mm厚木望板

钢制檐沟
雨链
20mm厚木封板
10mm厚木封板
7mm厚木梁间的支撑金属件

8mm厚强化企口复合木地板
20mm厚1:2.5水泥砂浆找平层
水泥浆一道（内掺建筑胶）
60mm厚C15细石混凝土
0.2mm厚真空镀铝聚酯薄膜
20mm厚聚苯乙烯泡沫板
1.5mm厚聚氨酯防水层（两道）
20mm厚水泥砂浆找平层
100mm厚钢筋混凝土楼板

水面
15mm厚1:2.5水泥砂浆
1.5mm厚聚氨酯防水层
最薄处20mm厚1:3水泥砂浆找坡
轻骨料混凝土填充
100mm厚现浇钢筋混凝土

8mm厚强化企口复合木地板
20mm厚1:2.5水泥砂浆找平层
水泥浆一道（内掺建筑胶）
60mm厚C15细石混凝土
0.2mm厚真空镀铝聚酯薄膜
20mm厚聚苯乙烯泡沫板
1.5mm厚聚氨酯防水层（两道）
20mm厚水泥砂浆找平层
100mm厚钢筋混凝土楼板

8号客房立面图

8号客房平面图

8号客房剖面图

8号客房构造图

11号酒吧平面图

11号酒吧平面图

11号酒吧剖面图

场地剖面图1-1

第十三届中国（徐州）国际园林博览会宕口酒店

Dangkou Hotel of the 13th China (Xuzhou) International Garden Expo

扫码观看
更多内容

开发单位：徐州新盛园博园建设发展有限公司
设计单位：杭州中联筑境建筑设计有限公司
合作单位：中建科技集团有限公司
项目地点：江苏省徐州市铜山区
设计/建成时间：2020年/2022年

主持建筑师：程泰宁
主要设计人员：王大鹏，蓝楚雄，张潇羽，廖慧雯，邱培昕，盛思源，
肖华杰，施妙佳

技术经济指标
结构体系：钢筋混凝土筒体+方钢管（型钢）混凝土柱+
　　　　　钢梁的框架-剪力墙
主要材料：玻璃，辊涂铝板，防腐木
用地面积：34323m² 　　　　建筑面积：28273m²
绿地率：35% 　　　　　　　停车位：95个

　　宕口酒店是第十三届中国（徐州）国际园林博览会的重要配套工程之一，坐落于园博园西南角半山腰处，北眺悬水湖。为了使酒店自然地融入山水环境，织补破碎的山体，并获得更为高远的观景视野，设计采用了化整为零的手法，将建筑分解成若干个较小尺度的体量，错落有致地布置于不同的标高之上，悬空体量之间的留白形成了多层次的立体园林空间，辅以栈道相连，形成一条由酒店通往山顶的蜿蜒路径，为游客提供攀山、渡桥、望湖、归园等丰富的空间体验。

　　宕口酒店因地制宜的设计使得建筑充分呼应和融入地形之势，并且建立起建筑与环境、人与山水新的关系，在为人们带来独特感受体验的同时，能够唤起人对自然的敬畏与热爱，是"天人合一"之思想的当代诠释。

从空中连桥看南侧崖壁和栈道

从崖壁上的栈道回看酒店

横向展开的形体使客房获得开阔视野

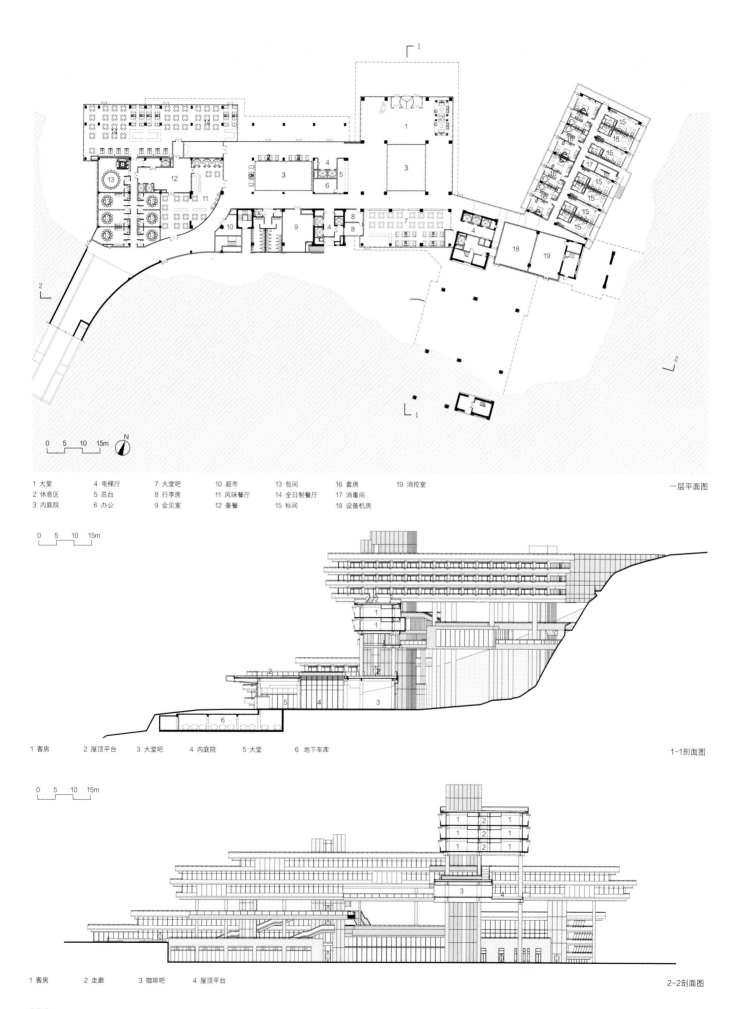

1 大堂	4 电梯厅	7 大堂吧	10 超市	13 包间	16 套房	19 消控室
2 休息区	5 总台	8 行李房	11 风味餐厅	14 全日制餐厅	17 消毒间	
3 内庭院	6 办公	9 会见室	12 备餐	15 标间	18 设备机房	

一层平面图

1 客房　　2 屋顶平台　　3 大堂吧　　4 内庭院　　5 大堂　　6 地下车库

1-1剖面图

1 客房　　2 走廊　　3 咖啡吧　　4 屋顶平台

2-2剖面图

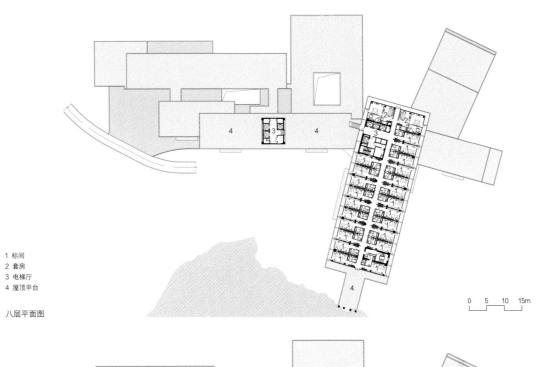

1 标间
2 套房
3 电梯厅
4 屋顶平台

八层平面图

0　5　10　15m

1 标间
2 套房
3 服务间
4 电梯厅
5 咖啡吧
6 屋顶平台
7 空中连桥

五层平面图

0　5　10　15m

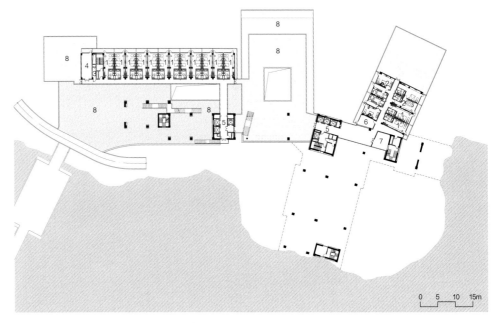

1 标间
2 套房
3 服务间
4 空调机房
5 电梯厅
6 排烟机房
7 设备用房
8 屋顶平台

三层平面图

0　5　10　15m

287

三亚泰康之家度假酒店 · 臻品之选
The Taikang Sanya · a Tribute Portfolio Resort

扫码观看
更多内容

开发单位：泰康保险集团股份有限公司
设计单位：如恩设计研究室
合作单位：北京市建筑设计研究院股份有限公司 / 北京丽贝亚建筑装饰工
程有限公司 / 旭密林能源科技（上海）有限公司 / 照奕恒照明
设计（北京）有限公司 / 奥雅景观设计（概念方案）/ 中景汇
设计集团有限公司（深化设计）/ 柯利图文设计（上海）有限
公司
项目地点：海南省三亚市海棠湾
设计 / 建成时间：2016 年 / 2022 年

主持建筑师：郭锡恩，胡如珊
主要设计人员：曹子燚，黄永福，许健，Federico Saralvo，陈健全，
叶昭甫，金丹燕，Rashi Jain，谢宜加，Fergus Davis，
林世罗，李金龙，张世齐，黄多卿，Valentina Brunetti，
Kim-Lou Monnier，张楠，李冠霖，吴爽，江倩欣，李燕宁，
沈可涵，汪孟洋，张念山，郭瑞歌，高翔宇，Callum
Holgate，王海明，矫艳，吉超，郭上毅，李豫，
余琪晨韵，石纯煜，王志康，宋贞泰，Nicolas Fardet，
Junho Jeon，生茵，辛海鸥，黄惠子，王吕齐眺

获奖情况
2023 年 中国室内设计大奖酒店类，冠军 / 年度最佳
2023 年 最佳设计大奖度假酒店类，荣誉奖

技术经济指标
结构体系：钢筋混凝土框架结构
主要材料：工程竹材，陶土砖，水磨石，纤维水泥板
用地面积：153173m² （包含西侧低层独栋酒店）
建筑面积：79221m²

　　三亚泰康之家度假酒店的设计灵感来源于东方"城池"的意象，主体
由两部分构成——作为客房的"木屋"建于公共空间的"砖石基座"之上。

　　两座 L 形的建筑交叠相遇，面向海边，框定出酒店内部的水院，公共
空间围绕其铺陈开来。酒店大堂犹如花园景观，柔和的日光透过上空漂浮的
"灯笼"，轻拂建筑内部。微风徐徐，旅客亦放缓脚步，沉浸于自然之中。

　　手工烧制的陶土砖塑造了砖石基座；竹子经过淘洗与压制，充分适
应热带湿热气候，成为理想的建筑材料；藤编与黄铜的精致细节为质朴
的建筑语言增添了丰富的层次；黎族的织锦工艺成为软装织物与地毯的
设计灵感。

　　我们试图在设计中融入这片土地的集体记忆、文化与自然元素，勾勒
出海南的"场所精神"。

客房

内部水景庭院

餐饮区域

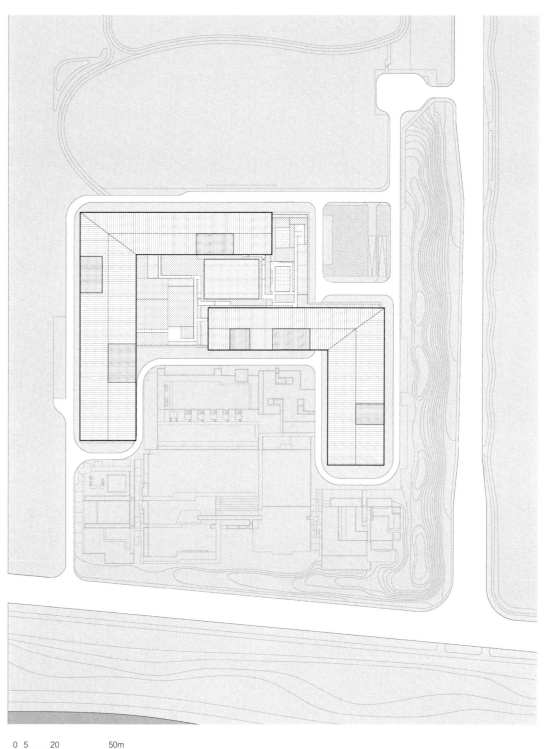

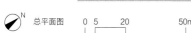

总平面图   0 5   20   50m

0 2 5   15m

立面图

290

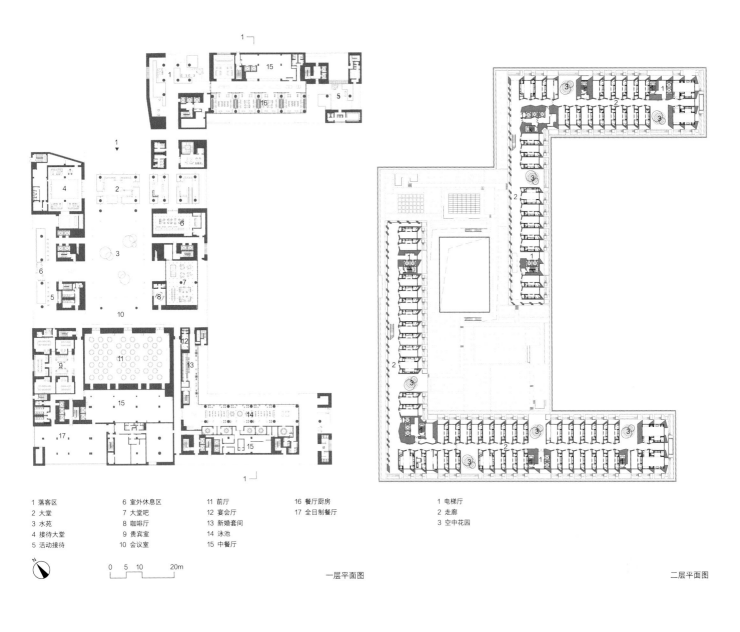

1 落客区	6 室外休息区	11 前厅	16 餐厅厨房
2 大堂	7 大堂吧	12 宴会厅	17 全日制餐厅
3 水苑	8 咖啡厅	13 新婚套间	
4 接待大堂	9 贵宾室	14 泳池	
5 活动接待	10 会议室	15 中餐厅	

1 电梯厅
2 走廊
3 空中花园

0 5 10   20m

一层平面图

二层平面图

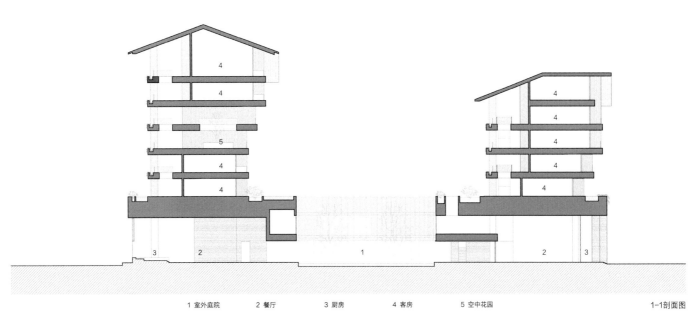

1 室外庭院   2 餐厅   3 厨房   4 客房   5 空中花园

1-1剖面图

山中屋·屋中山
——大观原点乡村旅游综合服务示范区
House in the Mountain · Mountain in the House – Daguanyuandian
Rural Tourism Comprehensive Service Demonstration Area

扫码观看
更多内容

开发单位：重庆市南川区永隆建设开发有限公司
设计单位：中国建筑设计研究院有限公司
项目地点：重庆市南川区大观镇
设计 / 建成时间：2019 年 / 2023 年

主持建筑师：景泉
主要设计人员：景泉，李静威，黎靓，徐松月，关珲，张少飞，及晨，
　　　　　　　邢睿，单立欣，吴南伟，余晓东，郭天烙，杨婷，
　　　　　　　霍文营，王存凤，王伟良，姜海鹏

获奖情况
2023 年 亚洲建筑师协会建筑奖 荣誉提名奖
2024—2025 年 国际房地产大奖（亚太区）休闲建筑类大奖

技术经济指标
结构体系：钢结构
主要材料：石笼，竹，毛石，瓦，金属格栅，高光蜂窝铝板，玻璃
用地面积：113000m²　　　　建筑面积：23500m²
绿地率：50%　　　　　　　停车位：280 个

项目是依托周边乡村旅游资源的旅游集散地，入选"重庆乡村振兴十大示范案例"。用地内自然植被丰富，地形起伏，中部有一座山丘，最大高差约 60m。设计最大限度保留原始地形，创造独一无二的巴渝山地体验空间；最大限度保留自然植被，使原生生态环境得以延续。

设计将复合的建筑功能，依据原始地貌与植被化整为零，创造建筑与自然交互的景观；围绕山体建造的环形建筑，将业主原本打算推平的山丘转化为场景特色；配套建设市集、展销、餐饮、乡村图书馆、酒店、停车场等公共功能，为访客带来独特的乡村自然体验，也为村民提供更好的展销和售卖窗口，提供日常公共文化生活场所，引导人们重识乡村的自然之美。内山中有一处原始的山神庙得以保留，成为自然的精神图腾。

基于自然价值观，项目在与自然环境融合、空间弹性使用、可持续空间组织、乡土地方材料等多个方面，实现了协同整合，成为富有地域特征的有机整体。

空间与自然环境融合

雾景鸟瞰图

村民与空间关系

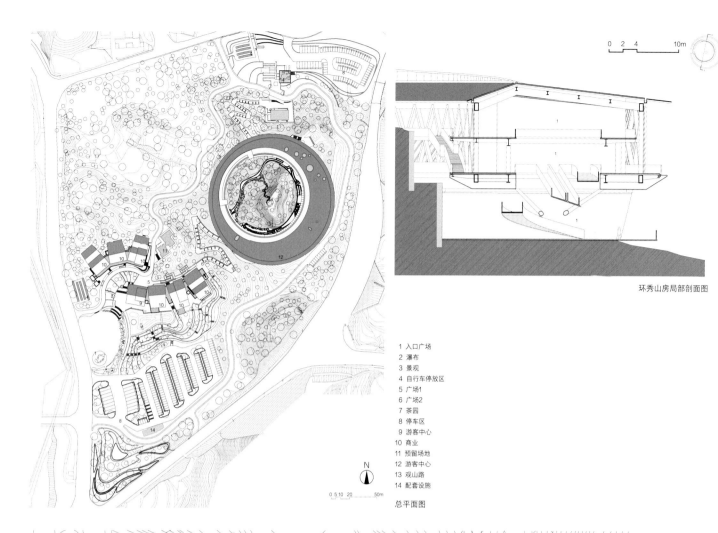

0 2 4   10m

环秀山房局部剖面图

1 入口广场
2 瀑布
3 景观
4 自行车停放区
5 广场1
6 广场2
7 茶园
8 停车区
9 游客中心
10 商业
11 预留场地
12 游客中心
13 观山路
14 配套设施

N

0 5 10 20   50m

总平面图

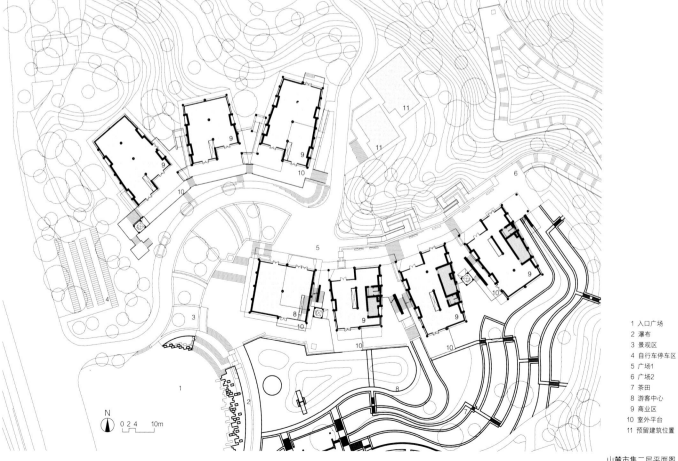

N

0 2 4   10m

1 入口广场
2 瀑布
3 景观区
4 自行车停车区
5 广场1
6 广场2
7 茶田
8 游客中心
9 商业区
10 室外平台
11 预留建筑位置

山麓市集二层平面图

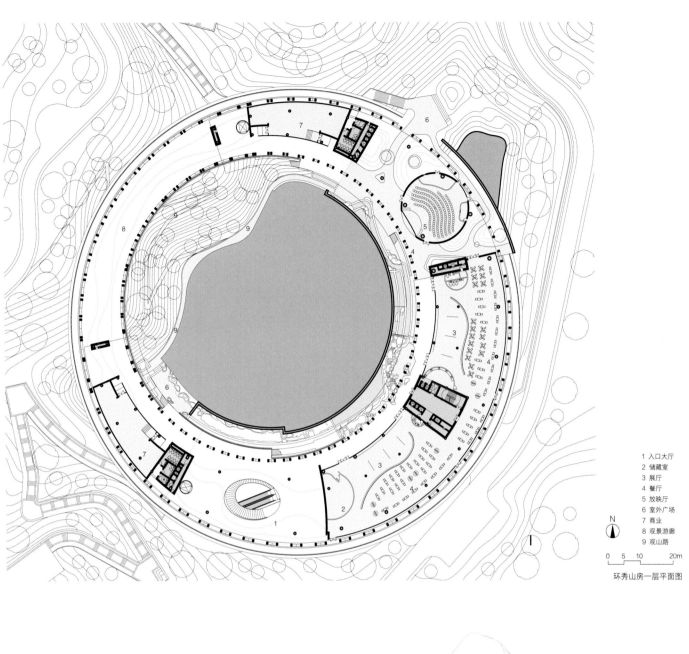

1 入口大厅
2 储藏室
3 展厅
4 餐厅
5 放映厅
6 室外广场
7 商业
8 观景游廊
9 观山路

N

0 5 10   20m

环秀山房一层平面图

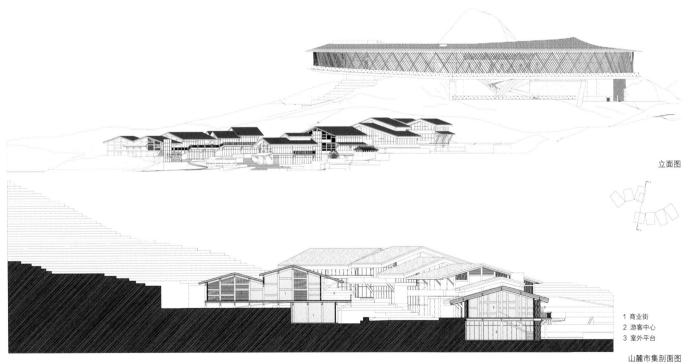

立面图

1 商业街
2 游客中心
3 室外平台

山麓市集剖面图

体育·医疗

Sports & Healthcare

大连梭鱼湾足球场
Dalian Suoyuwan Football Stadium

扫码观看
更多内容

开发单位：大连市土地发展集团有限公司
设计单位：哈尔滨工业大学建筑设计研究院有限公司
合作单位：大连市建筑科学研究设计院股份有限公司
　　　　　中国建筑第八工程局有限公司
　　　　　哈尔滨工业大学建筑与设计学院
项目地点：辽宁省大连市甘井子区
设计／建成时间：2020 年／2023 年

主持建筑师：陆诗亮，李磊，王彦波，季强，郭旗
主要设计人员：夏凤嘉，程宏志，苗业，孟兰，国建淳，田瑞丰，
　　　　　　　宿仁信，都基宇，王鑫（哈尔滨工业大学建筑设计研究院
　　　　　　　有限公司）；陈时武，王铭佐，杨兆华，宋伟，刘军，
　　　　　　　马玉婧（大连市建筑科学研究院股份有限公司）；苗琦，
　　　　　　　李飞，赵超，孙勃，毕崇云，王晓堂，赵刚，赵雷，
　　　　　　　周旻艳（中国建筑第八工程局有限公司）；董世伟，
　　　　　　　闫文昌，王禹（哈尔滨工业大学）

技术经济指标
结构体系：钢筋混凝土框架结构，索网 ETFE（氟塑料）单层膜结构立面
　　　　　体系，双层索系 PTFE（铁氟龙）膜结构屋面体系
主要材料：ETFE，PTFE，钢筋混凝土
用地面积：265000m²　　　　建筑面积：136000m²

设计理念：项目造型灵感源自"海浪与海螺"，理念为"炫彩叠浪"，融合了大连的海洋文化与足球精神；注重开放共享，兼顾赛事与全民健身，打造串联平面、屋顶和滨海步道的健身路径。

技术突破：应对污染土、风力及盐雾腐蚀等问题，建设集约高效与安全并重的足球场；通过延长疏散路线、打造立体多层疏散的方式，减缓赛时人流疏散瞬时压力；采用索网加单层 ETFE 立面体系与斜交轮辐式双索体系，完美融合罩棚、立面结构与坡道结构，提高结构稳定性与经济性；研发新型 ETFE 表皮，搭配 LED 灯光系统设计，深化立面视觉体验；首创与立面结合的环形跑廊，服务全民健身；坐席 C 值（视线升高值）提升至 90~120mm，提升观演体验；具有短工期、低造价、经济节约的特点。

项目意义：梭鱼湾足球场设计通过亚洲足球联合会审核，达到承办国际顶级赛事的标准，在 2023 年分别承担国家男足邀请赛、国家奥林匹克足球队巴黎奥运会预选赛、中国超级联赛等重要赛事。该足球场曾作为大连主场，现为英博足球俱乐部主场，在同期建设的 10 座专业足球场中，造价最低、群众反映良好，真切为体育建筑易建难养、能耗巨大、供需失衡难题的解决提供范本。

内场效果

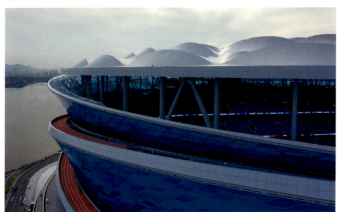

罩棚支撑

从海边人望向足球场

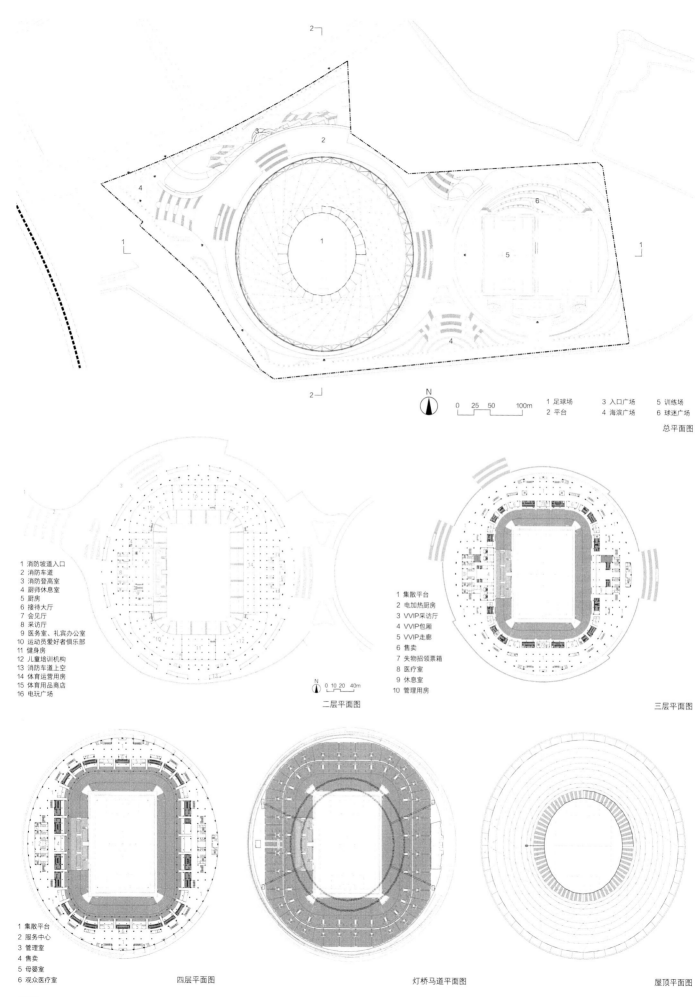

N

0 25 50   100m

1 足球场   3 入口广场   5 训练场
2 平台   4 海滨广场   6 球迷广场

总平面图

1 消防坡道入口
2 消防车道
3 消防登高室
4 厨师休息室
5 厨房
6 接待大厅
7 会见厅
8 采访厅
9 医务室、礼宾办公室
10 运动员爱好者俱乐部
11 健身房
12 儿童培训机构
13 消防车道上空
14 体育运营用房
15 体育用品商店
16 电玩广场

N

0 10 20   40m

二层平面图

1 集散平台
2 电加热厨房
3 VVIP采访厅
4 VVIP包厢
5 VVIP走廊
6 售卖
7 失物招领票箱
8 医疗室
9 休息室
10 管理用房

三层平面图

1 集散平台
2 服务中心
3 管理室
4 售卖
5 母婴室
6 观众医疗室

四层平面图

灯桥马道平面图

屋顶平面图

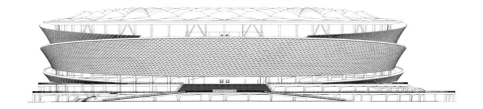

南立面图

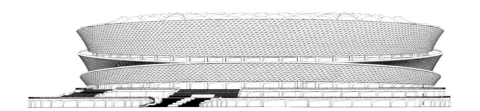

北立面图

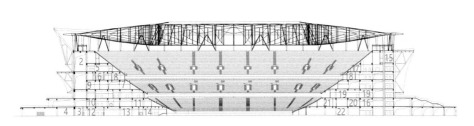

1 安保观察室	12 VIP电梯厅
2 集散平台	13 混合采访区
3 落客区	14 入场门厅
4 车道	15 合用前室
5 媒体中心	16 大厅
6 VVIP电梯厅	17 卫生间
7 售卖	18 售卖
8 演播室	19 赞助商休息厅
9 服务中心	20 俱乐部博物馆
10 VVIP采访厅	21 体育运营用房
11 VVIP接待大厅	22 中型地上停车库

剖面图1

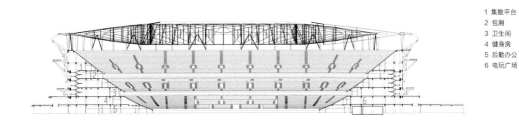

1 集散平台
2 包厢
3 卫生间
4 健身房
5 后勤办公
6 电玩广场

剖面图2

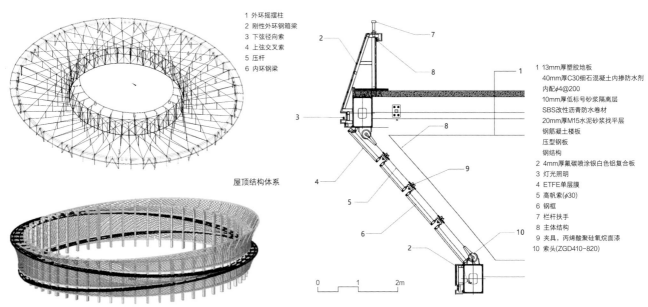

1 外环摇摆柱
2 刚性外环钢箱梁
3 下弦径向索
4 上弦交叉索
5 压杆
6 内环钢梁

屋顶结构体系

1 13mm厚塑胶地板
　40mm厚C30细石混凝土内掺防水剂
　内配φ4@200
　10mm厚低标号砂浆隔离层
　SBS改性沥青防水卷材
　20mm厚M15水泥砂浆找平层
　钢筋凝土楼板
　压型钢板
　钢结构
2 4mm厚氟碳喷涂银白色铝复合板
3 灯光照明
4 ETFE单层膜
5 高帆索(φ30)
6 钢框
7 栏杆扶手
8 主体结构
9 夹具, 丙烯酸聚硅氧烷面漆
10 索头(ZGD410-820)

悬挑梁+直纹曲面索网体系

节点详图

0　　1　　2m

301

红岭中学高中部艺体中心
New Sports and Arts Centre of Hongling High School

扫码观看
更多内容

开发单位：深圳市万科发展有限公司
设计单位：源计划建筑师事务所
项目地点：广东省深圳市福田区
设计 / 建成时间：2018 年 / 2023 年

主持建筑师：何健翔，蒋滢
主要设计人员：何健翔，蒋滢，董京宇，黄城强，吴一飞，陈晓霖，
　　　　　　　王玥，彭伟森，杨健

技术经济指标
结构体系：下部框架-剪力墙结构，顶层钢桁架结构
主要材料：轻质火山岩石笼墙，金属网，仿素混凝土涂料
用地面积：10975m²
建筑面积：22033m²

设计直接源起于基地与自然。

山形建筑在地形学角度上是南边自然山体的延伸，以大概 10% 坡度往北下降。三座山形建筑之间限定两个宽约 30m 的纵向高低起伏的地景场地，将整合各种大尺度活动空间。在连续地景空间上方则是架设与山形建筑之间的 30m 见方的单元式桁架匣体，装载屋面户外球场、社团活动和室内艺术课室。

两列地景之上的活动单元匣体顺着山势由南向北跌级而下，除了本身作为一个半户外自然活动集群外，同时构建了一个屋顶景观流通网络。其东侧通过加建连廊，与原教学楼各层连接，北侧则在山形建筑下与修整过的现有景观交通台地相连。新建综合设施在东、北两端都与现状校园交织，将原本分布极不均匀的校内交通重新处理，编织成一个有机整体。

连接生活区的弧形屋顶步道

艺体中心室内体育场入口

山形体育馆与风雨廊

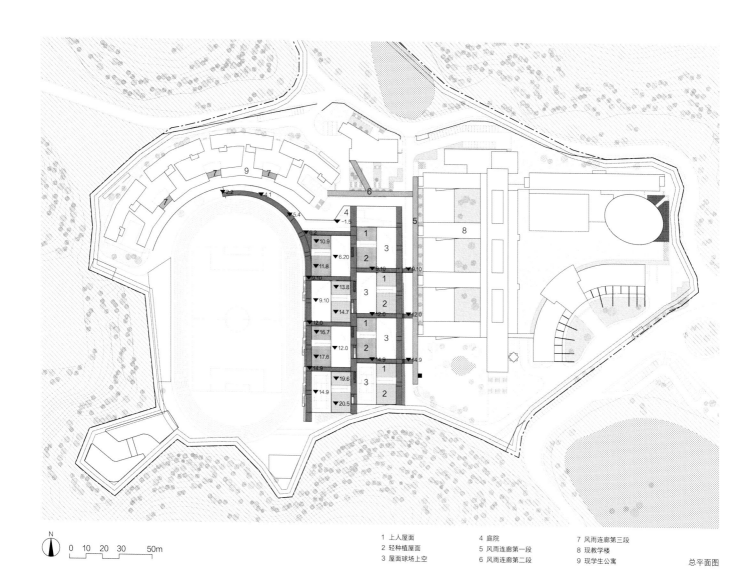

N

0 10 20 30   50m

1 上人屋面　　　4 庭院　　　　　　7 风雨连廊第三段
2 轻种植屋面　　5 风雨连廊第一段　8 现教学楼
3 屋面球场上空　6 风雨连廊第二段　9 现学生公寓

总平面图

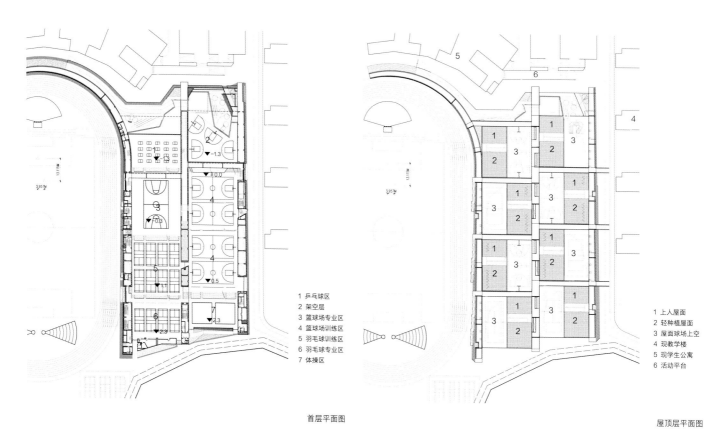

1 乒乓球区
2 架空层
3 篮球场专业区
4 篮球场训练区
5 羽毛球训练区
6 羽毛球专业区
7 体操区

1 上人屋面
2 轻种植屋面
3 屋面球场上空
4 现教学楼
5 现学生公寓
6 活动平台

首层平面图

屋顶层平面图

304

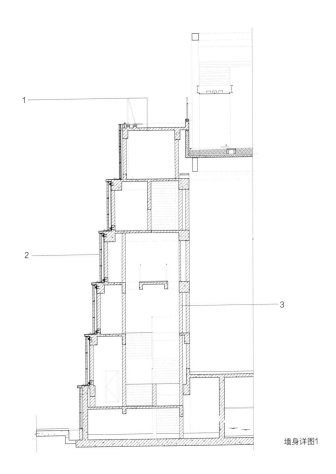

1

2

3

墙身详图1

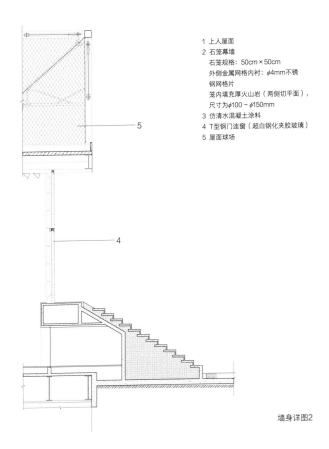

1 上人屋面
2 石笼幕墙
　石笼规格：50cm×50cm
　外侧金属网格内衬：φ4mm不锈
　钢网格片
　笼内填充厚火山岩（两侧切平面），
　尺寸为φ100～φ150mm
3 仿清水混凝土涂料
4 T型钢门连窗（超白钢化夹胶玻璃）
5 屋面球场

5

4

墙身详图2

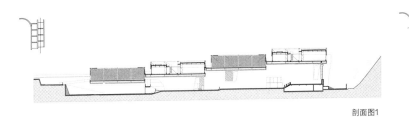

剖面图1

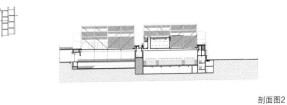

剖面图2

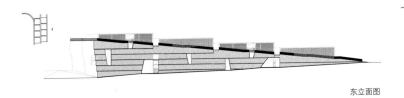

东立面图

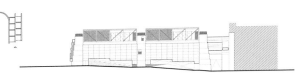

南立面图

西立面图

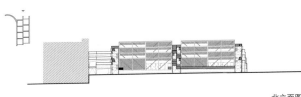

北立面图

305

杭州电竞中心

Hangzhou Esports Center

开发单位：杭州市下城区城市建设投资发展集团有限公司
设计单位：中南建筑设计院股份有限公司
合作单位：潮峰钢构集团有限公司
项目地点：浙江省杭州市拱墅区
设计 / 建成时间：2018 年 / 2023 年

主持建筑师：李春舫，王力
主要设计人员：胡华芳，祝琬，张家明，沈博健，徐洋，陈逸寒

获奖情况
2024 年 德国设计奖—优胜奖（银奖）
2023 年 德国标志性奖·创新建筑奖—优胜奖（银奖）
2023 年 湖北省勘察设计成果评价公共建筑设计一等奖

技术经济指标
结构体系：钢+混凝土结构
主要材料：混凝土，钢材，阳极氧化铝板，GRG（玻璃纤维加强石膏板），
　　　　　GRC（玻璃纤维加强混凝土），UHPC（超高性能混凝土），
　　　　　玻璃
用地面积：361000m² 　　　　建筑面积：79800m²
绿地率：75% 　　　　　　　停车位：732 个

杭州电竞中心项目位于杭州市拱墅区北景园生态公园内，是全球首座达到亚运会赛事标准的电竞场馆。

设计遵循基地边界条件和充分利用地下空间的节地策略，最大化减小地面建筑体量，将城市用地归还于市民，打造地面、地下、空中多维度的公共活动场所，重塑城市空间环境；引入"星际漩涡"作为建筑与景观设计的灵感来源，以主要步行路径作为"星际漩涡"的骨架，形成星云多边旋转的构图。地面"漩涡"旋转直上，环绕形成建筑主体，外侧是盘旋而上的空中步道，直至屋顶花园可俯瞰优美景观。

建筑功能空间与形体高度契合，主体结构中部为圆形钢框架结构，屋盖采用索承网格结构，圆形钢框架外围由 48 榀变截面实腹钢梁及斜柱与内部钢管混凝土柱连接，形成整体，结构形式与建筑造型得以完美融合。

为提升观众体验感与视线均衡性，比赛大厅呈圆形布局，通过楼座的设置优化观演距离。同时为充分发挥场馆顶级声光电设备设施优势，内场空间弹性可变，可满足体育赛事、文艺演出、博览会等多种功能需求。

建筑大部分功能均位于覆土景观地面之下，大大降低了室内空间的温度波动，利用建筑体量自遮阳及可调节外遮阳系统适应当地气候。屋顶的电致变色玻璃天窗可通过感应室外温度自动调节进入室内的热辐射量，为观众提供舒适的室内环境，打造高标准的绿色体育建筑。

比赛大厅：沉浸式圆形大厅开启电子竞技梦幻之旅

下沉广场斜柱：星体（立柱）受到星系中心（主场馆中心）引力场的牵引

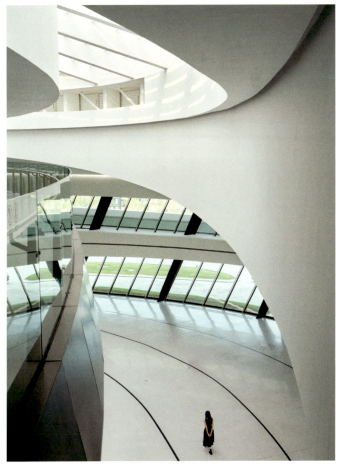

门厅天窗：自动调节进入室内的热辐射量

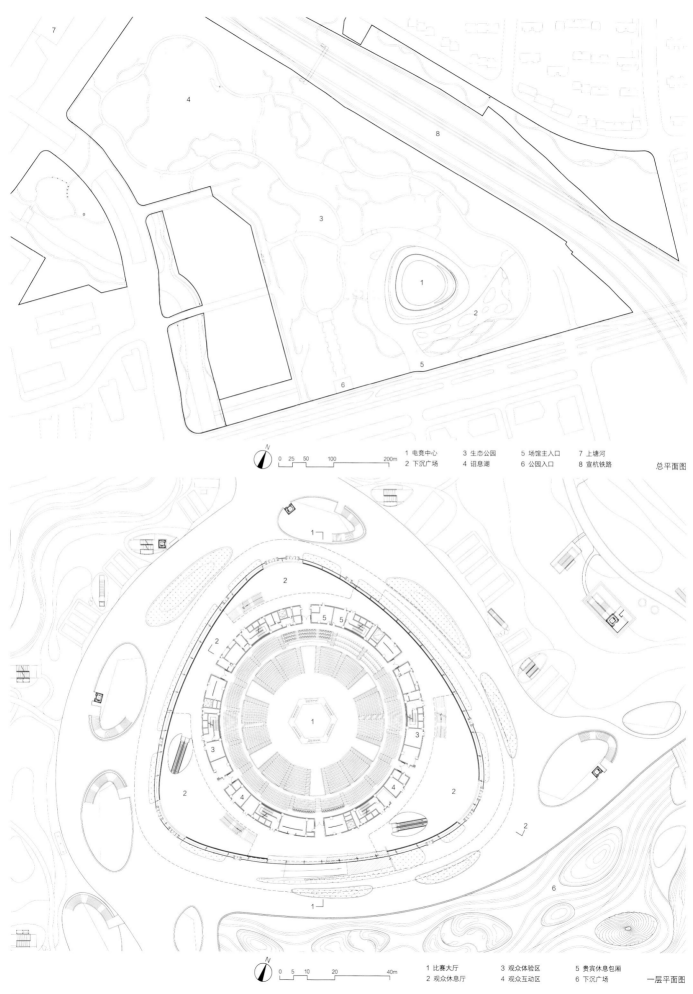

1 电竞中心　　3 生态公园　　5 场馆主入口　　7 上塘河
2 下沉广场　　4 诏息湖　　　6 公园入口　　　8 宣杭铁路

0　25　50　100　　　　200m

总平面图

1 比赛大厅　　3 观众体验区　　5 贵宾休息包厢
2 观众休息厅　4 观众互动区　　6 下沉广场

0　5　10　20　　　　40m

一层平面图

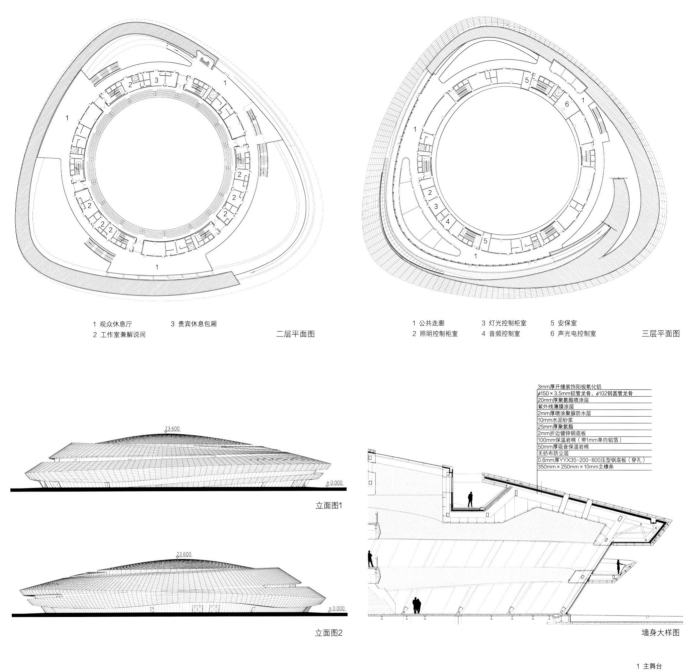

1 观众休息厅   3 贵宾休息包厢
2 工作室兼解说间   二层平面图

1 公共走廊   3 灯光控制柜室   5 安保室
2 照明控制柜室   4 音频控制室   6 声光电控制室   三层平面图

23.600

±0.000

立面图1

23.600

±0.000

立面图2

3mm厚开缝装饰阳极氧化铝
φ150×3.5mm铝管龙骨、φ102钢圆管龙骨
20mm厚聚氨酯喷涂层
紫外线薄膜涂层
2mm厚喷涂聚脲防水层
10mm水泥砂浆
25mm厚聚氨酯
2mm折边镀锌钢底板
100mm厚保温岩棉（带1mm单向铝箔）
50mm厚吸音保温岩棉
无纺布防尘层
0.6mm厚YYX35-200-800压型钢底板（穿孔）
350mm×250mm×10mm主檩条

墙身大样图

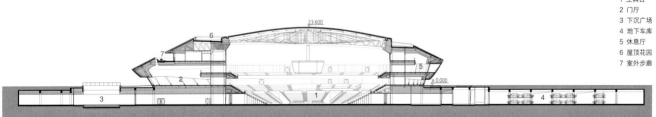

23.600

±0.000

1 主舞台
2 门厅
3 下沉广场
4 地下车库
5 休息厅
6 屋顶花园
7 室外步廊

1-1剖面图

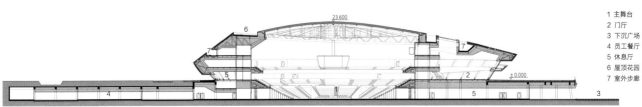

23.600

±0.000

1 主舞台
2 门厅
3 下沉广场
4 员工餐厅
5 休息厅
6 屋顶花园
7 室外步廊

2-2剖面图

杭州奥体中心体育游泳馆
Hangzhou Olympic Sports Center Swimming Pool

扫码观看
更多内容

开发单位：杭州奥体博览中心萧山建设投资有限公司
设计单位：北京市建筑设计研究院股份有限公司胡越工作室
项目地点：浙江省杭州市萧山区
设计 / 建成时间：2009 年 / 2022 年

主持建筑师：胡越
主要设计人员：胡越，顾永辉，游亚鹏，邰方晴，于春辉，
　　　　　　　王宏睿，杨剑雷，赵默超，张安翔

获奖情况
2013 年 北京市第十七届优秀工程设计奖 BIM 单项奖
2021 年 第十四届中国钢结构金奖
2023 年 WA 中国建筑奖

技术经济指标
结构体系：框架–剪力墙结构+大跨度自由曲面网壳
主要材料：清水混凝土、鱼鳞状铝板、玻璃、钢
用地面积：227900m²　　　建筑面积：396900m²
绿地率：20%　　　　　　 停车位：2513 个

杭州奥体中心体育游泳馆位于浙江省杭州市萧山区，是第 19 届亚运会的主要场馆之一。

项目由体育馆、游泳馆、商业设施三部分组成。体育馆内能进行各类球类比赛，并兼容赛后运营的各类活动需求；游泳馆设置跳水池、游泳比赛池和训练池，以及赛后全民健身和游泳培训的两个儿童池。

杭州奥体中心体育馆游泳馆造型采用独特的流线造型，结合双层全覆盖银白色金属屋面和两翼张开的平台形式，形成"化蝶"的杭州文化主题，是国内最早采用"参数化设计"手法设计的大型体育综合体之一，也是世界上最大的非线性造型两馆连接体育综合体。

大型场馆的赛后韧性是胡越工作室持续关注的设计问题，在五棵松体育中心实践之后，杭州奥体两馆项目成为胡越工作室在大型场馆的赛后韧性上进行创新的又一个重要工程。

游泳馆内景

体育馆二层观众休息大厅

2022-2023赛季CBA总决赛现场

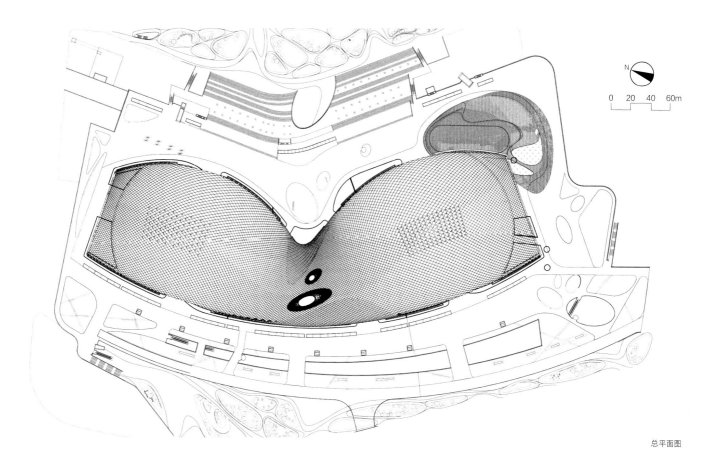

总平面图

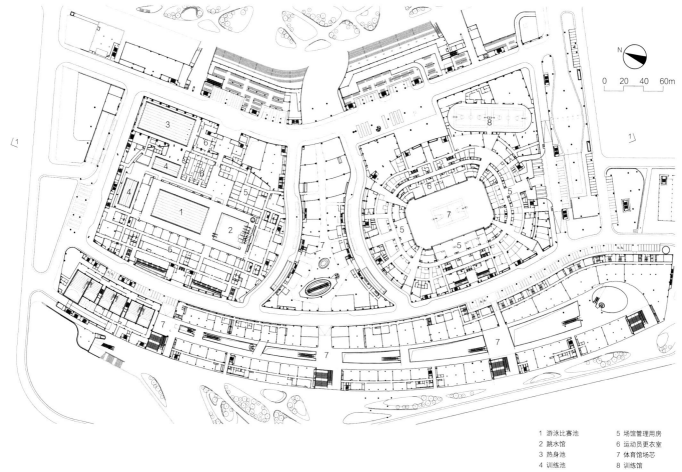

1 游泳比赛池   5 场馆管理用房
2 跳水馆   6 运动员更衣室
3 热身池   7 体育馆场芯
4 训练池   8 训练馆

首层平面图

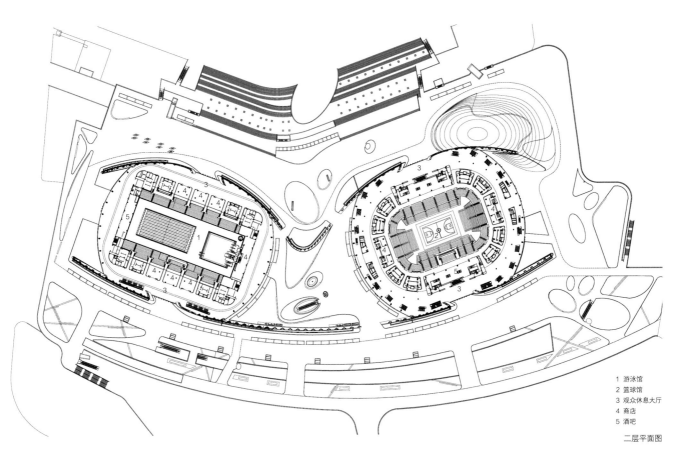

1 游泳馆
2 篮球馆
3 观众休息大厅
4 商店
5 酒吧

二层平面图

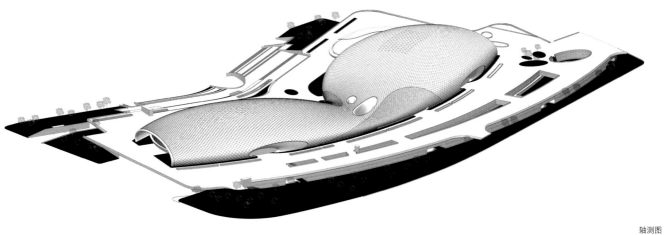

轴测图

北立面图

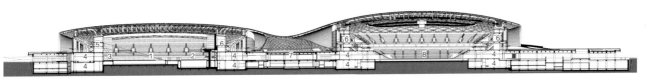

1 游泳比赛池   3 训练池   5 酒吧   7 体育馆场芯
2 跳水馆   4 场馆管理用房   6 商店   8 篮球馆

剖面图

华中科技大学游泳馆

The Swimming Pool of Huazhong University of Science and Technology

扫码观看
更多内容

开发单位：华中科技大学
设计单位：华南理工大学建筑设计研究院有限公司
合作单位：武汉华中科大建筑规划设计研究院有限公司
项目地点：湖北省武汉市
设计 / 建成时间：2017 年 / 2022 年

主持建筑师：孙一民
主要设计人员：王斯波，陈辉镇，陶亮，章艺昕，陆仪韦，潘家亮，
　　　　　　　陈海忠，王天宇，卢雪来，张华，申安付，金铃，
　　　　　　　王华鹏，甘文霞，马文婧，何建宏

技术经济指标
结构体系：钢筋混凝土框架结构 + 张弦立体桁架结构
主要材料：混凝土，钢，砌体，砂浆，铝板
用地面积：21300m²　　　　建筑面积：32000m²
绿地率：35%　　　　　　　停车位：139 个

华中科技大学游泳馆选址于华中科技大学南门东侧，西接绿树成荫的坡地，东临校园湖泊，同 20 年前落成的光谷体育馆隔桥相望，南临车流繁忙的城市主干道珞喻路。游泳馆旨在为高校师生拓展体育教学与锻炼空间，地上一层建有 10 泳道国际标准比赛池、6 泳道训练池，二层为多功能球类场馆，地下配置室内跑道、功能训练房及地下车库。

设计呼应华中科技大学森林式的景观特色，还原基地原有的"场所气质"。东西贯穿式的结构单元似一束光纤，隐喻学校光学学科，建筑立面朝东西两侧打开，"林景"与"湖景"在建筑交会，朝向城市道路的南立面则以雕塑感形象展示。建筑材质上采用有水波纹效果的 GRC（玻璃纤维增强混凝土）外墙板，契合游泳馆"水"的主题。

华中科技大学游泳馆在时间与空间维度延续了高校体育场所营建的脉络，同香樟树林、光谷体育馆以及设计保留的湖泊形成有机的整体，不仅赋予校园愈加浓厚的运动氛围，作为珞喻路的重要公共节点，也为武汉市创造了积极的城市空间。

游泳馆鸟瞰图

二层球类馆室内空间

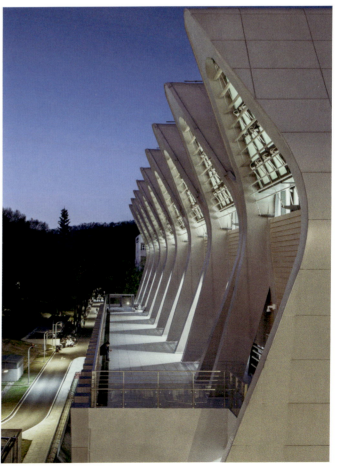

从球类馆平台可以观望校园景观

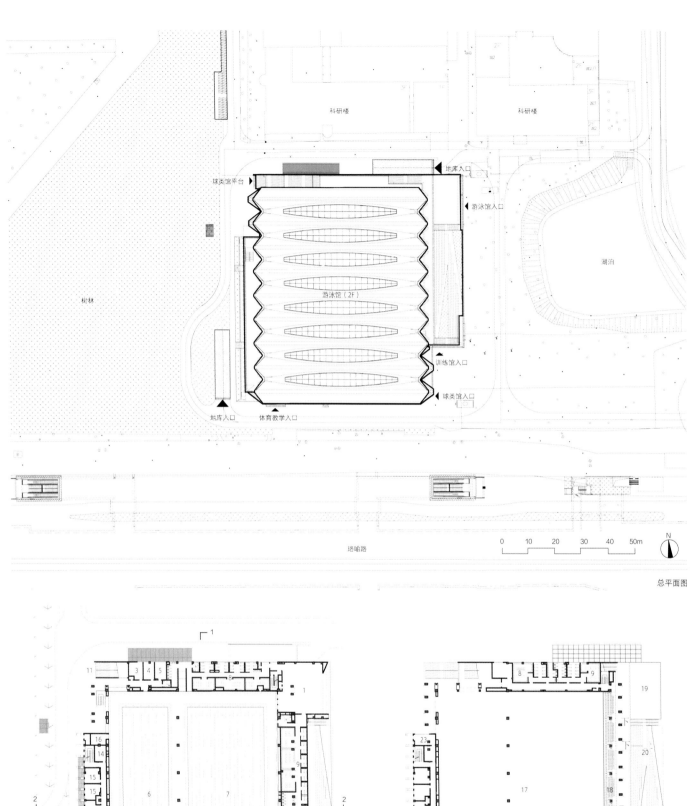

科研楼 科研楼

球类馆平台
地库入口
游泳馆入口

游泳馆（2F）

训练馆入口

球类馆入口

湖泊

松林

地库入口 体育教学入口

珞喻路

0 10 20 30 40 50m

N

总平面图

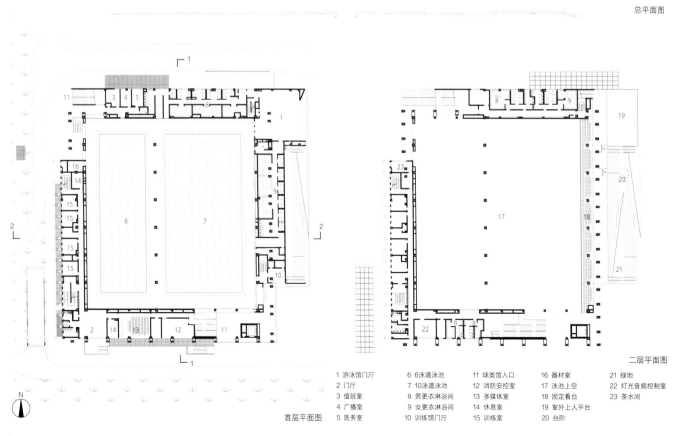

首层平面图

二层平面图

1 游泳馆门厅	6 6泳道泳池	11 球类馆入口	16 器材室	21 绿地
2 门厅	7 10泳道泳池	12 消防安控室	17 泳池上空	22 灯光音频控制室
3 值班室	8 男更衣淋浴间	13 多媒体室	18 固定看台	23 茶水间
4 广播室	9 女更衣淋浴间	14 休息室	19 室外上人平台	
5 医务室	10 训练馆门厅	15 训练室	20 台阶	

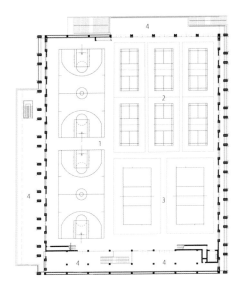

1 篮球场
2 羽毛球场
3 排球场
4 室外疏散平台

三层平面图

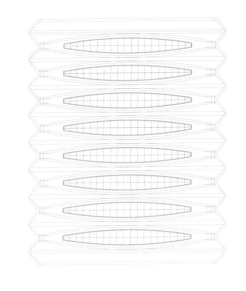

屋顶平面图

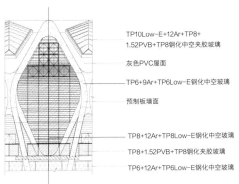

TP10Low-E+12Ar+TP8+
1.52PVB+TP8钢化中空夹胶玻璃

灰色PVC屋面

TP6+9Ar+TP6Low-E钢化中空玻璃

预制板墙面

TP8+12Ar+TP8Low-E钢化中空玻璃
TP8+1.52PVB+TP8钢化夹胶玻璃
TP6+12Ar+TP6Low-E钢化中空玻璃

节点大样图

北立面图

东立面图

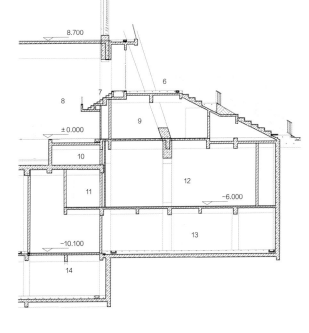

1 PVC柔性屋面系统   8 游泳厅
2 张弦立体桁架   9 更衣室
3 TP6Low-E钢化中空玻璃   10 设备管廊
4 TP8Low-E钢化中空玻璃   11 走廊
5 球类馆   12 训练房
6 室外疏散平台   13 地下车库
7 固定看台   14 坡道

局部剖面图

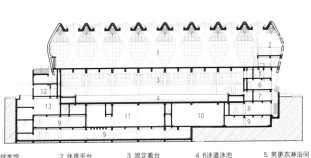

1 球类馆   2 休息平台   3 固定看台   4 6泳道泳池   5 男更衣淋浴间
6 多媒体室   7 培训室   8 体育活动区   9 车库   10 消防泵房
11 泳池设备间   12 医务室   13 训练房

1-1剖面图

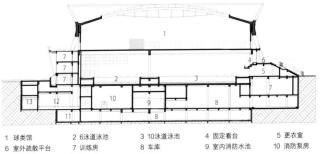

1 球类馆   2 6泳道泳池   3 10泳道泳池   4 固定看台   5 更衣室
6 室外疏散平台 7 训练房   8 车库   9 室内消防水池   10 消防泵房
11 送风机房   12 配电房   13 坡道

2-2剖面图

简上体育综合体
Jianshang Sports Complex

开发单位：深圳市龙华区建筑工务署 /
　　　　　华润（深圳）有限公司（代建）
设计单位：悉地国际设计顾问（深圳）有限公司
项目地点：广东省深圳市龙华区
设计 / 建成时间：2017 年 / 2022 年

主持建筑师：胡铮
主要设计人员：禹庆，曹建伟，夏云龙，杨映金，杨杰青，曾广慧，
　　　　　　　朱宁，贾翀赫，卫煜峰，朱大龙，陈幸蓉，陶婷婷，
　　　　　　　郑文灏，狄信，陈蓓，邱深，林国锋，闫云鹏，朱鸿，
　　　　　　　张慧君，彭俊熙，龙晟浩

获奖情况
2023年 第十五届"中国钢结构金奖"
2023年 ArchDaily 全球建筑大奖 top75

技术经济指标
结构体系：多筒体支承的大跨空间结构，混凝土框架结构
主要材料：钢筋混凝土，钢材，玻璃幕墙，铝材，石材
用地面积：24297m² 　　　　建筑面积：64992m²
绿地率：30% 　　　　　　　停车位：444 个

简上体育综合体是国内创新的垂直分布体育馆。考虑到建筑与周边城市的关系，各层功能体量在垂直方向上进行平移错位，沿紧邻的南侧学校和东侧城中村一侧逐层退台，减少对学校和城中村的压迫感；沿北侧较为宽阔的城市道路一侧反退台，形成有遮蔽的城市广场。

在建筑底部，贯通南北的开敞门厅吸引市民自由出入。在其上各层，均有露台、花园、架空休憩空间植入。楼梯上下连接，并与地面广场相接，形成全天候 24 小时对市民开放的室外公共活动空间。

结构忠实地还原了建筑空间，建筑形态上错动的盒子亦可解读为上下错位的结构体。结构模数以钢结构杆件合理的间距控制，这一模数系统也贯穿到建筑、幕墙、景观、室内空间的尺度划分上。

建筑立面与结构在几何关系上、在构造连接和材料属性上，通过清晰肯定的方式连为一体。建筑立面采用双层表皮的做法，刻画出单纯完整的体量感。表面肌理的变化，消解了建筑巨大尺度带来的压迫感。双层表皮在保证室内进光量的同时，还能有效防止眩光。通过充分利用自然采光及通风，能够有效降低能耗，节省投资。

大部分室内场馆反映出朴素的工业美感，剔除装饰，做到少费而多用，回到为运动创造空间的本质。

从四层北侧空中花园向东看

综合馆室内

从北广场向西看

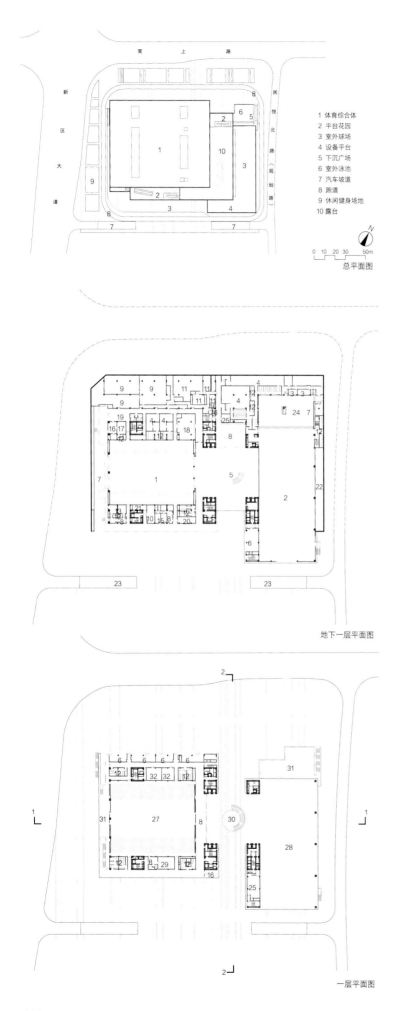

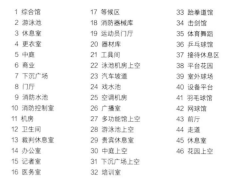

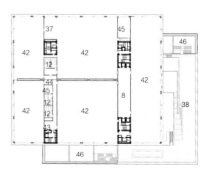

1 综合馆	17 等候区	33 跆拳道馆
2 游泳池	18 消防器械库	34 击剑馆
3 休息室	19 运动员门厅	35 体育舞蹈
4 更衣室	20 器材库	36 乒乓球馆
5 中庭	21 工具间	37 接待休息区
6 商业	22 泳池机房上空	38 平台花园
7 下沉广场	23 汽车坡道	39 室外球场
8 门厅	24 戏水池	40 设备平台
9 消防水池	25 空调机房	41 羽毛球馆
10 消防控制室	26 广播室	42 网球馆
11 机房	27 多功能馆上空	43 前厅
12 卫生间	28 游泳池上空	44 走道
13 裁判休息室	29 贵宾休息室	45 休息室
14 办公室	30 中庭上空	46 花园上空
15 记者室	31 下沉广场上空	
16 医务室	32 培训室	

1 体育综合体
2 平台花园
3 室外球场
4 设备平台
5 下沉广场
6 室外泳池
7 汽车坡道
8 跑道
9 休闲健身场地
10 露台

总平面图

地下一层平面图

三层平面图

四层平面图

一层平面图

五层平面图

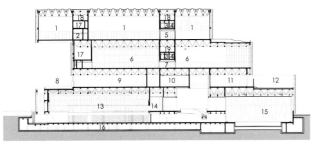

1 网球馆	6 羽毛球馆	11 乒乓球馆	16 地下停车场
2 休息室	7 羽毛球馆门厅	12 室外球场	17 空调机房
3 更衣室	8 平台花园	13 综合馆	18 设备区
4 卫生间	9 击剑馆	14 综合馆门厅	19 排烟排风机房
5 网球馆门厅	10 体育舞蹈	15 游泳池	

1-1剖面图

1 网球馆	6 击剑馆	11 贵宾休息室	16 消防水池
2 平台花园	7 电视发送室	12 空调机房	17 地下停车场
3 羽毛球馆	8 播音及评论室	13 综合体育馆	
4 卫生间	9 灯光控制室	14 消防控制室	
5 跆拳道馆	10 组委会	15 更衣室	

2-2剖面图

1 氟碳喷涂浅灰色铝合金扶手
2 HT8+1.52pvb+HT8双超白夹胶玻璃
3 3mm正反氟碳喷涂浅灰色铝板网
4 120mm×50mm×5mm钢通@3500Q355，表面氟碳喷涂处理
5 120mm×50mm×5mm钢通Q355，表面浅灰色氟碳喷涂处理
6 120mm×120mm×4mm三角钢通Q355，表面浅灰色氟碳喷涂处理
7 TP10+12A+TP10双超白（满版半透彩釉）中空Low-E玻璃
8 铝合金装饰条（通长，浅灰色氟碳喷涂）
9 2mm浅灰色氟碳喷涂铝板
　80mm保温棉
　2mm浅灰色氟碳喷涂铝板
10 80mm×60mm×4mm热浸镀锌钢通
11 主体钢结构
12 220mm×120mm×12mm×12mmT型钢立柱Q355，表面浅灰色氟碳喷涂处理
13 14b#镀锌普檩
14 3mm浅灰色氟碳喷涂铝单板
15 4mm钢板Q235，表面浅灰色氟碳喷涂
16 14b#镀锌普檩，L=250mm
17 250mm×50mm×10mm镀锌折弯连接钢板
18 40mm×40mm×4mm镀锌角钢
19 10mm深灰色防火板

20 220mm×80mm×12mm×12mmT型钢横梁Q355，表面浅灰色氟碳喷涂处理
21 150mm×50mm×8mm钢通@3500Q355，表面浅灰色氟碳喷涂处理
22 50mm×50mm×4mm钢通@3500Q235，表面浅灰色氟碳喷涂处理
23 3mm铝合金连接片浅灰色氟碳喷涂
24 TP10+9A+HT8+1.52pvb+HT8三超白（满版半透彩釉）中空夹胶玻璃
25 灯具
26 120mm×120mm×4mm三角钢通Q235，表面浅灰色氟碳喷涂处理
27 检修马道
28 8mm浅灰色氟碳喷涂钢板
29 80mm×40mm×4mm热浸镀锌钢通
30 100mm×63mm×6mm热浸镀锌钢通
31 50mm×50mm×5mm热浸镀锌钢通@1300
32 120mm×80mm×4mm钢通Q355，表面浅灰色氟碳喷涂处理
33 铝合金灯槽双面表面处理
34 吊杆
35 50mm×5mm×1.2mm系列轻钢龙骨
36 双层9mm石膏板+肌理漆
37 成品空调风口
38 内藏LED灯带
39 GRC（玻璃纤维增强混凝土）定制线条

40 肌理漆
　腻子找平层
　玻纤布
　1：3水泥砂浆找平层
　25mm岩棉层
　界面剂一道
　墙体基层
41 黑钛不锈钢
42 清水混凝土
43 20mm水磨石
　10mm瓷砖胶粘接
　70mm水泥砂浆
44 970mm×320mm×30mm芝麻黑烧面、工字缝拼接
　30mm1：3干硬性水泥砂浆结合层
　100mmC20细石混凝土
　150mm6%水泥石粉渣
　两层无纺布过滤层
　排储蓄水板330mm×330mm×28mm
　建筑保护层
　建筑防水层
　钢筋混凝土楼板
45 600mm×600mm地砖
　瓷砖胶粘接
　1：3水泥砂浆层
　钢筋混凝土楼板

典型墙身详图

1 主体钢结构
2 混凝土结构看线
3 3mm正反氟碳喷涂浅灰色铝板网
4 80mm×80mm×12mm×12mmT型钢横梁Q355，表面浅灰色氟碳喷涂处理
5 TP10+12A+TP10双超白（满版半透彩釉）中空Low-E（低辐射）玻璃
6 150mm×50mm×8mm钢通@3500Q355，表面浅灰色氟碳喷涂处理
7 铝合金压板（通长，浅灰色氟碳喷涂）
8 铝合金装饰条（通长，浅灰色氟碳喷涂）
9 2mm浅灰色氟碳喷涂铝板
　80mm保温棉
　2mm浅灰色氟碳喷涂铝板

10 220mm×120mm×12mm×12mmT型钢立柱Q355，表面浅灰色氟碳喷涂处理
11 300mm×120mm×16mm×16mmT型钢立柱Q355，表面浅灰色氟碳喷涂处理
12 180mm×50mm×5mm钢通@3500Q355，表面氟碳喷涂处理
13 120mm×50mm×5mm钢通@3500Q355，表面浅灰色氟碳喷涂处理
14 120mm×50mm×5mm钢通@3500Q355，表面浅灰色氟碳喷涂处理
15 6mm热浸镀锌弯折钢槽
16 检修马道

双层表皮节点

衢州体育场
Quzhou Stadium

开发单位：衢州市西区开发建设管理委员会 /
　　　　　衢州宝冶体育建设运营有限公司
设计单位：MAD 建筑事务所
项目地点：浙江省衢州市高铁新城
设计 / 建成时间：2018 年 / 2022 年

主持建筑师：马岩松，党群，早野洋介
主要设计人员：刘会英，李健，傅昌瑞，徐琛，李存浩，李广崇，
　　　　　　　李刚，练懿霆，Kyung Eun Na，马寅

获奖情况
2023年 联合国教科文"凡尔赛"世界建筑和设计奖　全球最佳体育建筑奖
2023年 亚洲建筑师协会建筑奖 专用建筑金奖
2022—2023年 中国建设工程鲁班奖（国家优质工程）

技术经济指标
结构体系：钢筋混凝土框架–剪力墙结构+空间悬挑钢桁架结构体系
主要材料：混凝土，钢，PTFE（铁氟龙）膜材
用地面积：33731m²
建筑面积：58565m²

衢州体育场是衢州体育公园的重要组成部分。设计将体育场馆功能与自然地景相结合，在城市中心营造了形似火山群、镜湖的大地艺术景观，同时提供了与自然相接、开放、共享、属于市民的城市公共空间。整体建成后，衢州体育公园将成为世界上最大的覆土建筑群之一。

建筑内外处处与自然相接，立面被绿植所覆盖，成为景观本身。白色线条雕刻出新的曲线，其中一部分实际承载着人行步道功能。立面斜坡恰好成为新型城市公共空间。

60 组混凝土柱墙支撑起了整个体育场。异形双曲面混凝土塑造了场馆的出入口，其中南北主要出入口由一圈一圈的拱形结构叠加秩序排列而成，最大跨度近 40m。

看台由钢结构支撑，仅由 9 个落点支撑，落点之间的最大跨度达到 95m。透光的 PTFE 膜材料包裹在钢结构悬挑空间桁架之外，让风雨罩如云朵飘动在大地之上。

看台区座椅紧扣"大地景观"的整体设计概念，通过 5 种渐变层次的颜色进行有机划分。

除看台及内场外，体育场其他功能空间均位于覆土景观地面之下。得益于表层覆盖的种植层，建筑室内空间的温度波动减小，也有利于建筑与海绵城市的景观一体化设计。

异形双曲面混凝土塑造场馆出入口

风雨罩外侧包裹透光的膜材料

裸露的木纹清水混凝土片墙既是结构，又是建筑本身

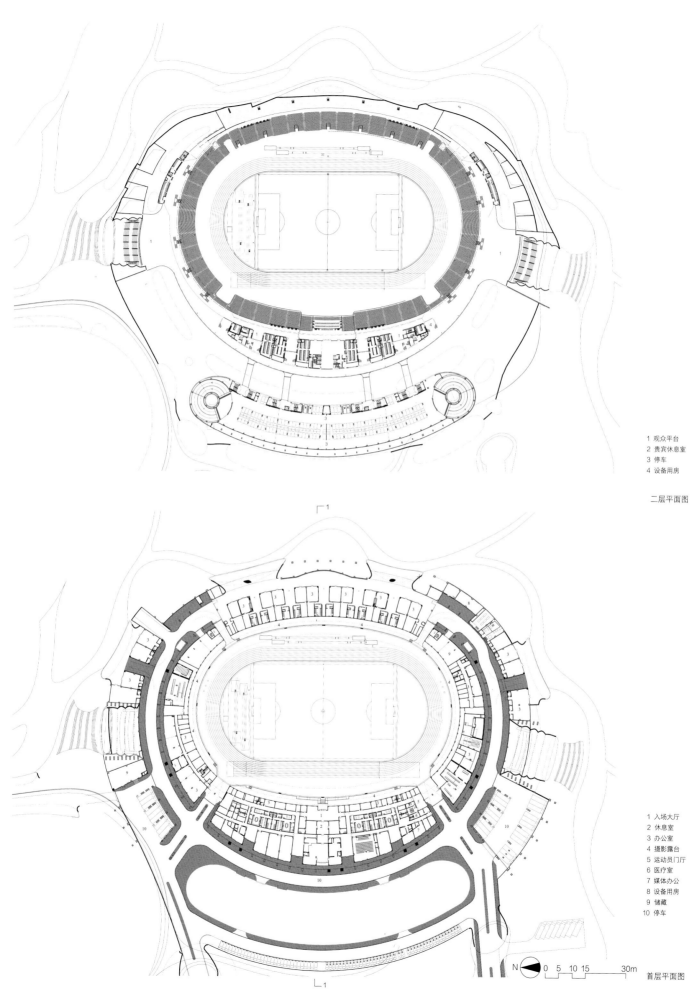

1 观众平台
2 贵宾休息室
3 停车
4 设备用房

二层平面图

1 入场大厅
2 休息室
3 办公室
4 摄影露台
5 运动员门厅
6 医疗室
7 媒体办公
8 设备用房
9 储藏
10 停车

N 0 5 10 15 30m

首层平面图

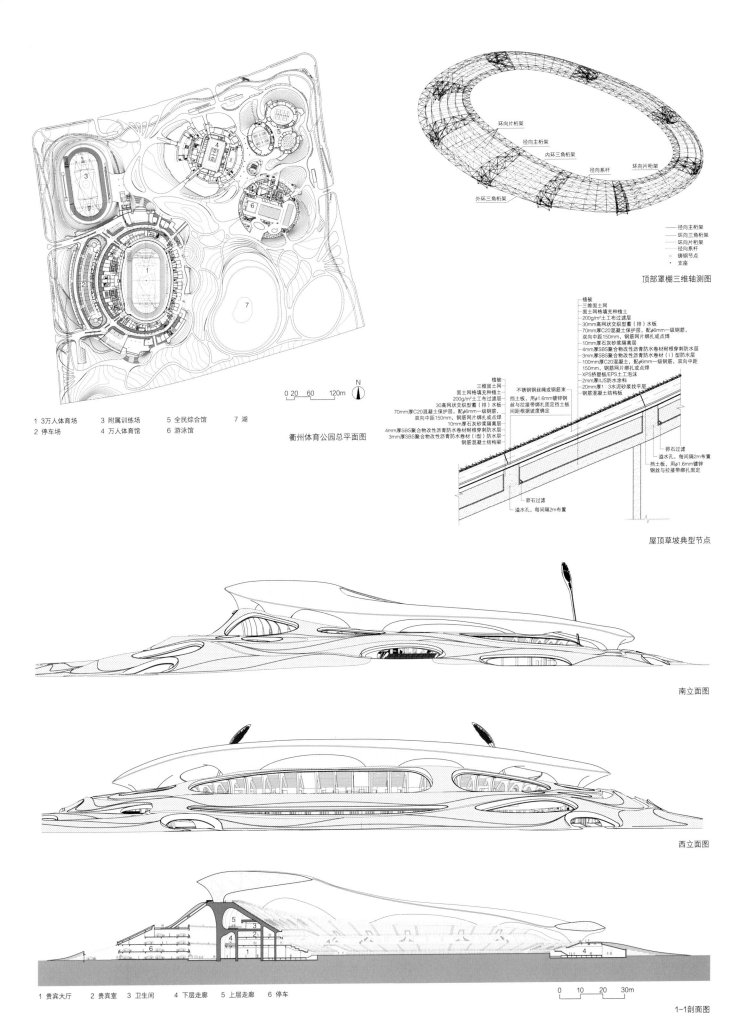

1 3万人体育场   3 附属训练场   5 全民综合馆   7 湖
2 停车场   4 万人体育馆   6 游泳馆

0 20 60 120m   N

衢州体育公园总平面图

顶部罩棚三维轴测图

—— 径向主桁架
—— 环向三角桁架
—— 环向片桁架
—— 径向系杆
○ 铸钢节点
• 支座

植被
三维固土网
固土网格填充种植土
200g/m²土工布过滤层
30高网状交织型蓄（排）水板
70mm厚C20混凝土保护层，配φ6mm一级钢筋，
双向中距150mm，钢筋网片绑扎或点焊
10mm厚石彩浆隔离层
4mm厚SBS聚合物改性沥青防水卷材耐根穿刺防水层
3mm厚SBS聚合物改性沥青防水卷材（I）型防水层
100mm厚C20混凝土，配φ6mm一级钢筋，双向中距
150mm，钢筋网片绑扎或点焊
XPS挤塑板/EPS土工泡沫
2mm厚JIS防水涂料
20mm厚1∶3水泥砂浆找平层
钢筋混凝土结构板

植被
三维固土网
固土网格填充种植土
200g/m²土工布过滤层
30高网状交织型蓄（排）水板
70mm厚C20混凝土保护层，配φ6mm一级钢筋，
双向中距150mm，钢筋网片绑扎或点焊
10mm厚石彩砂浆隔离层
4mm厚SBS聚合物改性沥青防水卷材耐根穿刺防水层
3mm厚SBS聚合物改性沥青防水卷材（I）型防水层
钢筋混凝土结构梁

不锈钢钢丝绳或钢筋束
挡土板，用φ1.6mm镀锌钢
丝与拉接带绑扎固定挡土板
间距根据坡度确定

溢水孔，每间隔2m布置
挡土板，用φ1.6mm镀锌
钢丝与拉接带绑扎固定

卵石过滤

卵石过滤

溢水孔，每间隔2m布置

屋顶草坡典型节点

南立面图

西立面图

1 贵宾大厅   2 贵宾室   3 卫生间   4 下层走廊   5 上层走廊   6 停车

0 10 20 30m

1-1剖面图

"云之翼"杭州亚运会棒垒球体育文化中心

Wings of Cloud: The Hangzhou Asian Games Baseball and Softball Sports Cultural Center

扫码观看
更多内容

开发单位：绍兴市棒垒球场建设运营有限公司
设计单位：浙江大学建筑设计研究院有限公司
项目地点：浙江省绍兴市
设计 / 建成时间：2020 年 / 2022 年

主持建筑师：董丹申，钱锡栋
主要设计人员：黄柯杰，周家伟，于海涛，叶山峰，朱程远，郑怡霖，
　　　　　　　张梦芸，茅呈琳，孙政和，吴晶晶，朱尔雅

获奖情况
2022 年 美国建筑师协会上海分会 2022 年第五届中国年度杰出设计奖优胜奖
2023 年 美国建筑大师奖（AMP）Best of Best
2023 年 第十五届第一批"中国钢结构金奖"

技术经济指标
结构体系：钢结构，钢筋混凝土框架结构
主要材料：钢材，混凝土，铝板，PTFE（铁氟龙）膜，玻璃幕墙，人工草坪
用地面积：162000m²　　　　　　　建筑面积：160000m²
绿地率：18%　　　　　　　　　　停车位：1330 个

第 19 届亚运会于 2023 年在杭州市举行，"云之翼"杭州亚运会棒垒球体育文化中心作为本届亚运会规模最大的新建场馆，将为周边未来社区注入全新的活力，使体育运动成为周边的文化底色。

项目位于绍兴柯桥区和镜湖新区交界处，是规划建设的棒球未来社区中的重要节点及配套。为营建一个充满生机的运动社区，设计以多样城市文化叠加复合功能，从塑造文化性、科学规划、综合利用入手，充分发挥体育建筑在运动社区中的公共服务性质。

不囿于传统的封闭式独立场馆，设计希望能够打破体育建筑相对封闭的刻板印象，充分考虑城市语境中的多重可能。由棒球场、集训中心、体能训练馆组成的体育文化综合体和一条云翼盖顶的特色商业街紧密结合，引领市民沉浸在共享共融的未来运动社区的氛围之中。

作为一个对公众开放的体育文化公园，场地整体不设围墙，无论是体育文化商业街或是串联各个场馆的二层平台，市民都可以随时进入，零距离体验。项目综合考虑亚运会赛时和赛后双阶段运行管理的可行性，巧妙地将场地内部的公共空间开放，响应了杭州亚运会"心心相融，@未来"的主题精神。

罩棚底下纤细的钢柱

轻盈的膜结构顶

余晖下的棒垒球场

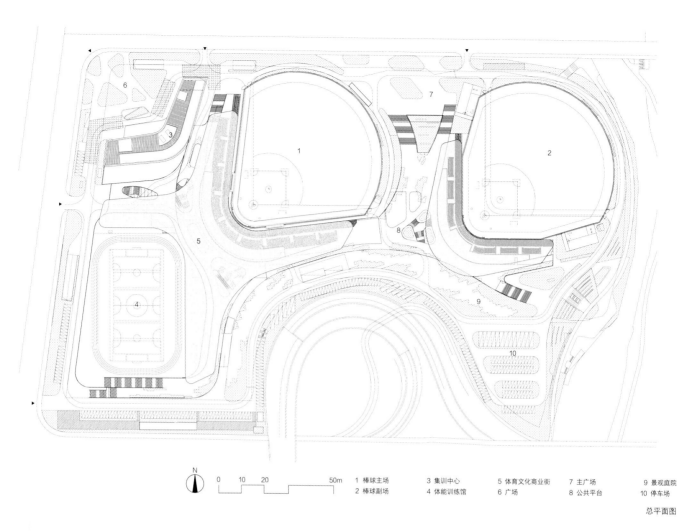

N
0 10 20   50m

1 棒球主场	3 集训中心	5 体育文化商业街	7 主广场	9 景观庭院
2 棒球副场	4 体能训练馆	6 广场	8 公共平台	10 停车场

总平面图

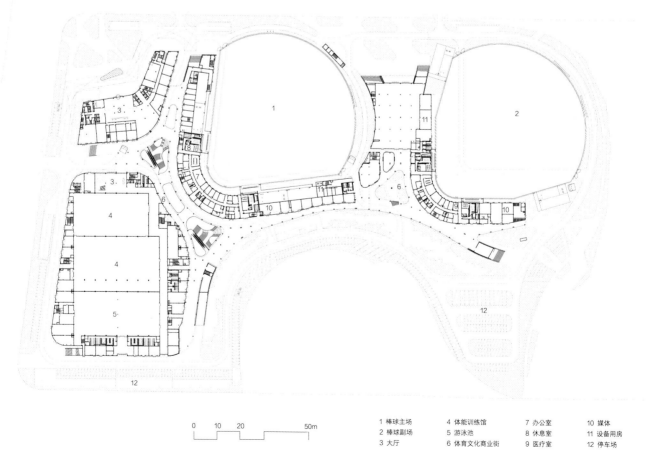

0 10 20   50m

1 棒球主场	4 体能训练馆	7 办公室	10 媒体
2 棒球副场	5 游泳池	8 休息室	11 设备用房
3 大厅	6 体育文化商业街	9 医疗室	12 停车场

首层平面图

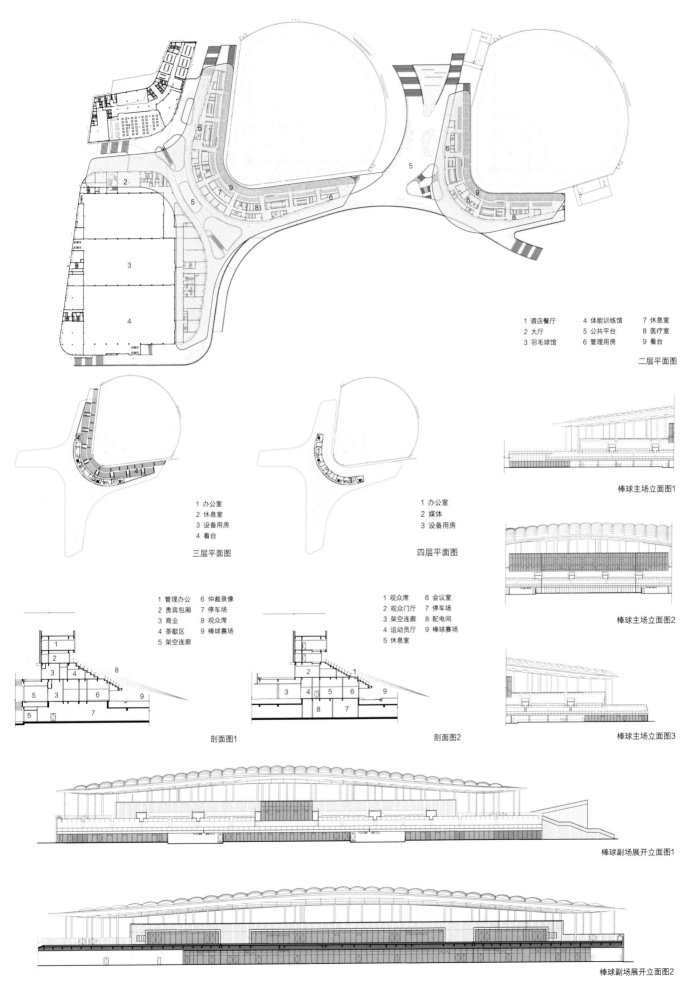

1 酒店餐厅　　4 体能训练馆　　7 休息室
2 大厅　　　　5 公共平台　　　8 医疗室
3 羽毛球馆　　6 管理用房　　　9 看台

二层平面图

1 办公室
2 休息室
3 设备用房
4 看台

三层平面图

1 办公室
2 媒体
3 设备用房

四层平面图

棒球主场立面图1

棒球主场立面图2

棒球主场立面图3

1 管理办公　　6 仲裁录像
2 贵宾包厢　　7 停车场
3 商业　　　　8 观众席
4 茶歇区　　　9 棒球赛场
5 架空连廊

剖面图1

1 观众席　　　6 会议室
2 观众门厅　　7 停车场
3 架空连廊　　8 配电间
4 运动员厅　　9 棒球赛场
5 休息室

剖面图2

棒球副场展开立面图1

棒球副场展开立面图2

329

整体鸟瞰

山东大学齐鲁医院急诊综合楼

Qilu Hospital of Shandong University Emergency Medical Building

扫码观看
更多内容

开发单位：山东大学齐鲁医院
设计单位：深圳市建筑设计研究总院有限公司本原医疗建筑设计研究院
合作单位：山东省建筑设计研究院有限公司第三设计分院
项目地点：山东省济南市历下区
设计/建成时间：2020年/2023年

主持建筑师：孟建民，邢立华
主要设计人员：符永贤，余妙玲，刘瑞平，汤进顺，李静，黄章恩，
　　　　　　　郑晓慧，陈颖航，高文安，苏伟东，徐千尧，李方顺，
　　　　　　　舒石

技术经济指标
结构体系：钢+混凝土结构
主要材料：铝板，铝型材，玻璃，石材
用地面积：23865m²
建筑面积：187002m²
床位数：800张
绿地率：10%
停车位：464个

山东大学齐鲁医院是国家卫生健康委委属（管）的三级甲等综合医院，是首批委省共建国家区域医疗中心牵头和主体建设单位。项目位于济南历下古城保护区，始建于1890年，同时作为山东大学附属医院与教学医院，原有的规划布局早已无法满足当下医疗、教学、科研等多重需求。基于这一背景，齐鲁医院急诊综合楼工程于2020年启动设计。

项目涵盖了急诊急救、内科诊疗、影像中心、科研教学及医学实验室等功能，是实现医教研融合的医学综合体，总床位数800张。

该方案通过层层逻辑推导，因地制宜，采用流线形、三角形双塔楼布局策略，在双塔之间形成视线通廊，巧妙地避免其对老住院楼造成视线干扰。流线型裙房造型灵动流畅、简洁而富有变化，具有强烈的水平延展性，形成独特的城市街角形象。齐鲁医院急诊综合楼以低矮谦逊的姿态，犹如两个山谷，创造出一个治愈花园。未来伴随城市更新和人口结构的变化，齐鲁医院作为区域医疗中心，医疗综合体的内部必将处于灵活动态的改建过程中，新建的急诊综合楼在满足医疗需求的基础上，以开放和谐的姿态融入城市公共生活。

沿街夜景

港湾式落客接驳区

街角透视

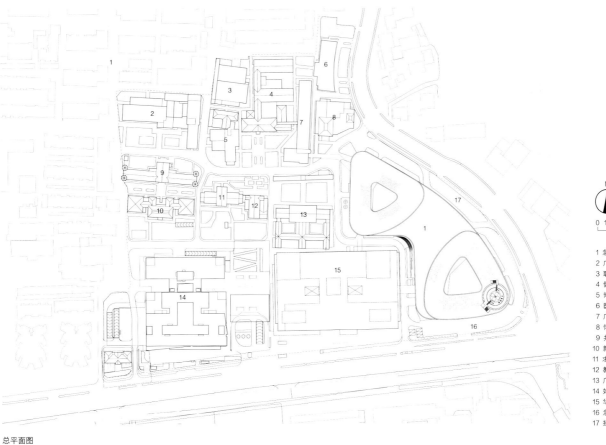

总平面图

1 急诊综合楼
2 广文楼（实验楼）
3 职工食堂
4 健康楼（产科病房）
5 博施楼（科研用房）
6 医技综合楼
7 广德楼（综合楼）
8 怀仁楼（肿瘤中心）
9 共和楼（办公楼）
10 新兴楼（办公楼）
11 求真楼（全科医师培训）
12 教堂及营养食堂
13 广智院
14 妇儿综合楼
15 华美楼（门诊保健综合楼）
16 急诊急救广场
17 接驳广场

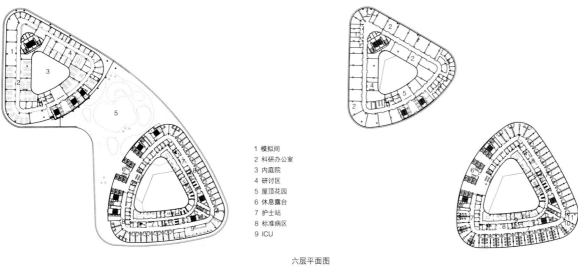

1 模拟间
2 科研办公室
3 内庭院
4 研讨区
5 屋顶花园
6 休息露台
7 护士站
8 标准病区
9 ICU

六层平面图

1 细胞间
2 PI实验室
3 PI办公室
4 样本冰箱间
5 接待大厅
6 家属等候
7 标准病区
8 护士站
9 医生生活区
10 患者活动室
11 晾晒间

十一层平面图

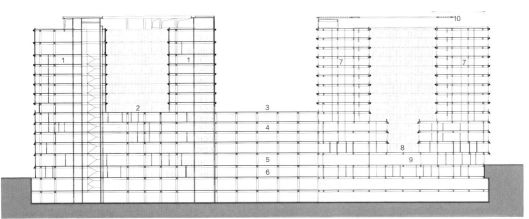

0 5 10   20m

1 实验室
2 北塔内庭院
3 屋顶花园
4 多功能会议中心
5 住院大厅
6 接驳大厅
7 护理单元
8 南塔内庭院
9 急诊急救
10 停机坪

剖面图

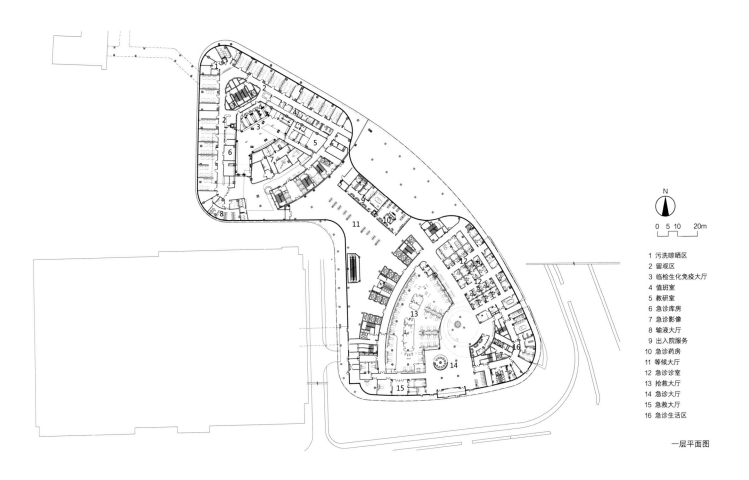

一层平面图

1 污洗晾晒区
2 留观区
3 临检生化免疫大厅
4 值班室
5 教研室
6 急诊库房
7 急诊影像
8 输液大厅
9 出入院服务
10 急诊药房
11 等候大厅
12 急诊诊室
13 抢救大厅
14 急诊大厅
15 急救大厅
16 急诊生活区

地下一层平面图

1 消防控制室
2 职工餐厅
3 临床营养
4 中央厨房
5 体检大厅
6 接驳区
7 城市客厅
8 阅片室
9 影像候诊大厅
10 影像中心
11 控制室

工业物流·交通

Industrial Logistics & Transportation

南京江宁凤凰山粮食储备库
Nanjing Jiangning Fenghuangshan Granary

开发单位：南京江宁粮食投资发展集团有限公司
设计单位：张·雷设计研究 azLa
合作单位：南京丰源建筑设计有限公司
项目地点：江苏省南京市江宁区
设计/建成时间：2021年/2023年

主持建筑师：雷晓华，张雷
主要设计人员：杨斌，李灏，袁振香，李雨茜

技术经济指标
结构体系：钢筋混凝土结构，钢结构
主要材料：混凝土质感涂料，隔热反射涂料，铝板，耐候钢
用地面积：37927m²　　　　建筑面积：16148m²
停车位：机动车停车位118个，非机动车停车位162个

扫码观看
更多内容

项目基地位于南京市江宁区银杏湖大道以南、奥刘路以西，距离市中心约30km，处于南京城正南位置。

设计以项目与周边环境的关联性为出发点，以"大地"为切入点，设想在基地和道路之间的大约16亩（约1.1hm²）土地上以粮食种植代替草坪绿化，再现粮库与粮田之间的依存关系。"从大地到粮仓"的设计理念体现了建造行为结合自然的前瞻性思考。方案打破以往粮库园区内向封闭、远离生活的形象，希望打造一座集储粮、科普教育、文旅休憩于一体的体验式粮库园区。

粮库沿银杏湖大道是"大米粒"和"粮库机器"组合而成的新景观，与前面的粮田绿化带一起形成面对城市展开的"从大地到粮仓"的完整画卷。

综合楼旁的粮食文化科普展馆，灵感源自去壳后的稻谷——米粒

综合楼的造型来自粮库进粮、筛粮设备的解构与重构

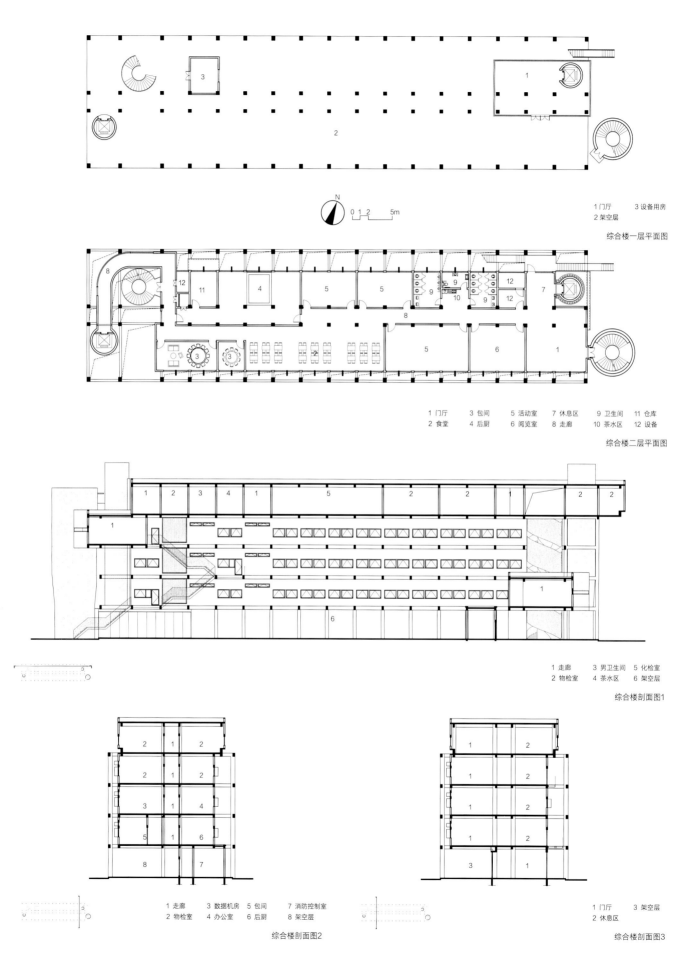

1 门厅　　　3 设备用房
2 架空层

综合楼一层平面图

1 门厅　　　3 包间　　　5 活动室　　7 休息区　　9 卫生间　　11 仓库
2 食堂　　　4 后厨　　　6 阅览室　　8 走廊　　　10 茶水区　　12 设备

综合楼二层平面图

1 走廊　　　3 男卫生间　　5 化检室
2 物检室　　4 茶水区　　　6 架空层

综合楼剖面图1

1 走廊　　　3 数据机房　　5 包间　　　7 消防控制室
2 物检室　　4 办公室　　　6 后厨　　　8 架空层

综合楼剖面图2

1 门厅　　　3 架空层
2 休息区

综合楼剖面图3

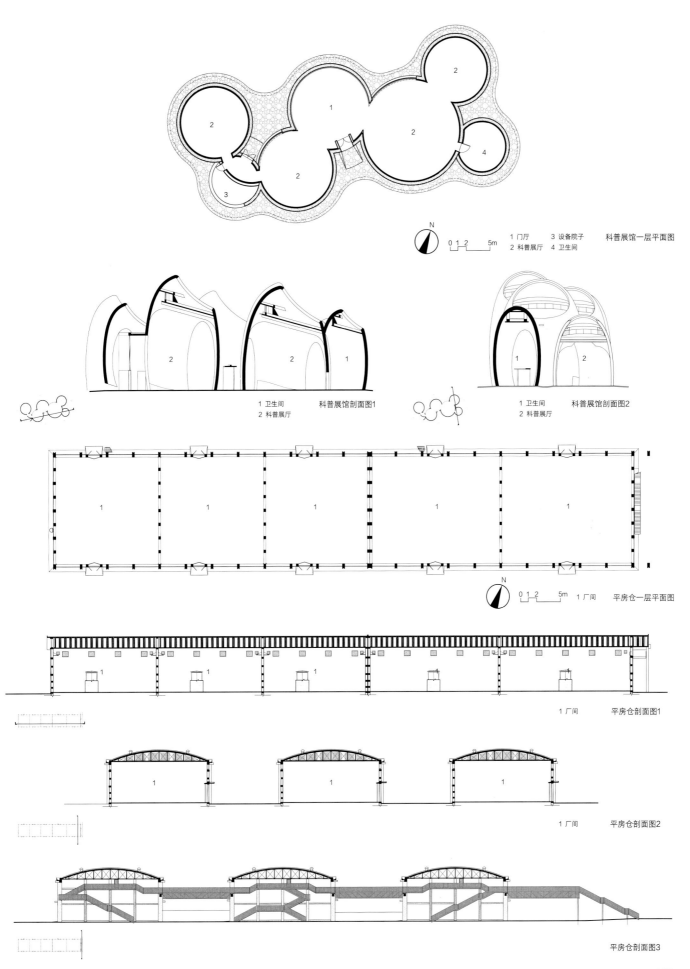

N
0 1 2   5m

1 门厅   3 设备院子   科普展馆一层平面图
2 科普展厅   4 卫生间

1 卫生间   科普展馆剖面图1
2 科普展厅

1 卫生间   科普展馆剖面图2
2 科普展厅

N
0 1 2   5m   1 厂间   平房仓一层平面图

1 厂间   平房仓剖面图1

1 厂间   平房仓剖面图2

平房仓剖面图3

南小营供热厂改造——越界锦荟园

Nanxiaoying Heating Plant Renovation——Yuejie Jinhui Garden

扫码观看
更多内容

开发单位：锦和同昌（北京）商业管理有限公司
设计单位：原地（北京）建筑设计有限公司
工程设计配合：北京中筑天和建筑设计有限公司
景观设计配合：阿拓拉斯（北京）规划设计有限公司
重点照明设计：清华大学建筑学院张昕工作室
施工单位：中城建第十三工程局有限公司

项目地点：北京市朝阳区
设计/建成时间：2019年/2023年

主持建筑师：李冀
主要设计人员：李冀，王文迪，叶强，张浩，陈思聪，王静，肖迪

技术经济指标
结构体系：钢+混凝土结构
主要材料：耐候钢，钢，混凝土，砌体，质感砂浆，玻璃
总建筑面积：33000m²

雕凿与连接——流逝时光中的12座塔、15条栈道、400多个圆孔。

缘起：兴建于20世纪80年代末的北京南小营供热厂，10年前就被关停。如今它被改造成为一个融合办公、商业、文化、运动的开放城市街区——越界锦荟园。设计单位希望揭示场地被掩盖的内在特质，让废弃供热厂重拾个性、尊严与力量；在注入未来新活力的同时，构建回向流逝时光的凝视、连接与穿越，让过去与未来叠合相生、熄灭之火重新引燃。

开凿瞳孔：厂区建筑原用于容纳设备和燃料，空间高大、封闭、幽暗。基于砌体外墙的构造特性，400多个圆孔被精心开凿出来，以实现最大通透性和最小砌体安全扰动的平衡。阳光、空气涌入建筑内部，驱散黑暗，留下独特光影，引导室内面向外部雄浑遗迹，实现时光凝视与对话。

释放图腾：遮挡在建筑背后的12座石砌除尘塔从垃圾堆中被一一清理出来，暴露于庭院中心。静谧石塔阵列以极具识别性的粗野姿态矗立在空旷的碎石之上，宛如神秘而震慑心魄的工业图腾。

连接穿越：设计单位把厂区内的运煤传输道作为展示空间保留，并提取为一种特有的空间构型，在更新中加以强调、发展、演变。多达15条不同时代性格的空间栈道被嵌入建筑内外，游走路径往返穿越于现代场景与废旧遗迹之间，建立起广泛连接与持续的空间流动，编织重叠的时光感悟。

外部空间搭建的栈道

煤库内部嵌入的新栈道

除尘塔与钢栈桥

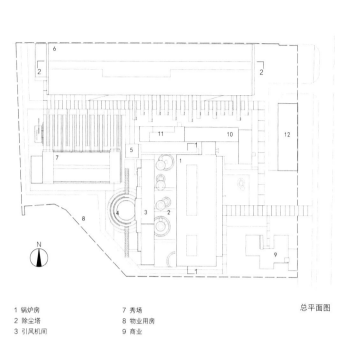

总平面图

1 锅炉房
2 除尘塔
3 引风机间
4 烟囱
5 碎煤间及煤栈道
6 煤库
7 秀场
8 物业用房
9 商业
10 附建楼
11 变电站
12 停车楼

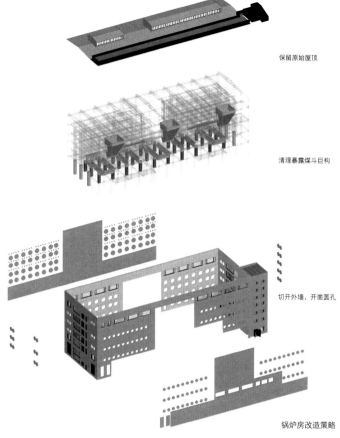

保留原始屋顶

清理暴露煤斗巨构

切开外墙，开凿圆孔

锅炉房改造策略

运煤栈道作为空中路径的汇聚点，穿越时空，连接起各建筑室内核心空间
耐候钢连桥穿插于除尘塔遗迹之间，与秀场连桥共同形成连续的屋顶漫游体系

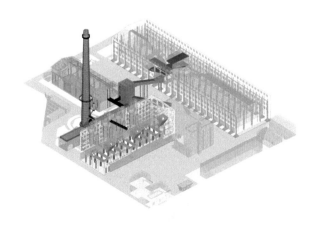

连接与穿越

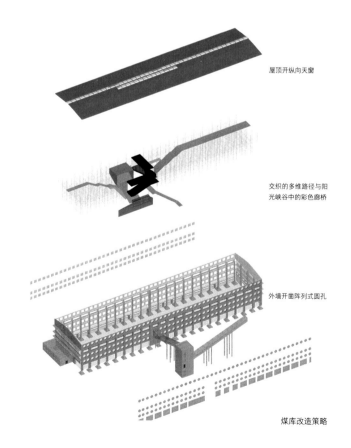

屋顶开纵向天窗

交织的多维路径与阳
光峡谷中的彩色廊桥

外墙开凿阵列式圆孔

煤库改造策略

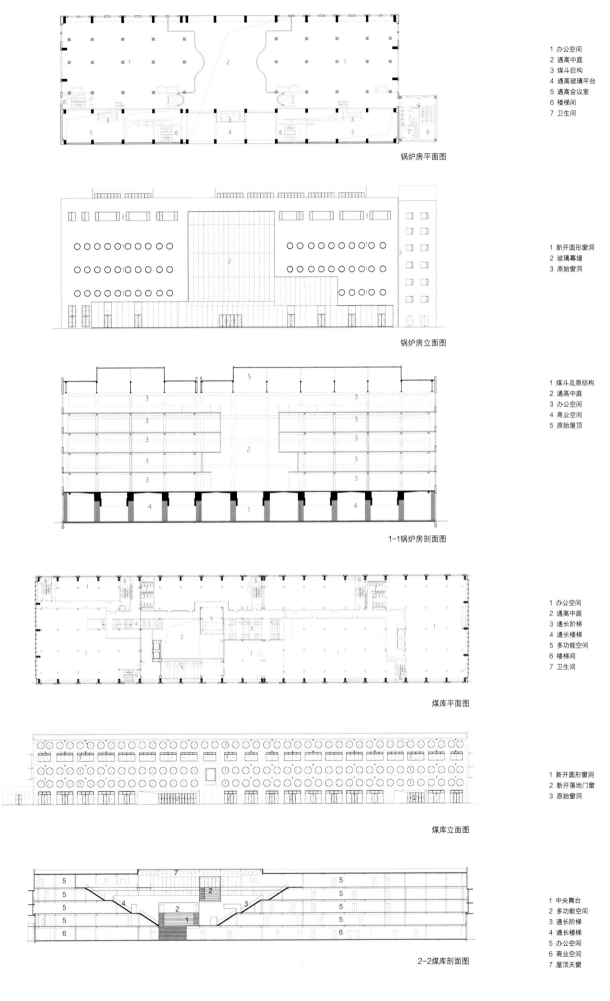

锅炉房平面图

1 办公空间
2 通高中庭
3 煤斗巨构
4 通高玻璃平台
5 通高会议室
6 楼梯间
7 卫生间

锅炉房立面图

1 新开圆形窗洞
2 玻璃幕墙
3 原始窗洞

1-1锅炉房剖面图

1 煤斗及原结构
2 通高中庭
3 办公空间
4 商业空间
5 原始屋顶

煤库平面图

1 办公空间
2 通高中庭
3 通长阶梯
4 通长楼梯
5 多功能空间
6 楼梯间
7 卫生间

煤库立面图

1 新开圆形窗洞
2 新开落地门窗
3 原始窗洞

2-2煤库剖面图

1 中央舞台
2 多功能空间
3 通长阶梯
4 通长楼梯
5 办公空间
6 商业空间
7 屋顶天窗

折叠工厂——台州聚丰机车总部

Folding Factory——Taizhou Jufeng Motorcycle Headquarters

开发单位：台州聚丰机车有限公司
设计单位：北京殊至建筑设计有限公司
项目地点：浙江省台州市黄岩区智能模具小镇
设计 / 建成时间：2016 年 / 2023 年

主持建筑师：史洋
主要设计人员：黎少君，郭立明，殷漫宇，王子铭，姜超，董欧，
　　　　　　　陈韦光，吕阳

技术经济指标
结构体系：混凝土框架结构
主要材料：混凝土，拉伸网，铝板，外墙漆
用地面积：21966m²　　　　建筑面积：43000m²
绿地率：15%　　　　　　　停车位：80 个

扫码观看
更多内容

　　建筑坐落在浙江省台州市黄岩区的一个工业园区，这个工业园区聚集了全国知名的汽车塑模、电动摩托车模具生产厂家。厂区用地北侧是一座村庄，与整个工业区隔河相望，这条河成为一个高密度工业化区域和原始聚落的自然边界。

　　作为叙事逻辑的第一个层面，生产者空间是参观流线和企业空间的起点。整个车间的生产过程、工人工作过程、研发过程，都变成了实物展示的一部分。第二个层面是参观者。整个建筑体当中植入了一条观光流线，使得外部参观者加入到叙事流程当中，它从主楼沿着大厅的东侧作为起点，到主楼的北侧至观光楼梯到二层空间；接着沿着生产车间的北立面一直往西侧走，走到建筑的最西侧，再进入整个厂区，形成一条完整的观光流线，既可以看到建筑内部的产业流水线，也能够看到建筑北侧的自然风景——河道以及北侧的村庄与远山。整个步道变成了生产和观光产生关联的一条纽带。

　　这两条线在某些空间节点上是交错的，比如主楼大厅、主楼展厅，仿佛两条故事线交叠在一起。绝大部分时候两条线是隔而不透的，有视觉联系但并没有实际可达性，保证生产的完整性及保密性，呈现一定的透明性，时而交叠，时而完全分离。

生产与办公连桥

D馆序厅中的"折尺长梯"如同游走在工业巷道之中

主楼入口

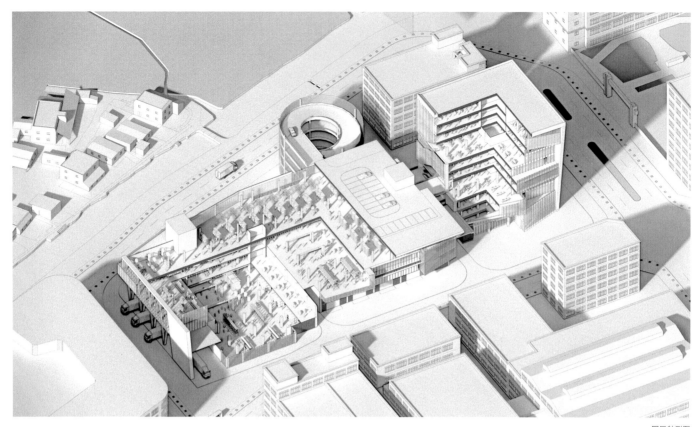

园区轴测图

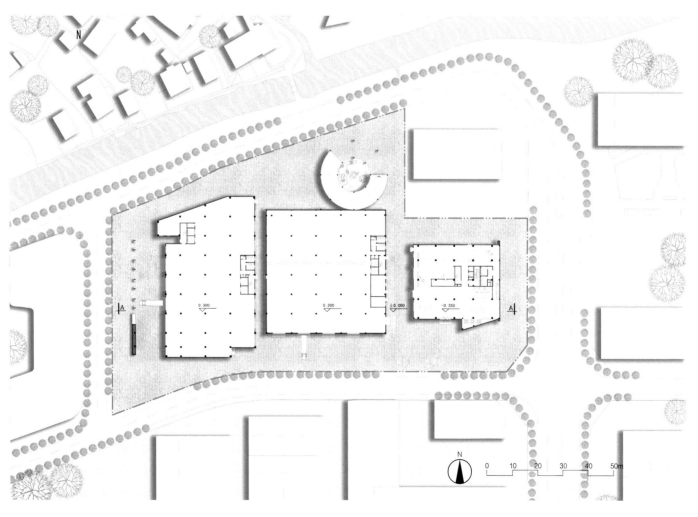

首层平面图

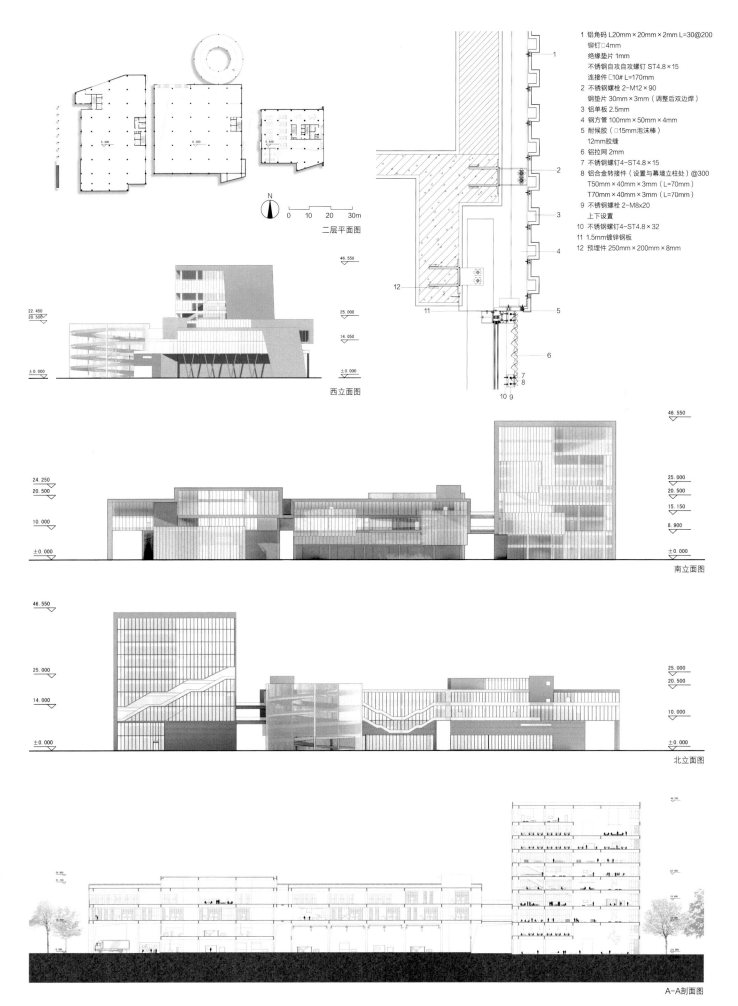

二层平面图

N
0 10 20 30m

西立面图

1 铝角码 L20mm×20mm×2mm L=30@200
  铆钉□4mm
  绝缘垫片 1mm
  不锈钢自攻自攻螺钉 ST4.8×15
  连接件□10# L=170mm
2 不锈钢螺栓 2-M12×90
  钢垫片 30mm×3mm（调整后双边焊）
3 铝单板 2.5mm
4 钢方管 100mm×50mm×4mm
5 耐候胶（□15mm泡沫棒）
  12mm胶缝
6 铝拉网 2mm
7 不锈钢螺钉4-ST4.8×15
8 铝合金转接件（设置与幕墙立柱处）@300
  T50mm×40mm×3mm（L=70mm）
  T70mm×40mm×3mm（L=70mm）
9 不锈钢螺栓 2-M8x20
  上下设置
10 不锈钢螺钉4-ST4.8×32
11 1.5mm镀锌钢板
12 预埋件 250mm×200mm×8mm

南立面图

北立面图

A-A剖面图

347

南宁双定垃圾焚烧发电厂
Nanning Shuangding Waste-to-Energy Power Plant

开发单位：南宁建宁康恒环保科技有限责任公司
设计单位：UUA 建筑师事务所
合作单位：中国城市建设研究院有限公司
项目地点：广西壮族自治区南宁市西乡塘区双定镇
设计 / 建成时间：2019 年 / 2022 年

主持建筑师：李泳征，李其郅
主要设计人员：贺文博，王发路，吕延锋，邓亮，马兴华，杨波

获奖情况
2022年 意大利 A' 设计大奖赛建筑类金奖
2022年 英国伦敦杰出地产大奖可持续建筑类优胜奖
2023年 美国 Architizer A+ 奖建筑与环境类特别提名

技术经济指标
结构体系：钢结构，混凝土结构
主要材料：铝镁锰板，氟碳喷涂铝单板，阳极氧化镜面铝复合板
用地面积：210000m²   建筑面积：54000m²
绿地率：35%   停车位：100 个

在距离南宁市区 20km 外的西北郊、茂密的桉树林中、起伏的喀斯特峰丛前，坐落着南宁双定垃圾焚烧发电厂。在满眼绿色的环境之中，场地正北的连绵山脉被打破，赫然出现一片被水泥厂采矿而削平山头的裸露台地，形成了强烈的反差。

基于上述条件的启发，本项目试图对自然环境和场地记忆作出回应，在主立面上引入起伏的峰丛形态，在视觉概念上补全因人类破坏而削平的山脉，进而引发人类对自身行为的反思。

峰丛形态位于厂房上部，由四组三角函数曲线合成得出，既保证曲线的美观，也为后期深化工作提供了详细的数据支持。厂房上部由镜面、哑光交替的铝板格栅以及玻璃幕墙两个体系构成，形成构造精妙、充满幻象的视觉体验，赋予了建筑随视角、光线、天气而变的动态美学，缓解了建筑巨大体量对环境的压迫感。

建筑设计的概念以自然环境和人类活动作为切入点，用全新的视角将美学导入工业建筑，并融合参观、展示功能，全面采用公共建筑化的设计思路，从而重新定义了工业空间和公共空间之间的感知边界，探索了工业建筑的公共属性与人文价值。

主厂房西南角夜景

镜面与哑光铝板格栅相间布置

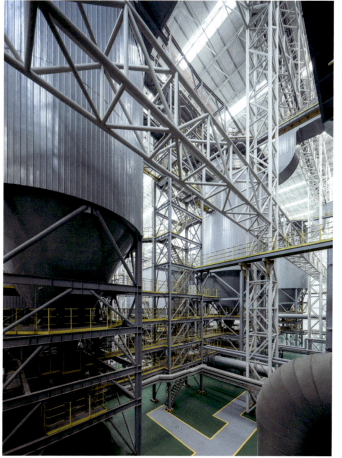

室内

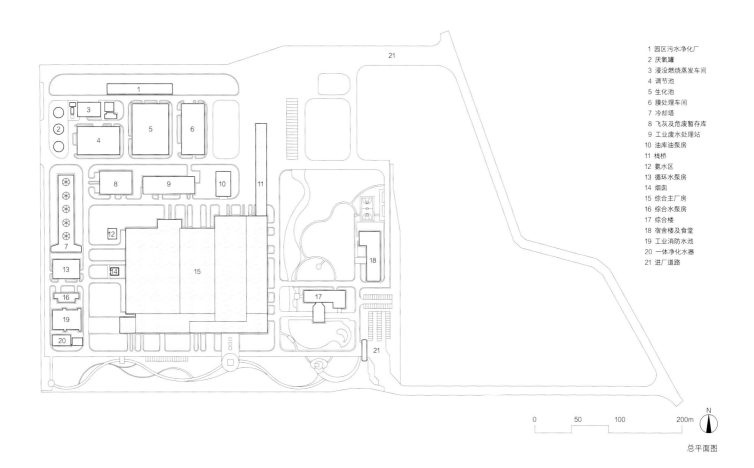

1 园区污水净化厂
2 厌氧罐
3 浸没燃烧蒸发车间
4 调节池
5 生化池
6 膜处理车间
7 冷却塔
8 飞灰及危废暂存库
9 工业废水处理站
10 油库油泵房
11 栈桥
12 氨水区
13 循环水泵房
14 烟囱
15 综合主厂房
16 综合水泵房
17 综合楼
18 宿舍楼及食堂
19 工业消防水池
20 一体净化水器
21 进厂道路

0   50   100   200m

N

总平面图

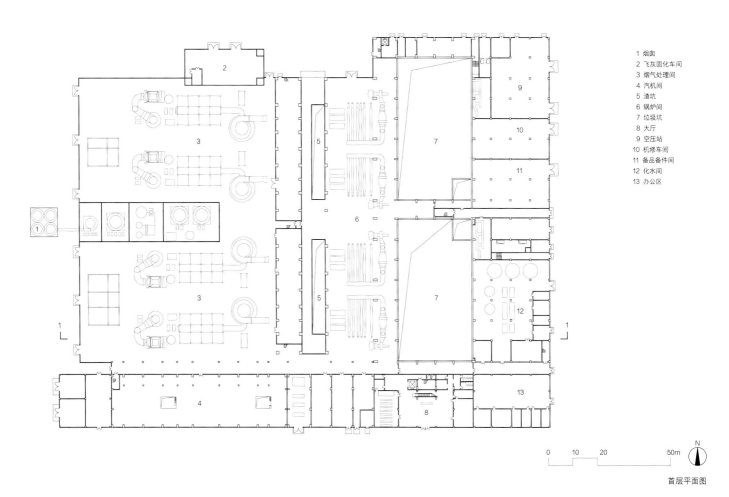

1 烟囱
2 飞灰固化车间
3 烟气处理间
4 汽机间
5 渣坑
6 锅炉间
7 垃圾坑
8 大厅
9 空压站
10 机修车间
11 备品备件间
12 化水间
13 办公区

0   10   20   50m

N

首层平面图

350

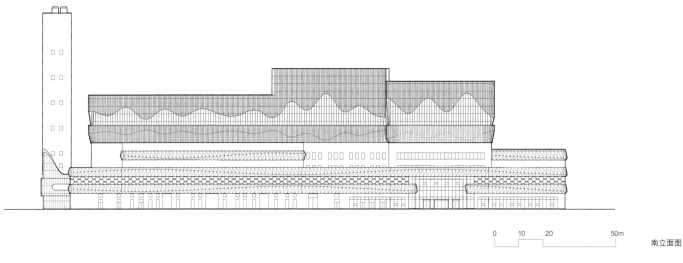

南立面图

0 10 20 50m

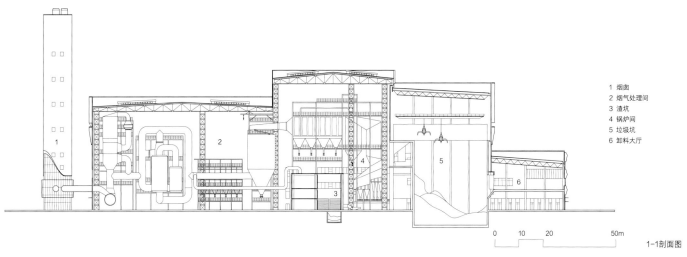

1 烟囱
2 烟气处理间
3 渣坑
4 锅炉间
5 垃圾坑
6 卸料大厅

0 10 20 50m

1-1剖面图

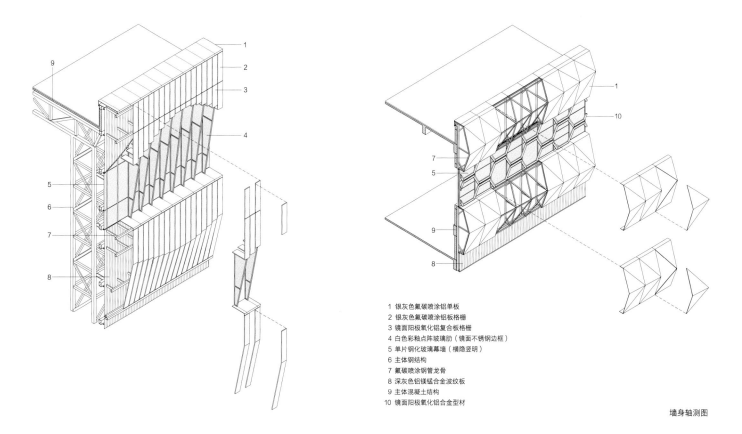

1 银灰色氟碳喷涂铝单板
2 银灰色氟碳喷涂铝板格栅
3 镜面阳极氧化铝复合板格栅
4 白色彩釉点阵玻璃肋（镜面不锈钢边框）
5 单片钢化玻璃幕墙（横隐竖明）
6 主体钢结构
7 氟碳喷涂钢管龙骨
8 深灰色铝镁锰合金波纹板
9 主体混凝土结构
10 镜面阳极氧化铝合金型材

墙身轴测图

北京丰台火车站
Beijing Fengtai Railway Station

开发单位：中国国家铁路集团有限公司
设计单位：gmp 国际建筑设计有限公司
合作单位：中国铁路设计集团有限公司
项目地点：北京市丰台区
设计 / 建成时间：2016 年 /2022 年

主持建筑师：曼哈德·冯·格康，施特凡·胥茨，施特凡·瑞沃勒
主要设计人员：姜琳琳，Marco Assandri，李凌，解芳，Sebastian
　　　　　　　Beyer，Lene-Marie Brüggemeier，Graciano Macarrón
　　　　　　　Stamp，Maarten Harms，韩越，黄晗，李然，李峥，
　　　　　　　Sebastian Linack，刘璐华，刘虓，马源，Mulyanto，
　　　　　　　苏俊，王俊文，王硕，王妍，邢九洲，余毅楠，翟骋骋，
　　　　　　　周维，Jan-Peter Deml，袁涛，Thilo Zehme

技术经济指标
结构体系：建筑主体钢混结构，屋面双向钢桁架结构
主要材料：铝板，陶板，钢，玻璃
用地面积：153000m²
建筑面积：398845m²（地下 156859m²，地上 241986m²）

北京丰台火车站是目前亚洲最大的铁路枢纽客站，也是中国首座采用高速、普速重叠的双层高架车场的火车站。车站顶层是高铁列车的站台层，首层站台归 20 条普速车列停靠使用，地下层运行两条地铁线。

设计方案采用了一个看似漂浮的屋顶结构，将所有站房功能统一于其下。建筑整体呈中轴对称，十字形屋顶基于 21m×21m 的规则柱网。火车站朝四个方向开放——东西两侧站台抬高，南北两侧是宽阔的公共广场。整片悬浮的钢结构屋顶之下，暖灰色调的陶板幕墙令这座现代的建筑物融入了北京城市的风貌。

495m 长的中央光庭以及玻璃幕墙为站内引入了大量自然光，引导旅客在站内穿行。此外，车站屋顶还铺设了太阳能电池板，可以满足站内部分设备的电力需求。

西入口外景

快速进站厅

交通空间

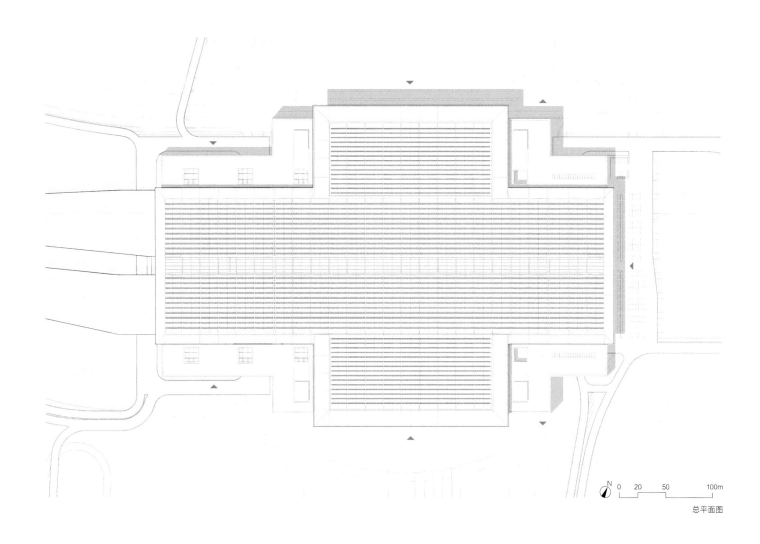

总平面图

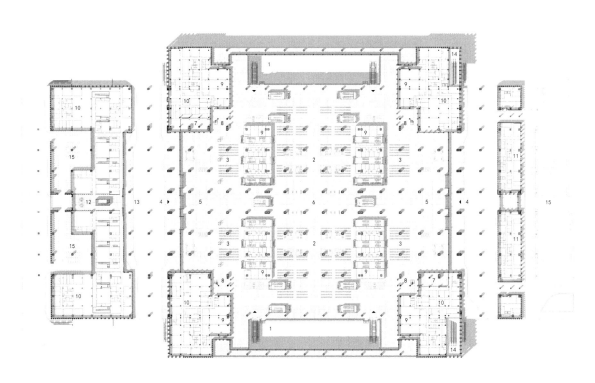

1 南北集散厅上空　　6 中央光庭　　　　　11 物业办公
2 普速列车候车区　　7 售票厅　　　　　　12 西站房
3 高速列车候车区　　8 通往14.5m层商业扶梯　13 西站房落客
4 落客平台　　　　　9 商业　　　　　　　14 高速到达厅上空
5 东西进站厅　　　　10 配套办公及机房　　15 停车场

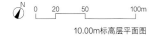

10.00m标高层平面图

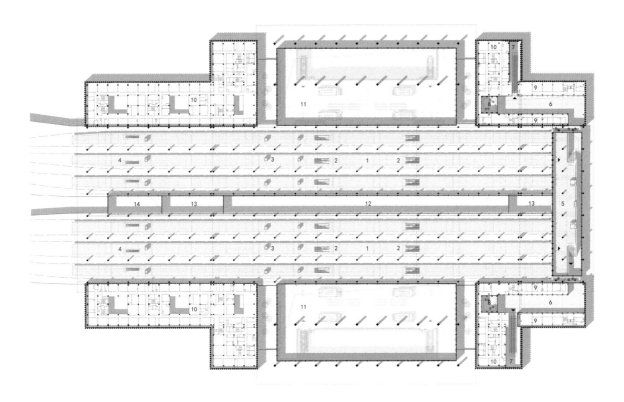

1 高速列车站场　　　　　　6 19.00m层出站通廊上空　　　　11 10m层等候大厅上空
2 10.00m至23.00m进站　　　7 19.00m至0.00m出站厅上空　　12 10m层中央光庭上空
3 −11.5m至23.00m进站直梯　8 19.00m层室外庭院上空　　　13 10m层落客平台上空
4 10.00m至23.00m西站房进站　9 商业　　　　　　　　　　　14 10m层西站房上空
5 高速站场出站厅　　　　　　10 配套办公及设备

0　20　　50　　　100m

23.00m标高平面图

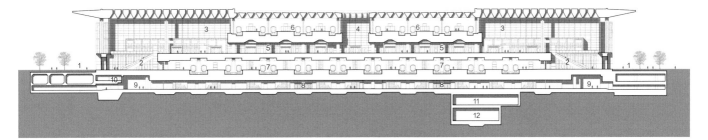

1 南/北广场　　　　　　　　　5 10.00m标高层普速候车区　　　9 −11.50m标高层集散厅
2 0.00m标高层集散厅　　　　　6 23.00m标高层高速站场　　　　10 −7.55m标高层商业夹层
3 10.00m标高层候车大厅　　　7 0.00m标高层普速站场　　　　11 −21.74m标高层地铁进站厅
4 10.00m标高层候车大厅　　　8 −11.5m标高层出站通廊　　　　12 −28.74m标高层地铁站台层

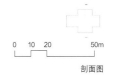

0　10　20　　　50m

剖面图

0　10　20　　　50m

南立面图

奉贤15单元37-03A地块停车场库
Fengxian Unit 15 Plot 37-03A Parking Garage

扫码观看
更多内容

开发单位：上海鑫富达资产管理有限公司
设计单位：同济大学建筑设计研究院（集团）有限公司原作设计工作室
项目地点：上海市奉贤区
设计 / 建成时间：2017 年 / 2022 年

主持建筑师：章明，张姿
主要设计人员：潘思，肖镭，黄晓倩

获奖情况
2023 年 上海市建筑学会建筑创作奖 优秀奖

技术经济指标
结构体系：钢筋混凝土结构
主要材料：混凝土，砌体，砂浆，钢材，铝板
用地面积：4337m²
建筑面积：7380m²（地上 4337m²，地下 3043m²）
绿地率：35%
停车位：240 个（地上 173 个，地下 67 个）

本项目从关注建筑本体拓展到关注其与周边城市空间的关系，希望在高密度的城市中探索一种基础设施建筑景观化与共享化的全新模式。

设计采用内庭院式的总体布局，对外建筑边界向城市界面延展，有利于使城市街道空间更为连续；对内庭院空间成为景观核心，在丰富建筑本身空间层次的基础上，也为地下及地上各层停车空间提供了良好的自然采光与通风条件。建筑南侧的城市景观绿带通过首层架空蔓延进建筑空间内部，实现了公共空间的联动与景观共享。在景观庭院中结合疏散功能的需求植入了一部旋转钢楼梯，其具有特征性的形态与庭院景观相结合，强化了空间的特色性，也满足人们在停车后除快速的直达交通外还能够享受漫步而下的游目观想。

为提高空间的整体利用率，我们利用错层楼板及双侧停车的方式来使交通面积进一步集约化。建筑主体采用错层框架－剪力墙与预应力悬挑结合的结构形式，悬挑坡道靠南北侧设置，与错层楼板共同围合出核心的景观庭院空间，同时也使内部较为纯粹的空间与流线完整地外化，在立面呈现出优雅的流线线条。

两层通高停车区域

旋转钢梯嵌入内庭院，形成立体漫游路径

停车区域与标志性漫游路径

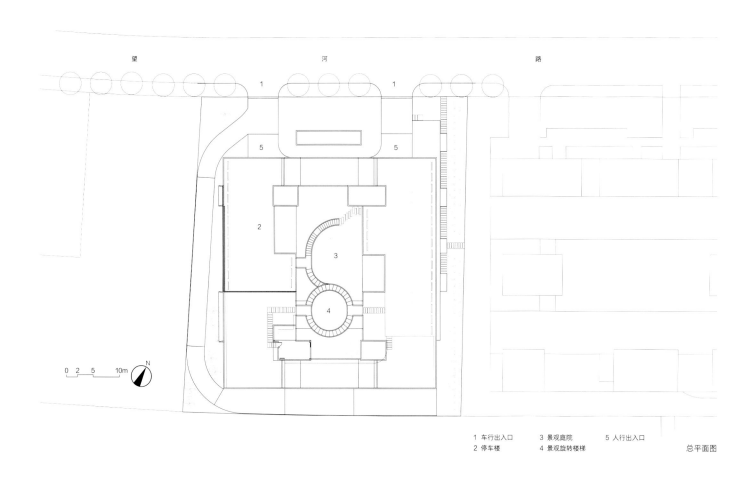

望 河 路

1 车行出入口　　3 景观庭院　　5 人行出入口
2 停车楼　　　　4 景观旋转楼梯

总平面图

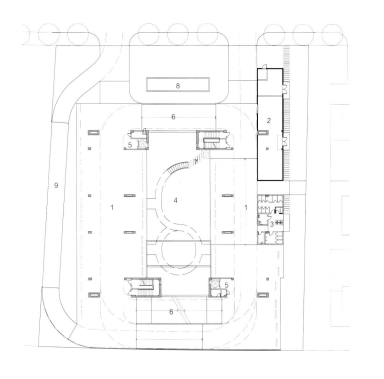

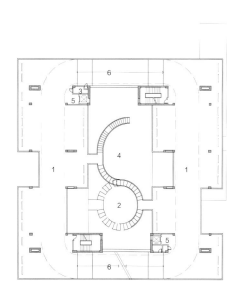

1 停车区　　　　5 电梯厅　　　　9 消防车道
2 咖啡厅　　　　6 汽车坡道
3 公共卫生间　　7 景观汀步
4 景观庭院　　　8 采光洞口

首层平面图

1 停车区　　　　4 景观庭院
2 景观旋转楼梯　5 电梯厅
3 强弱电间　　　6 汽车坡道

3.700~6.200m标高平面图

358

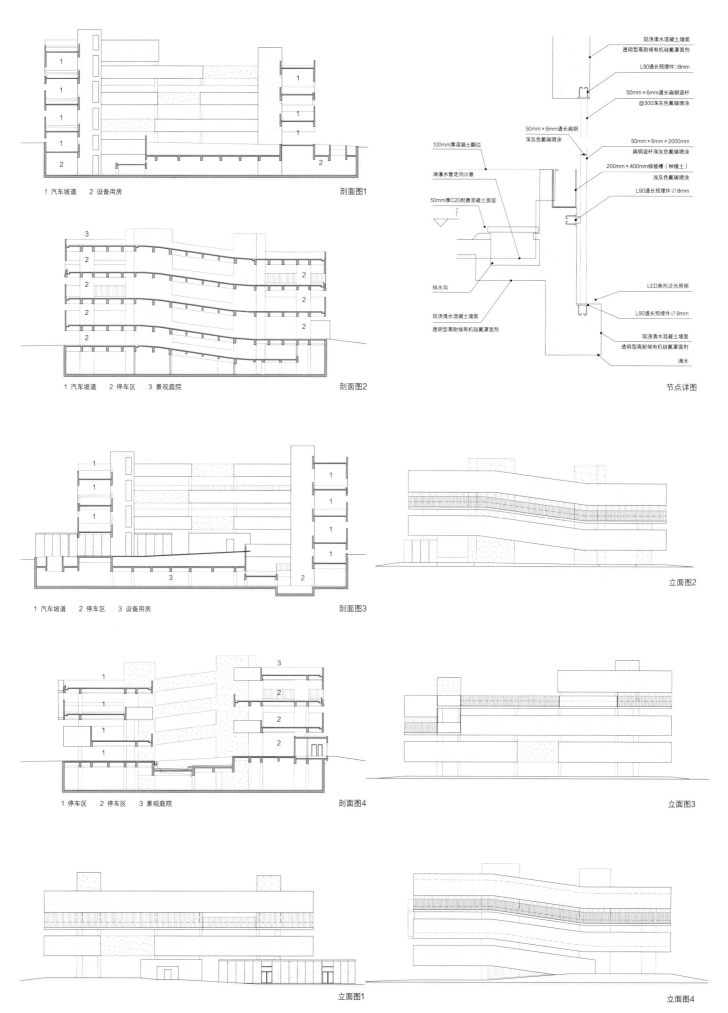

1 汽车坡道　　2 设备用房　　　　　　　　　　　　剖面图1

3
2
2
2
2

1 汽车坡道　　2 停车区　　3 景观庭院　　　　　　剖面图2

现浇清水混凝土墙面
透明型高耐候有机硅氟罩面剂
L90通长预埋件□8mm

50mm×6mm通长扁钢竖杆
@300深灰色氟碳喷涂

100mm厚混凝土翻边
50mm×6mm通长扁钢
深灰色氟碳喷涂

滴灌水管走向示意

50mm×6mm×2000mm
扁钢竖杆深灰色氟碳喷涂
200mm×400mm绿植槽（种植土）
浅灰色氟碳喷涂
L90通长预埋件□8mm

50mm厚C20耐磨混凝土面层

排水沟

LED条形泛光照明
L90通长预埋件∅8mm

现浇清水混凝土墙面

透明型高耐候有机硅氟罩面剂

现浇清水混凝土墙面
透明型高耐候有机硅氟罩面剂
滴水

节点详图

1
1
1
1
3
2

1 汽车坡道　　2 停车区　　3 设备用房　　　　　　剖面图3

立面图2

3
2
2
1
1

1 停车区　　2 停车区　　3 景观庭院　　　　　　　剖面图4

立面图3

立面图1

立面图4

杭州萧山国际机场三期项目
新建航站楼及陆侧交通中心工程

Hangzhou Xiaoshan International Airport Phase III Project: New Terminal and Landside Ground Transportation Center

扫码观看
更多内容

开发单位：杭州萧山国际机场有限公司
设计单位：华建集团华东建筑设计研究院有限公司（简称华东院）/浙江
　　　　　省建筑设计研究院有限公司/兰德隆与布朗交通技术咨询（上
　　　　　海）有限公司/上海市政工程设计研究总院（集团）有限公司/
　　　　　中铁第四勘察设计院集团有限公司/上海民航新时代机场设计
　　　　　研究院有限公司/浙江中材工程勘测设计有限公司
项目地点：浙江省杭州市萧山区
设计/建成时间：2017年/2022年

项目总负责人：郭建祥，黎岩，曹跃进
设计总包管理牵头单位：蒋玮，陈爽
原创设计及深化设计：华建集团华东建筑设计研究院有限公司
机电负责人：沈列丞
总师团队：周健，陆燕，马伟骏，邵民杰，徐扬
　　主要设计人员：谢曦，纪晨，向上，许师师，来洁人，沈爽之，张建华，
　　何一雄，胡实，高扬，潘胜龙，赵顺杰，高懿；王瑞峰，林晓宇，
　　杨笑天，朱希，杨震，龚海龙；王伟宏，孙扬才，赵成，王爱平，
　　叶晓翠，吴文芳，黎剑平，钟永琪，刘云，王怡辰，卫铮；瞿燕，
　　陈湛，贺芳，潘盟喻，何澄峰，宋海瑛，缪海琳等
深化设计：浙江省建筑设计研究院有限公司
　　主要设计人员：王劼，徐淑宁，余烜，官霄龚，黄昊雨，张宇杰，
　　杨学林，林政，丁浩，陈劲，王国琴，蒋克伦，宋有龙，程澍，
　　卓银杰，赵孙琛，翟丹宁，李观法，叶绍武，刘译泽，李科卫，
　　董平等
联合体其他主要设计人员：罗焕，徐兵玉，孙瑞华，张大伟，周磊，
　　　　　　　　　　　　方浩，童俊，张儒雅等

获奖情况
2023年 上海市建筑学会第十届建筑创作奖优秀奖

技术经济指标
结构体系：钢筋混凝土框架结构，空间曲面网架+封边桁架+分叉钢柱结
　　　　　构体系
主要材料：玻璃，铝板，混凝土
用地面积：2820000m² 　　　　建筑面积：1430000m²
停车位：约5000个

　　杭州萧山国际机场三期项目新建航站楼及陆侧交通中心工程，是杭州亚运会的重要基础配套，也是浙江省大通道建设十大标志性项目之一。华东院作为工程设计联合体牵头方，开展全过程设计，并承担设计总包管理牵头工作，统筹协调7家勘察和设计单位共同推进项目建设。建设内容包括：T4航站楼、交通中心、旅客过夜用房、业务用房等，总建筑面积约143万㎡。项目采用"中置布局、两翼延展"的航站楼构型，实现各航站楼一体协调、均衡发展，"轨、陆、空"高效集成、无缝衔接；精心营造"新空港十景"，表达对杭州历史人文与自然山水的礼敬。萧山机场未来可满足9000万的年旅客吞吐量，将成为华东地区的第二大航空枢纽。

出发大厅荷叶柱和值机岛

交通中心中庭

荷花谷巨柱全景

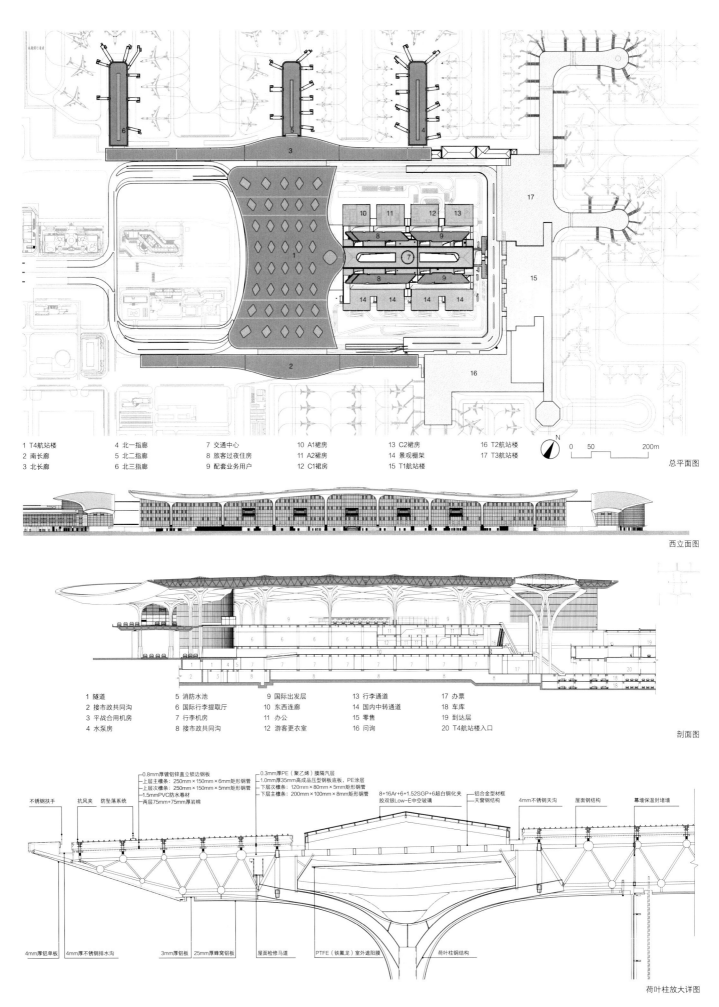

1 T4航站楼　　　4 北一指廊　　　7 交通中心　　　10 A1裙房　　　13 C2裙房　　　16 T2航站楼
2 南长廊　　　　5 北二指廊　　　8 旅客过夜住房　11 A2裙房　　　14 景观棚架　　17 T3航站楼
3 北长廊　　　　6 北三指廊　　　9 配套业务用户　12 C1裙房　　　15 T1航站楼

0　50　　　200m

总平面图

西立面图

1 隧道　　　　　　5 消防水池　　　　9 国际出发层　　13 行李通道　　　17 办票
2 接市政共同沟　　6 国际行李提取厅　10 东西连廊　　　14 国内中转通道　18 车库
3 平战合用机房　　7 行李机房　　　　11 办公　　　　　15 零售　　　　　19 到达层
4 水泵房　　　　　8 接市政共同沟　　12 游客更衣室　　16 问询　　　　　20 T4航站楼入口

剖面图

不锈钢扶手　　　抗风夹　　　防坠落系统

0.8mm厚镀铝锌直立锁边钢板
上层主檩条：250mm×150mm×6mm矩形钢管
上层次檩条：250mm×150mm×5mm矩形钢管
1.5mmPVC防水卷材
两层75mm+75mm厚岩棉

0.3mm厚PE（聚乙烯）膜隔汽层
1.0mm厚35mm高成品压型钢板底板，PE涂层
下层次檩条：120mm×80mm×5mm矩形钢管
下层主檩条：200mm×100mm×8mm矩形钢管

8+16Ar+6+1.52SGP+6超白钢化夹
胶双银Low-E中空玻璃

铝合金型材框
天窗钢结构

4mm不锈钢天沟　　屋面钢结构　　幕墙保温封堵墙

4mm厚铝单板　　　4mm厚不锈钢排水沟　　3mm厚铝板　　25mm厚蜂窝铝板　　屋面检修马道　　PTFE（铁氟龙）室外遮阳膜　　荷叶柱钢结构

荷叶柱放大详图

362

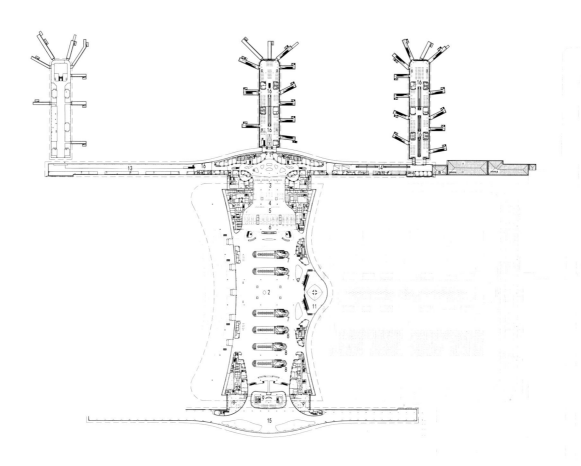

1 国际商业区	5 卫生检疫	9 国内贵宾休息	13 国际到达上空
2 出发大厅	6 国际安检	10 安检	14 国际出发通道
3 边防检查	7 国际办票岛	11 迎客厅上空	15 国内商业上空
4 海关	8 国内办票岛	12 办公	16 国际出发层

0 50   200m

17.400m标高平面图

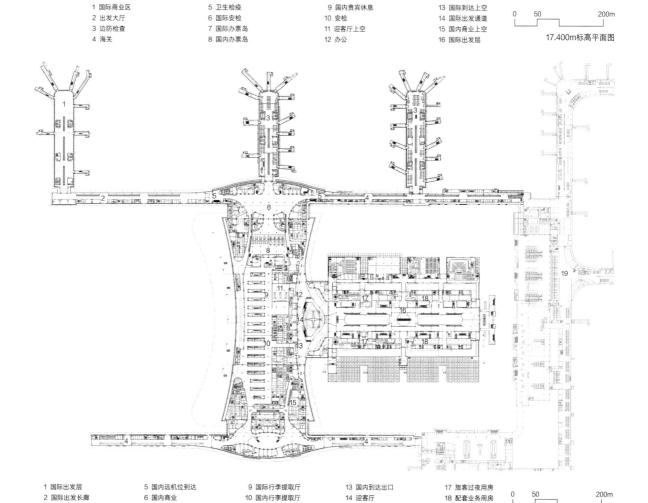

1 国际出发层	5 国内远机位到达	9 国际行李提取厅	13 国内到达出口	17 旅客过夜用房
2 国际出发长廊	6 国内商业	10 国内行李提取厅	14 迎客厅	18 配套业务用房
3 国内出发层	7 国内贵宾休息室	11 入境海关	15 办公	19 现状航站楼
4 国内混流	8 国内安检	12 国际到达出口	16 交通中心	

0 50   200m

6.000m标高平面图

CONTEMPORARY
CHINESE ARCHITECTURE
RECORDS Ⅱ

当代中国建筑实录 2

居住·办公

Residence & Office

船底之家
浮梁县西湖乡新乡村社区
东钱湖国际美堉中心住宅群E1~E3栋
北京旭辉集团新商业办公楼
济南水晶
凯州之窗（凯州新城规划展览馆）
墟岫园
大疆天空之城
济南汇中星空间
OMC时尚发布中心

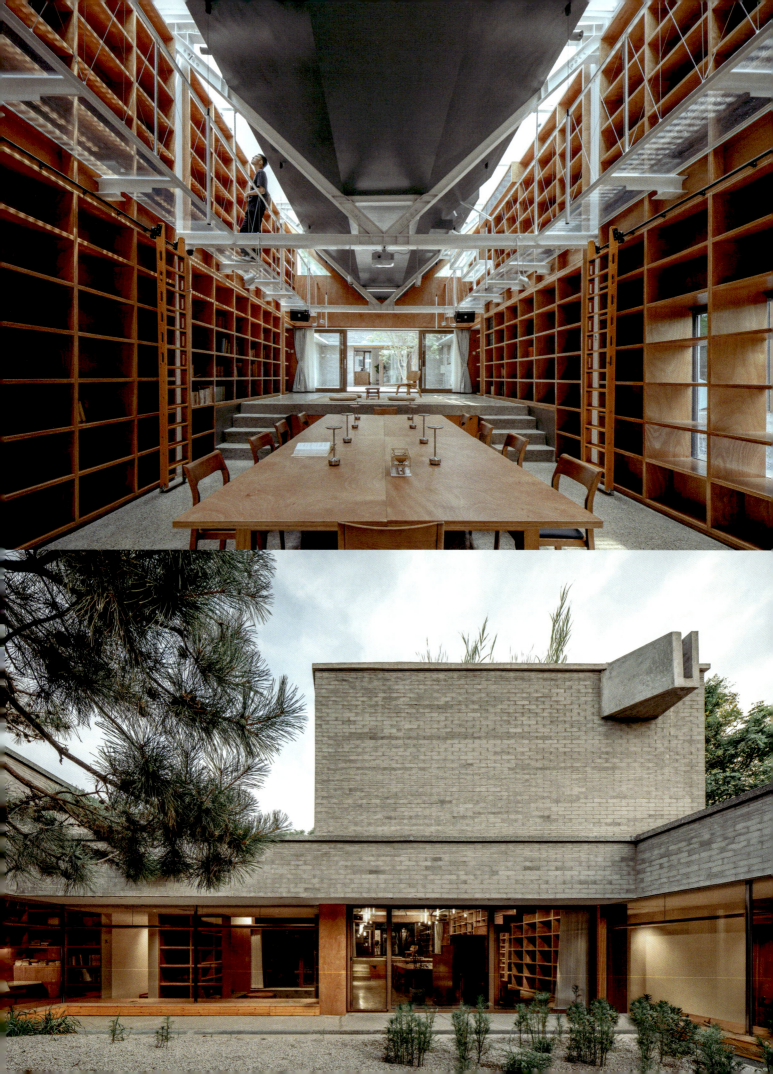

船底之家
House Under the Boat

设计单位：察社办公室 /
　　　　　察微（北京）建筑设计咨询有限公司
项目地点：北京市顺义区
设计 / 建成时间：2021 年 / 2023 年

主持建筑师：成直
主要设计人员：武迪，潘居豪

获奖情况
2024 年 ArchDaily 中国年度建筑大奖季军
2023 年 ArchDaily 全球一百最佳建筑

技术经济指标
结构体系：钢+混凝土结构
主要材料：耐候钢，混凝土，砌体，砂浆，木板材
用地面积：800m²
建筑面积：480m²
绿地率：31%

按照预定，这个新房子要满足 2 万册以上的存书需要，按大致 1m 长墙面可以放 50 本书的数量来估算，总长度需要 400m。除了散布各处的书架以外，恐怕别无选择，需要一个大房子集中放置一部分。这个房子必定拥有与环境不相当的尺度。为了降低外观对环境的侵犯，我们拆除一部分已有建筑，把它放置在场地的中心，不仅仅对外，这个房子对内也将形成一个巨大的空腔。

我们尝试反转屋面。在这个两层通高空间中，书架占据的墙壁最高到达 6m 的高度，屋面顶棚在房间的中间部位落下来。人们在其下活动时，可以感受到像船底一样的屋面体量，调整了原本宏阔的尺度。

在这个场地中，空间形态复杂不一——已有坡屋面的建筑、巨大的图书馆、新建较小的平屋顶建筑——不同的房子互相连接，从原本的高度上由南至北一路下降。通过扩大或者缩小原始房屋的大小来形成连贯的尺度感。同时，我们尽量把空间衔接处打开，光线、风、视线和人们的行动不受阻碍地在整个建筑内部流动。随之流动的，还有到处可见的书架、桌子以及窗外的花草树木。

大图书馆一侧的小休息厅

大图书馆后侧的通道和上二层桥架的楼梯

场地北侧环廊中的书架

总平面图

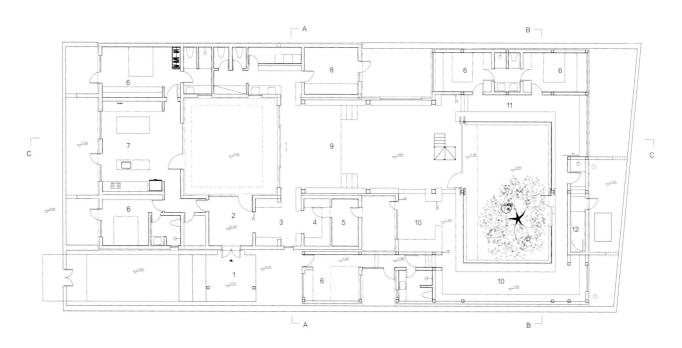

1 门廊	5 设备与监控	9 大图书馆
2 玄关	6 卧室	10 小图书馆
3 过厅	7 厨房、餐厅	11 图书环廊
4 储物间	8 小书房	12 泡池

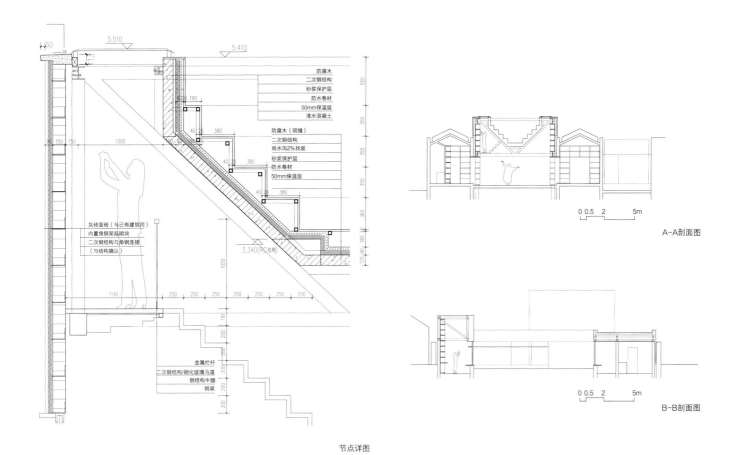

防腐木
二次钢结构
砂浆保护层
防水卷材
50mm保温层
清水混凝土

防腐木（明缝）
二次钢结构
雨水沟2%找坡
砂浆保护层
防水卷材
50mm保温层

灰砖面砖（与已有建筑同）
内置角钢架起砌块
二次钢结构与角钢连接
（与结构确认）

3.340(RC结构)

金属栏杆
二次钢结构/钢化玻璃马道
钢结构牛腿
钢梁

0 0.5 2   5m

A-A剖面图

节点详图

0 0.5 2   5m

B-B剖面图

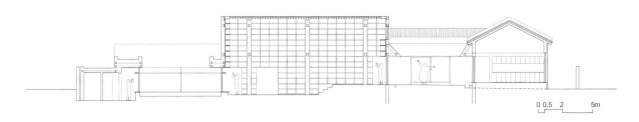

0 0.5 2   5m

C-C剖面图

剖透视图

浮梁县西湖乡新乡村社区
Fuliang County Xihu Village Community

开发单位：景德镇陶文旅集团 / 浮梁荻湾乡村振兴有限公司
设计单位：清华大学建筑设计研究院有限公司 /
　　　　　清华大学建筑学院
项目地点：江西省景德镇市浮梁县西湖乡
设计 / 建成时间：2019 年 / 2023 年

主持建筑师：张悦（清华大学建筑学院）
主要设计人员：程晓喜（清华大学建筑学院），任飞，许笑梅，王钰，
　　　　　　　孙光享，贾精明，曹梦醒，郑广举，卓信成，汤玉，
　　　　　　　任智睿，冯志康

技术经济指标
结构体系：钢结构，混凝土结构
主要材料：混凝土，钢材，砌体，砂浆，玻璃幕墙，竹格栅
用地面积：337100m²
建筑面积：237500m²

浮梁县在唐宋两代曾是著名的茶叶产区与贸易集散地，2019 年迎来全域乡村振兴。本项目旨在通过公路沿线新乡村社区建设，吸引深山交通不便的离散村民出山居住，就近享有教育、医疗等公共服务，集聚支撑乡村旅游、农林产品加工的产业与就业。

规划布局随山就势，形成尊重山水生态安全的山地村居。建筑遵循传统民居形式，采用了跳色瓦坡屋面与内置天井的设计手法。

幼、小、初教育协同，营造促进本土教育集聚的乡村校园。教学空间沿街道串联，半通透的竹片幕墙后是孩子们的学习休憩场景，形成了一幅从 3 岁到 15 岁的成长画卷。

湖心岛溪汀酒店、综合治理服务中心的提升，也是吸引外部旅游资源的重要支撑。溪汀酒店以退台叠落的造型融入自然环境，同时形成面向山水的屋顶观景平台。

依山就势的新乡村住宅

庭院空间

沿街竹幕墙与交通空间

N

| 0 | 10 | 20 | 30 | 40 | 50m |

1 超级市场　　3 餐厅　　5 办公　　7 会议室
2 大堂　　　　4 商务　　6 客房　　8 休闲娱乐

溪汀酒店、市场首层平面图

| 0 | 10 | 20 | 30 | 40 | 50m |

1 超级市场　　3 家庭间　　5 大床间　　7 空调机房
2 庭院上方　　4 标准间　　6 储藏

溪汀酒店、市场二层平面图

溪汀酒店南立面

市场1-1剖面图

溪汀酒店东立面

市场2-2剖面图

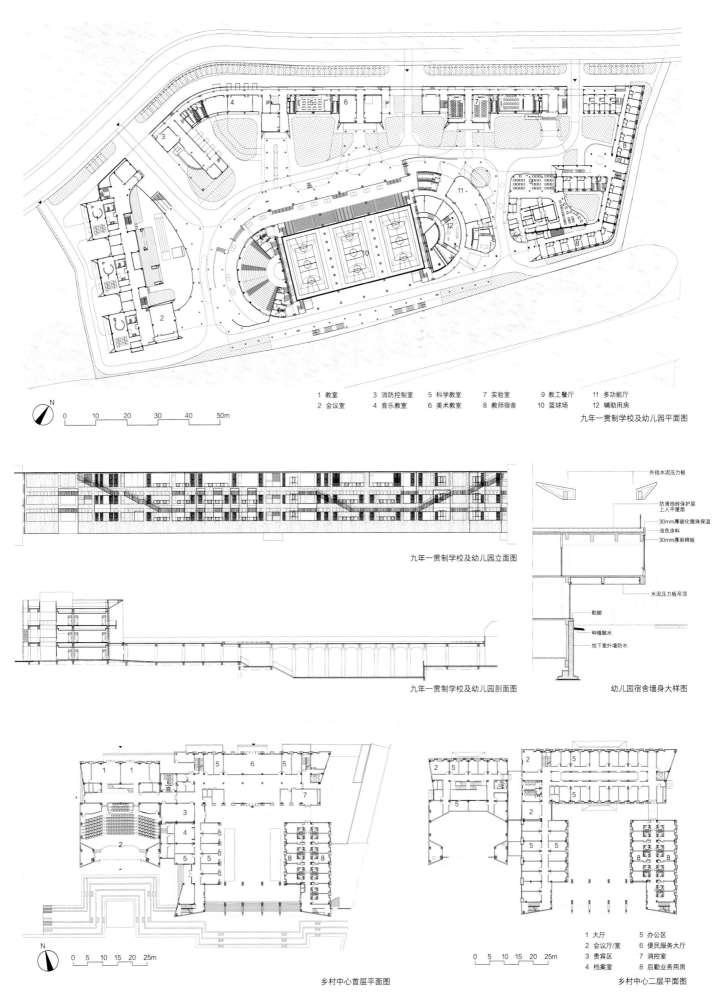

1 教室　　　　3 消防控制室　　5 科学教室　　7 实验室　　　9 教工餐厅　　11 多功能厅
2 会议室　　　4 音乐教室　　　6 美术教室　　8 教师宿舍　　10 篮球场　　12 辅助用房

0　10　20　30　40　50m

九年一贯制学校及幼儿园平面图

九年一贯制学校及幼儿园立面图

外挂水泥压力板

防滑地砖保护层
上人平屋面
30mm厚玻化微珠保温
浅色涂料
30mm厚岩棉板

水泥压力板吊顶

勒脚

种植散水

地下室外墙防水

九年一贯制学校及幼儿园剖面图

幼儿园宿舍墙身大样图

0　5　10　15　20　25m

乡村中心首层平面图

1 大厅　　　5 办公区
2 会议厅/室　6 便民服务大厅
3 贵宾区　　7 消控室
4 档案室　　8 后勤业务用房

0　5　10　15　20　25m

乡村中心二层平面图

373

东钱湖国际美境中心住宅群E1~E3栋

Dongqian Lake International Meiyu Center residential group E1-E3

扫码观看
更多内容

开发单位：宁波华茂教育文化投资有限公司
设计单位：坂本一成研究室 /
　　　　　上海联创设计集团股份有限公司
项目地点：浙江省宁波市鄞州区
设计 / 建成时间：2014 年 / 2022 年

主持建筑师：坂本一成，钱强
主要设计人员：久野靖广，迟晓昱，吴姗姗，蔡哲理，辜克威，周松

获奖情况
2024 年　第四届上海建筑学会 Pro+ Award 普罗奖铂金奖
2024 年　第十届地建师设计大奖 优秀奖

技术经济指标
结构体系：框架-剪力墙结构
主要材料：铝板，镀锌钢板，人造石材，木格栅
用地面积：59000m² （总地块）　　　　建筑面积：4358m²
绿地率：65%　　　　　　　　　　　　停车位：8 个

东钱湖国际美境中心艺术建筑群由 1 座艺术教育博物馆、4 座大师工作室和 18 栋住宅组成。其中 E1~E3 栋是本案的设计范围。设计是从"创作室"这个任务开始的，解读为"可以聚集人员并提供某种活动的场所"，这里将会设置一些居住与社交的功能，也就说存在着非常私密的功能与公共功能相互混合的设定。

经过对公共功能的研究，最终确定了在这三栋"创作室"中分别置入画廊、小型图书馆以及小型聚会厅，即 E1 画廊之家、E2 大厅之家、E3 书架之家，在规划定下 20m×18m×12m 的三个体量中置入不同功能，使它们成为既有公共活动功能、又能为艺术家的日常生活提供便利的复合型场所，在公共与私密的交织中产生新的机会。

方案就如何调和私密性与公共性的矛盾展开。画廊、图书馆、聚会厅三个空间的本质都是通高空间，但通过不同的构成方法，让它们各自能够对应不同的社会性功能，同时也能够作为居住场所的一部分。方案试图表达出一种即使住宅中私密与公共有所交叉也能独立的空间构成。

E2大厅之家

E3书架之家

外挂楼梯细部

E1 画廊之家
E2 大厅之家
E3 书架之家

N

0 10 20 30   50m

总平面图

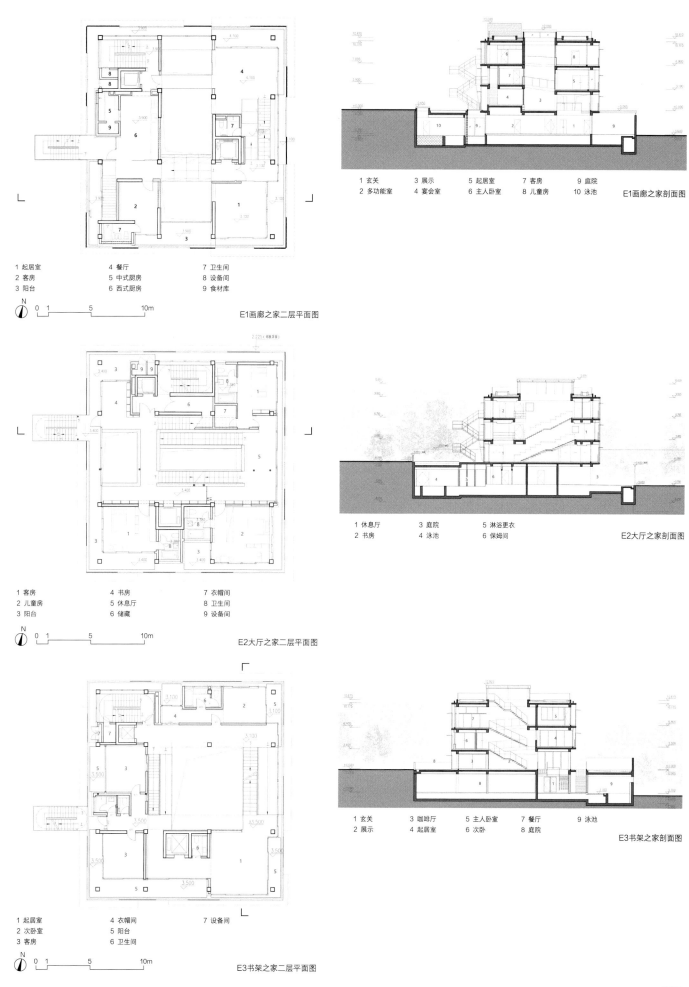

1 玄关　　　　3 展示　　　　5 起居室　　　　7 客房　　　　9 庭院
2 多功能室　　4 宴会室　　　6 主人卧室　　　8 儿童房　　　10 泳池

E1画廊之家剖面图

1 起居室　　　　4 餐厅　　　　7 卫生间
2 客房　　　　　5 中式厨房　　8 设备间
3 阳台　　　　　6 西式厨房　　9 食材库

N 0 1　　　5　　　　10m

E1画廊之家二层平面图

1 休息厅　　　3 庭院　　　　5 淋浴更衣
2 书房　　　　4 泳池　　　　6 保姆间

E2大厅之家剖面图

1 客房　　　　4 书房　　　　7 衣帽间
2 儿童房　　　5 休息厅　　　8 卫生间
3 阳台　　　　6 储藏　　　　9 设备间

N 0 1　　　5　　　　10m

E2大厅之家二层平面图

1 玄关　　　　3 咖啡厅　　　5 主人卧室　　　7 餐厅　　　9 泳池
2 展示　　　　4 起居室　　　6 次卧　　　　　8 庭院

E3书架之家剖面图

1 起居室　　　　4 衣帽间　　　　7 设备间
2 次卧室　　　　5 阳台
3 客房　　　　　6 卫生间

N 0 1　　　5　　　　10m

E3书架之家二层平面图

北京旭辉集团新商业办公楼

Hybrid building of offices and retail for CIFI Group in Beijing

扫码观看
更多内容

开发单位：旭辉集团股份有限公司
设计单位：斯蒂文·霍尔建筑师事务所
合作单位：中国建筑科学研究院有限公司
项目地点：北京市丰台区
设计 / 建成时间：2018 年 / 2023 年

主持建筑师：Steven Holl
主要设计人员：Roberto Bannura（负责合伙人）；Chris McVoy（合伙人）；
　　　　　　　Jongseo Lee（幕墙负责理事）；Yiqing Zhao，Yuanchu Yi，
　　　　　　　Yun Shi，Yaming Fu（项目建筑师）；PeiWei Chang，
　　　　　　　Tsung-Yen Hsieh，Seo Hee Lee，Jinxin Ma，
　　　　　　　Shih-Hsueh Wang，Flora Wu，Yang Yang Xu
　　　　　　　（项目团队成员）

技术经济指标
结构体系：钢筋混凝土
主要材料：混凝土，玻璃，金属桁架
用地面积：9591m²　　　建筑面积：28100m²
绿地率：30%　　　停车位：机动停车 120 个，非机动停车 271 个

设计围绕着五个核心要点：①自然光；②裸露结构；③城市空间通透性和花园；④结构开放式办公；⑤生态、景观、喷泉。

光的设计赋予了这个商办建筑独特的外形和空间。北面的曲线屋面既回应了北侧居民楼建筑的间距要求，又给室内灵活的空间提供了柔和均匀的漫射光线。南立面的雕塑式切口巧妙地将光线引入到办公空间及地下商业空间。

北面的曲线屋面采用 Okalux 夹层玻璃，结构包含了四层：玻璃、金属桁架、圆管辅助梁、透光的 barrisol 或 newmat 软膜顶棚。

外立面染色混凝土自身作为结构，帮助空间灵活布局；大楼顶层为灵活开放的办公空间；喷铝混凝土为刨花板构成，与北面曲线屋面的光滑、哑光形成鲜明对比。

多处水池及绿色设计让商业办公楼于城市空间中互相渗透，给地上地下商业创造了开放性。

环保和可持续应用：自然光线、环保 Okalux 夹层玻璃、绿化空间与水池采用雨水回收和先进的生态系统。

实景1

实景2

实景3

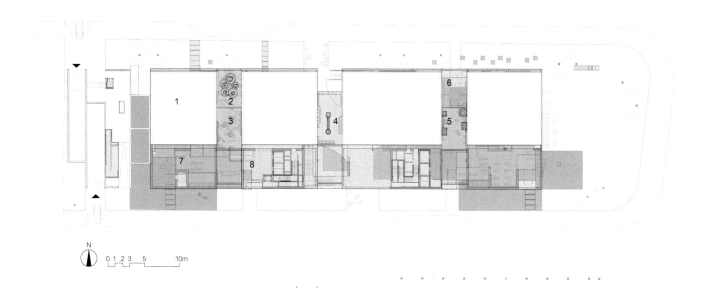

N 0 1 2 3 5 10m

| 1 曲面玻璃屋顶 | 3 三棵树花园 | 5 高草花园 | 7 冷却塔 |
| 2 五立石花园 | 4 中国紫藤花园 | 6 紫竹花园 | 8 景天绿植屋顶 |

N 0 1 2 3 5 10m

总平面图

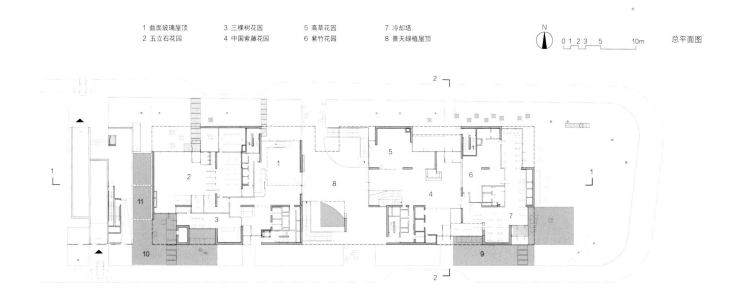

N 0 1 2 3 5 10m

| 1 办公大厅 | 3 面包房 | 5 便利店 | 7 餐厅 | 9、10 镜面水池 |
| 2 银行 | 4 商业大厅 | 6 厨房 | 8 广场 | 11 叠落水池 |

一层平面图

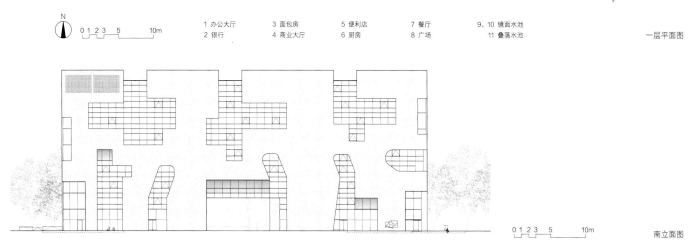

南立面图

0 1 2 3 5 10m

380

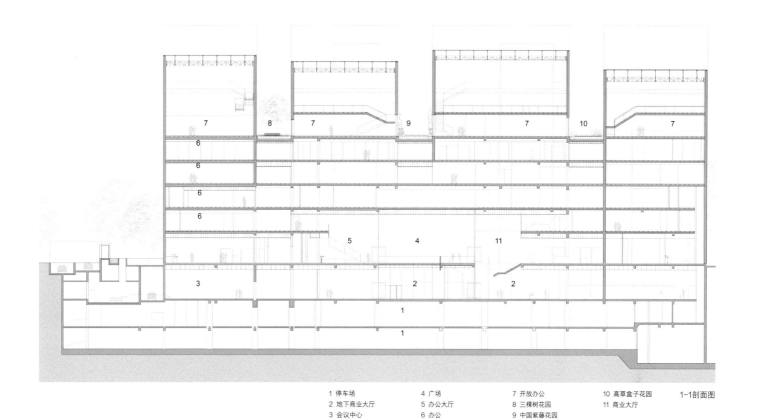

1 停车场	4 广场	7 开放办公	10 高草盒子花园
2 地下商业大厅	5 办公大厅	8 三棵树花园	11 商业大厅
3 会议中心	6 办公	9 中国紫藤花园	

1-1剖面图

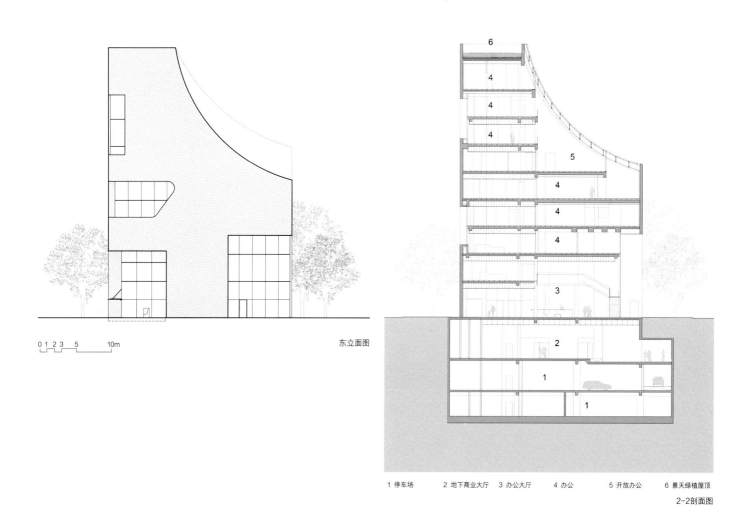

0 1 2 3 5   10m

东立面图

1 停车场   2 地下商业大厅   3 办公大厅   4 办公   5 开放办公   6 景天绿植屋顶

2-2剖面图

济南水晶
CRYSTAL in Jinan

扫码观看
更多内容

开发单位：济南万融产业发展集团有限公司
设计单位：SAKO 建筑设计工社
合作单位：同圆设计集团股份有限公司 /
　　　　　北京光湖普瑞照明设计有限公司
项目地点：山东省济南市槐荫区
设计 / 建成时间：2012 年 / 2023 年

主持建筑师：迫庆一郎

技术经济指标
结构体系：钢筋混凝土框架结构
主要材料：玻璃幕墙
用地面积：13512m²　　　　建筑面积：94553m²
绿地率：33%　　　　　　　停车位：约 660 个

项目位于新高铁站周围的开发区，为地上 29 层、高 126m 的办公楼。

单从 5.0 的容积率和建筑用途得出的经济合理性上看，同等条件的周边楼栋多数采用双塔式建筑。我们针对以往把标准层进行堆叠的做法提出新的思考，规划出这幢 54.4m 见方的正方形大楼。

在建筑中包含着 27m 见方的中庭。由通高 2 层、5 层、6 层、5 层、6 层、2 层的中庭从地面垂直堆叠。位于中庭四个角的电梯间可独立分别使用。中庭周围的办公空间可根据需要，由一家公司独享或多家公司共享。

为了创造开放的中庭，我们在外墙上制造了看起来像被刮掉的裂缝，直射的光线通过它从东、西、南、北各个立面上进入中庭，使"裂缝"营造出看起来像玻璃晶体的效果。

正面鸟瞰图：反射周边建筑，体现出水晶般的质感

夜景图：从"裂缝"中透露出光线

从室内透过"裂缝"中的室外连廊观看室外

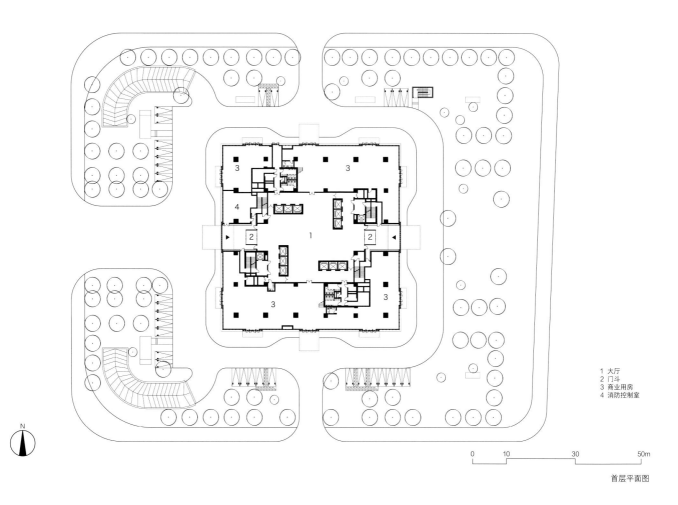

1 大厅
2 门斗
3 商业用房
4 消防控制室

N

0   10   30   50m

首层平面图

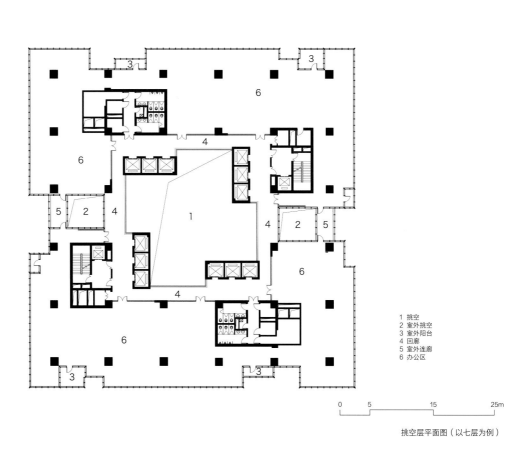

1 挑空
2 室外挑空
3 室外阳台
4 回廊
5 室外连廊
6 办公区

0   5   15   25m

挑空层平面图（以七层为例）

剖透视图

凯州之窗（凯州新城规划展览馆）

Window of Kaizhou（Kaizhou New City Planning Exhibition Hall）

扫码观看
更多内容

开发单位：德阳市凯州投资开发有限责任公司
设计单位：北京市建筑设计研究院有限公司朱小地工作室
项目地点：四川省德阳市中江县凯州新城
设计 / 建成时间：2020 年 /2023 年

主持建筑师：朱小地
主要设计人员：贾琦，罗盘，孙晓倩，孙栓柱，王烨，马宜勃，李燚，
　　　　　　　王晓东

技术经济指标
结构体系：钢筋混凝土框架-剪力墙结构，局部钢筋混凝土框架
主要材料：石材，玻璃，混凝土，镜面不锈钢
用地面积：14100m² 　　　　　建筑面积：7819m²
绿地率：31% 　　　　　　　　停车位：43 个

凯州之窗位于德阳市凯州新城启动区，是新城的重要公共空间及对外展示窗口。

场地西临荷塘，东靠山丘，人民渠经山顶流过。方案结合功能需要，形成一个 20m 高、100m 长的基本体量。同时，设计一座穿过建筑，连接荷塘与山顶的廊桥。建筑的中部被打开了一个大尺度的洞口，形成室外公共空间。穿越洞口的廊桥，让人在荷塘与山丘间建立起联系，将建筑作为欣赏自然的窗口。

西立面作为主要展示面，同时避免西晒，采用了封闭的石墙面。石材包裹的体量以折返的台阶联系层层退进的室外平台，勾勒出简洁有力、连续向上的路径，贯穿整个立面至屋顶。

人们在其中漫步、穿行、登高、远眺，人、建筑、自然、历史相互交融，成为最生动的城市舞台，展示凯州新城的"未来之窗"。

室外全景

室内效果1

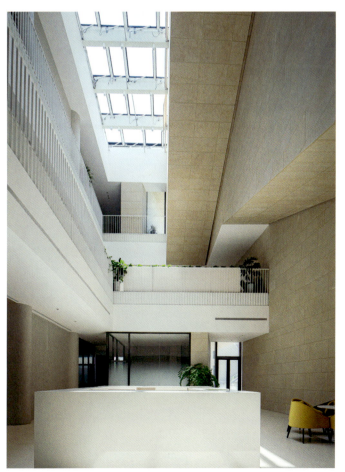

室内效果2

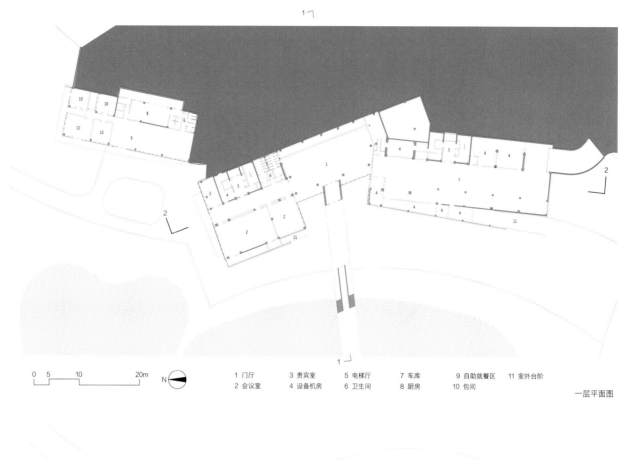

一层平面图

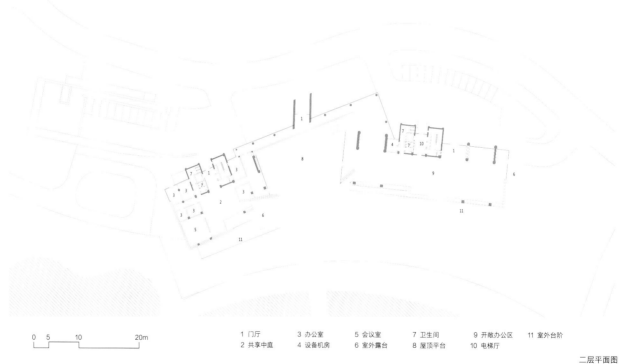

二层平面图

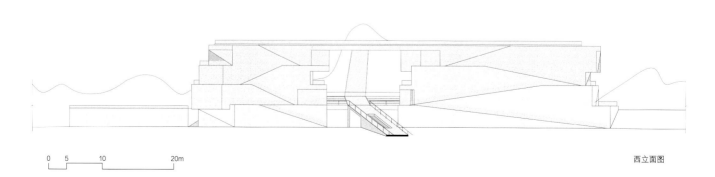

西立面图

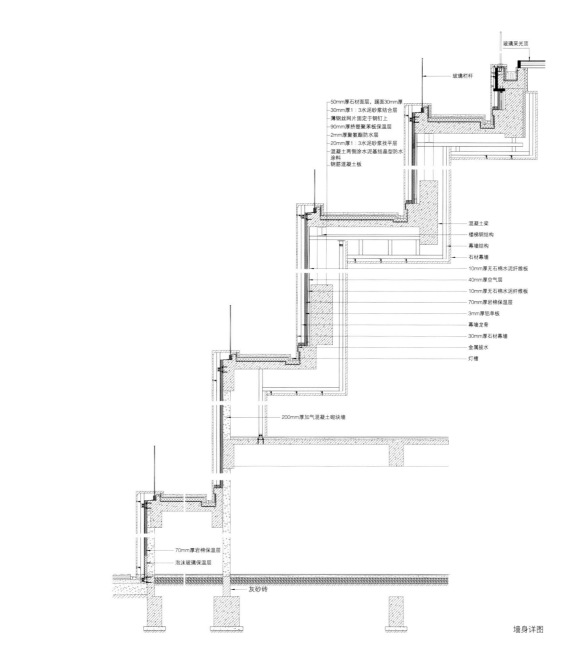

玻璃采光顶

玻璃栏杆

50mm厚石材面层, 踏面30mm厚
30mm厚1:3水泥砂浆结合层
薄钢丝网片固定于钢钉上
90mm厚挤塑聚苯板保温层
2mm厚聚氨酯防水层
20mm厚1:3水泥砂浆找平层
混凝土两侧涂水泥基结晶型防水
涂料
钢筋混凝土板

混凝土梁
楼梯钢结构
幕墙结构
石材幕墙
10mm厚无石棉水泥纤维板
40mm厚空气层
10mm厚无石棉水泥纤维板
70mm厚岩棉保温层
3mm厚铝单板
幕墙龙骨
30mm厚石材幕墙
金属披水
灯槽

200mm厚加气混凝土砌块墙

70mm厚岩棉保温层
泡沫玻璃保温层

灰砂砖

墙身详图

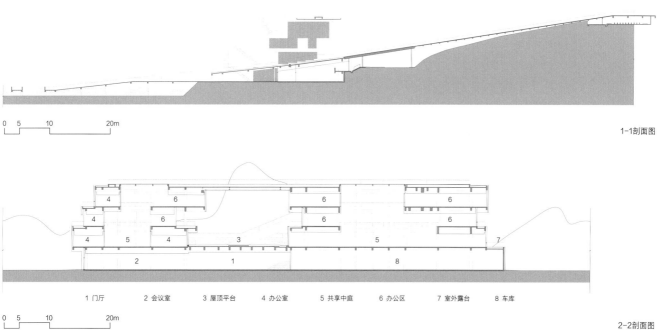

0 5 10   20m

1-1剖面图

1 门厅   2 会议室   3 屋顶平台   4 办公室   5 共享中庭   6 办公区   7 室外露台   8 车库

0 5 10   20m

2-2剖面图

墟岫园
Ruins Cave Garden

扫码观看
更多内容

开发单位：ArCONNECT 之间建筑事务所
设计单位：ArCONNECT 之间建筑事务所
合作单位：大理思成装饰有限公司 / 素造建筑事务所
项目地点：云南省大理白族自治州大理市
设计 / 建成时间：2020 年 / 2023 年

主持建筑师：武州
主要设计人员：陈诺（项目建筑师），叶鑫淼，蔡煌毅，刘昌瑞，白皓文，
　　　　　　　胡佳琪，陈云祥，慕子琦，陈子瑶，张铧心，邓鋆睿，
　　　　　　　陈小勇，王慧妍
景观设计：刘桔
结构设计：蔡研明

获奖情况
2023 年 入选 ArchDaily 年度 100 强榜单
2023 年 获得 Architecture MasterPrize™（AMP）建筑更新奖
2023 年 入围 Dezeen 设志大奖中国建筑遗产项目类别

技术经济指标
结构体系：钢结构，砖石混结构，木结构
主要材料：石材，混凝土，钢，木头，聚碳酸酯阳光板
用地面积：448m²　　　　　　建筑面积：518m²

墟岫园位于大理苍山下的田边，由村落西南角一座白族民居院落改造而成。

本次改造设计是对白族以院落为中心的传统生活方式的当代转译与新生。项目通过对现场不同年代民居关系的整合与梳理、拆改和加建，使传统居民完全内向的院落逐步向外部大尺度的苍山地景打开，在保留传统白族民居院落空间记忆的同时，新生出同时连接内外风景的微型"山水园林"，以及与自然连接更紧密而丰富的当代乡村生活方式。

设计过程尝试采用了"在场身体回应式"的方式，在确定主要设计策略和大方向后，施工队便开始进场进行拆改施工。在拆的过程中，设计人员不断地前往现场感受，从在场的身体感受中汲取营养，持续打磨和推敲设计。

在建造体系上保留白族民居石木结构的粗野与质朴的同时，引入更便于建造及耐候性更好的钢结构体系，以"半工业半手工"的施工方式进行改造加固及加建。"新"的轻盈通透的钢结构体系与"旧"的粗野厚重的石墙相互碰撞，激发起身体触觉的感知，并对不同时间迭代中的场所记忆进行了整合和重塑。

废墟花园咖啡南立面

室内办公区

内庭院

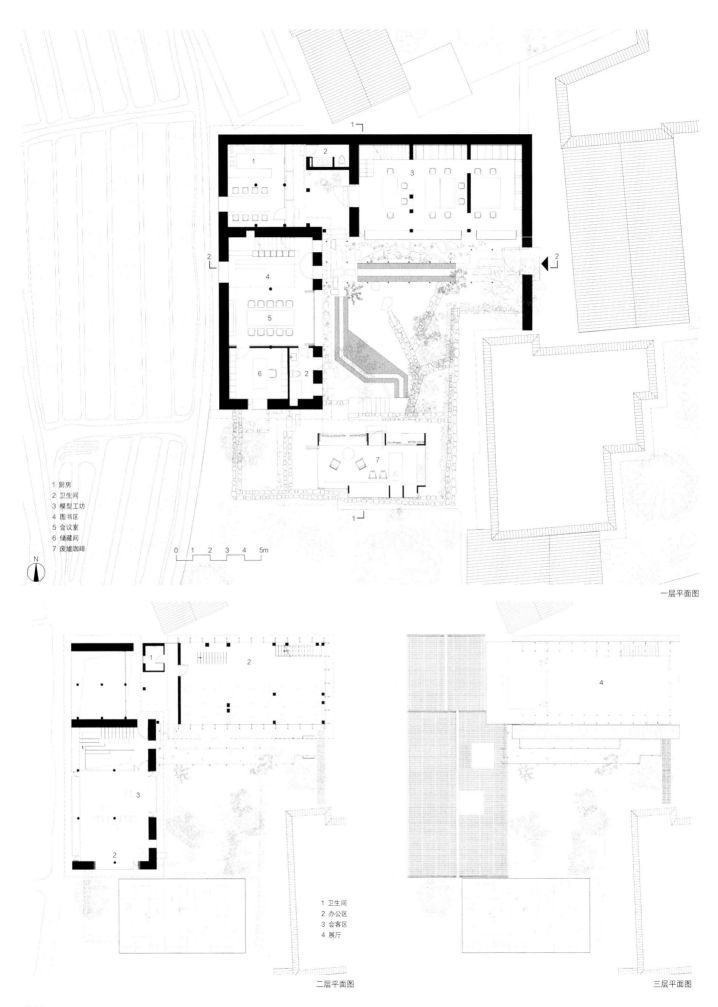

1 厨房
2 卫生间
3 模型工坊
4 图书区
5 会议室
6 储藏间
7 废墟咖啡

0 1 2 3 4 5m

N

一层平面图

1 卫生间
2 办公区
3 会客区
4 展厅

二层平面图

三层平面图

1 废墟咖啡　2 模型工坊　3 办公区　4 展厅

1-1剖面图

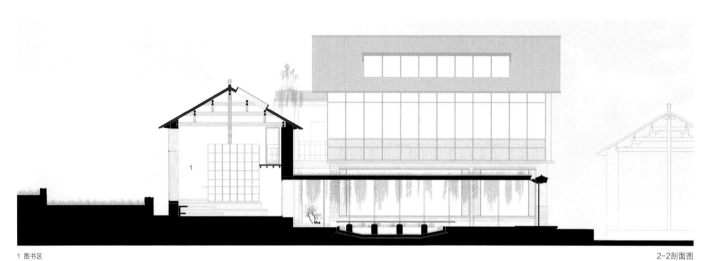

1 图书区

2-2剖面图

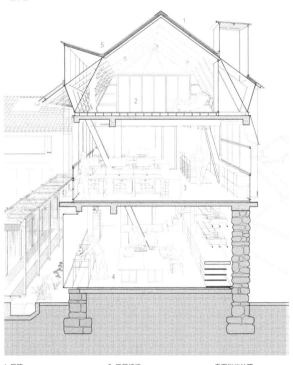

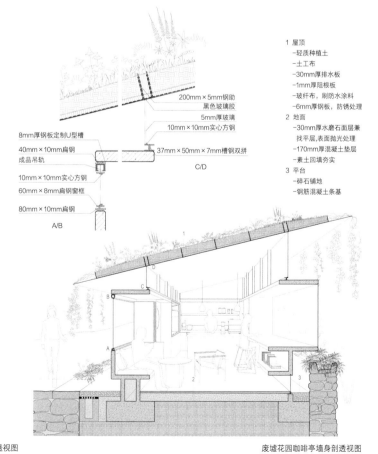

1 屋顶
　- 波纹钢板屋面板
　-60mm×40mm方钢管次梁,
　　填充60mm厚岩棉保温层
　-90mm高T字型钢梁
　- 吊顶龙骨
　-9mm厚石膏板吊顶,
　　顶面腻子粉石膏粉
　　刮平后,滚涂白色乳胶漆两遍

2 三层楼板
　-15mm木板,
　　表面锯纹处理,
　　刷木蜡油
　-18mm厚胶合板基板
　-18mm宽胶合龙骨
　- 原钢筋混凝土楼板

3 二层楼板
　-60mm水磨石,

　　表面抛光处理
　- 原钢筋混凝土楼板

4 地面
　-60mm水磨石,
　　表面抛光处理
　-150mm厚混凝土垫层
　- 素土夯实

5 不锈钢天沟

北楼墙身剖透视图

8mm厚钢板定制U型槽
40mm×10mm扁钢
成品吊轨
10mm×10mm实心方钢
60mm×8mm扁钢窗框
80mm×10mm扁钢

A/B

200mm×5mm钢肋
黑色玻璃胶
5mm厚玻璃
10mm×10mm实心方钢
37mm×50mm×7mm槽钢双拼

C/D

1 屋顶
　- 轻质种植土
　- 土工布
　-30mm厚排水板
　-1mm厚阻根板
　- 玻纤布,刷防水涂料
　-6mm厚钢板,防锈处理
2 地面
　-30mm厚水磨石面层兼
　　找平层,表面抛光处理
　-170mm厚混凝土垫层
　- 素土回填夯实
3 平台
　- 碎石铺地
　- 钢筋混凝土条基

废墟花园咖啡亭墙身剖透视图

393

大疆天空之城
DJI Sky City

开发单位：深圳市大疆创新科技有限公司
设计单位：英国福斯特及合伙人有限公司
合作单位：华阳国际设计集团
项目地点：广东省深圳市
设计 / 建成时间：2016 年 / 2022 年

主持建筑师：英国福斯特及合伙人有限公司
主要设计人员：Grant Brooker，Young Wei Chiu，Takuji Hasegawa，
　　　　　　Jolanda Oud，Edin Gicevic，Yunfu Yi，Andres Harris，
　　　　　　Aquilino Fernandez Lopez，Pavan Birdi，Saman
　　　　　　Ziaie，Ben Mowat，Julio Alberto Garcia Pizarro，
　　　　　　Theodora Maria Moudatsou，Nina Haylock，Lindsay
　　　　　　Duncan，Matt Morris，Alejandra Gavira Fernandez，
　　　　　　Wolfgang Muller，Tulin Kori Candela，Carlo Pedata，
　　　　　　Maude Pinet

技术经济指标
结构体系：钢骨混凝土结构，钢筋混凝土结构
主要材料：外露钢，玻璃幕墙，PVDF铝覆面板，花岗岩面板，油漆饰面，
　　　　　不锈钢建筑网状栏杆板
用地面积：17606m²　　　　建筑面积：86240m²
停车位：800 个

大疆深圳新总部的两栋塔楼以核心筒为核心，其他体量离地而起，各有六个玻璃体块箱体围绕核心筒的三面不对称悬挂。悬浮体块以巨型桁架箱体和圆截面的钢吊管从核心筒悬臂承载。在这种规模的高层建筑中首次使用悬挂钢结构，减少了对柱子的需求，开创了空间的创新性。它还允许大疆独有的无人机飞行测试实验室，通过独特的 V 形桁架在外部表达，于城市天际线的背景下，赋予了塔楼独特的身份。

距地面 105m 处有一座长 90m 的悬索桥，采用了纤薄轻盈的元素优雅地连接了塔楼间。在悬浮体块的顶部，空中屋顶花园为员工提供了私人户外休憩空间；而在底层则是绿化与开敞空间，这是大疆对城市环境及其对当地社区的回馈与尊重。

实景1

实景2

实景3

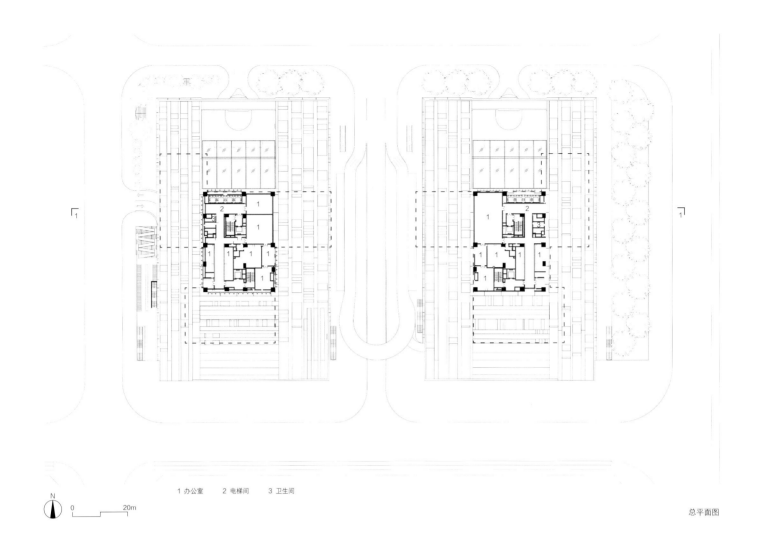

1 办公室　　2 电梯间　　3 卫生间

0　　　20m

总平面图

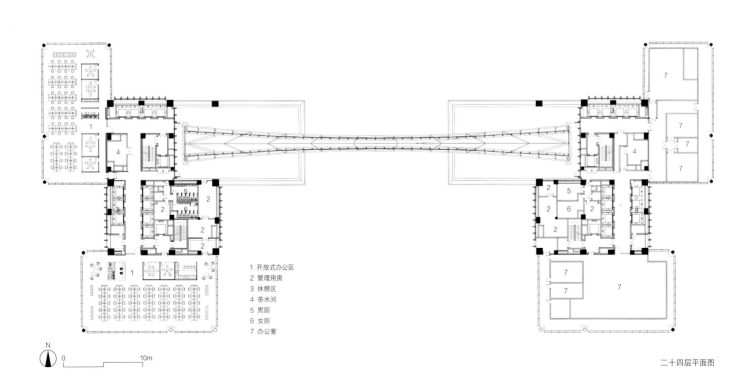

1 开放式办公区
2 管理用房
3 休憩区
4 茶水间
5 男厕
6 女厕
7 办公室

0　　　10m

二十四层平面图

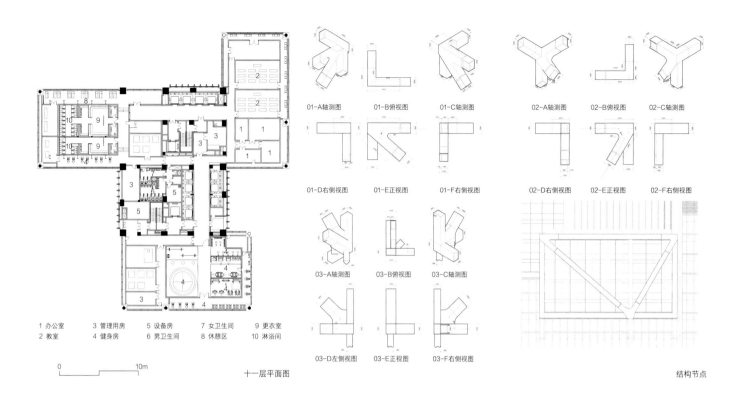

1 办公室　3 管理用房　5 设备房　7 女卫生间　9 更衣室
2 教室　　4 健身房　　6 男卫生间　8 休憩区　10 淋浴间

0　　　　10m

十一层平面图

01-A轴测图　01-B俯视图　01-C轴测图　　　02-A轴测图　02-B俯视图　02-C轴测图

01-D右侧视图　01-E正视图　01-F右侧视图　　02-D右侧视图　02-E正视图　02-F右侧视图

03-A轴测图　03-B俯视图　03-C轴测图

03-D左侧视图　03-E正视图　03-F右侧视图

结构节点

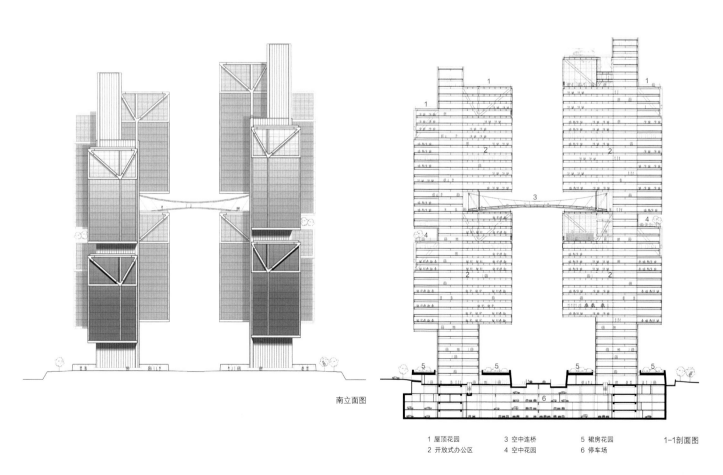

南立面图

1 屋顶花园　3 空中连桥　5 裙房花园　　1-1剖面图
2 开放式办公区　4 空中花园　6 停车场

397

济南汇中星空间
Jinan Huizhong Starry Center

扫码观看
更多内容

开发单位：济南汇中新实业有限公司
主要设计单位：清华大学建筑设计研究院素朴建筑工作室
合作单位：北京清华同衡规划设计研究院有限公司 /
　　　　　山东志合建筑设计院有限公司 /
　　　　　清华大学建筑设计研究院同原照明工作室 /
　　　　　北京雨人润科生态技术有限责任公司 /
　　　　　济南纳思工程设计咨询有限公司
项目地点：山东省济南市历下区
设计 / 建成时间：2016 年 / 2022 年

主持建筑师：宋晔皓，孙菁芬
主要设计人员：解丹，褚英男，陈晓娟，吕蕙欣，常抒怡，林丹荔，
　　　　　　　张卓然

技术经济指标
结构体系：框架剪力墙结构体系
主要材料：铝板幕墙，穿孔铝板，玻璃幕墙，彩色玻璃，金属丝网
用地面积：4424m²　　　　建筑面积：27635m²
绿地率：17%　　　　　　停车位：177 个

项目位于济南老城的花园路路口。经历老城更新和住宅开发后，切剩下的城市地块边角料作为规划的商业配套用地，开始了它历经 13 年的更新建设过程。设计目标在各种限制条件下，实现了街区的开放性和商业建筑的标识性。

地块周边道路北低南高，通过对步行广场与商业单元的立体高程处理，创造了双首层的空间，增加了沿街商业的公共性和可达性，服务市民日常的街边休闲。

建筑立面创造了一种模块化的立面单元，在有限的造价下，能实现整体玻璃幕墙的大密闭、隐开启，以利于自然通风；选用折形铝板，隐藏了拼接缝隙，整体构造整合了固定玻璃、通风窗扇、泛光照明、立面滴水等复合体系。

色彩的选择受到济南周边自然景观意象的启发，最终选择了蓝绿色系为主的色彩方案。借助自然的变化效果，通过和周边老城建筑暖色系的对比互补，在对比中达成和谐的状态。

定制设计的幕墙单元夜景

底层立体公共休闲及商业空间

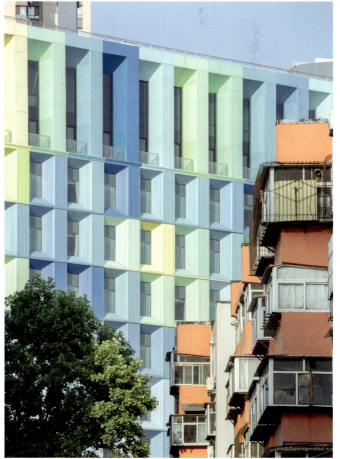

新旧局部对比

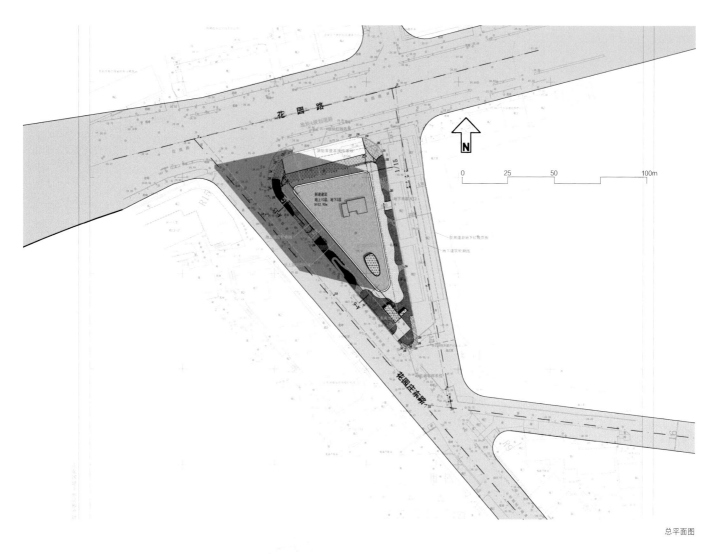

总平面图

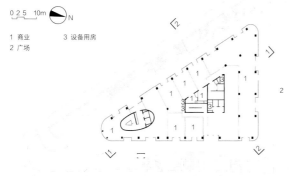

首层平面图

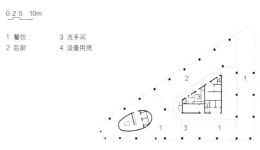

二至四层平面图

地下层平面图

五至十三层平面图

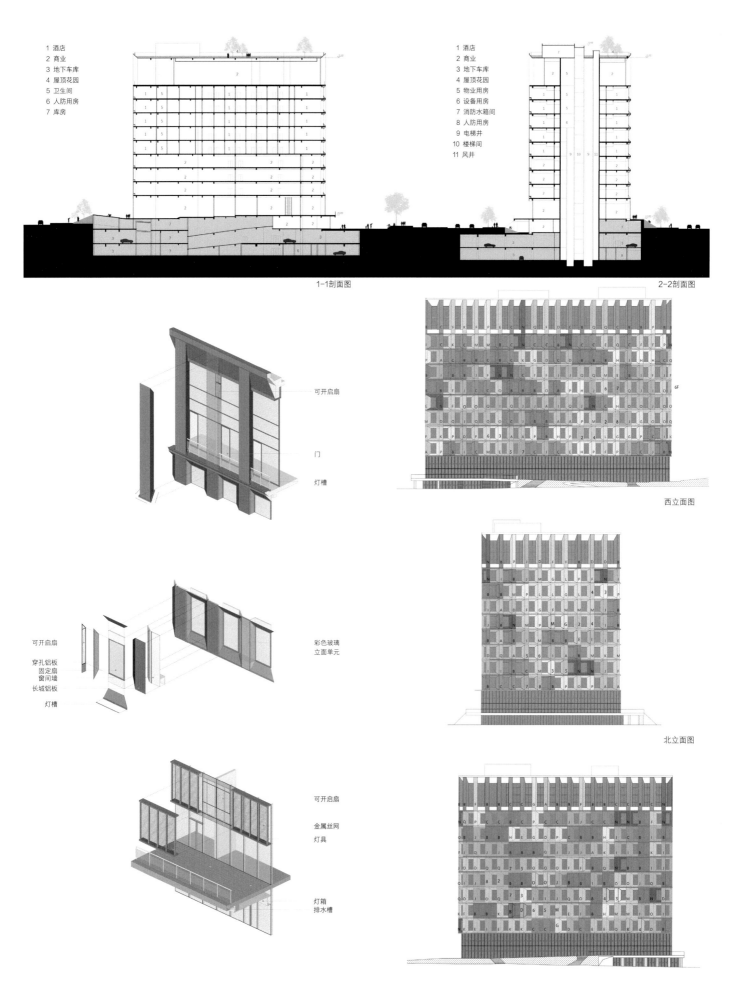

1 酒店
2 商业
3 地下车库
4 屋顶花园
5 卫生间
6 人防用房
7 库房

1-1剖面图

1 酒店
2 商业
3 地下车库
4 屋顶花园
5 物业用房
6 设备用房
7 消防水箱间
8 人防用房
9 电梯井
10 楼梯间
11 风井

2-2剖面图

可开启扇

门

灯槽

西立面图

可开启扇
穿孔铝板
固定扇
窗间墙
长城铝板
灯槽

彩色玻璃
立面单元

北立面图

可开启扇

金属丝网

灯具

灯箱
排水槽

整体幕墙构造

东立面图

OMC时尚发布中心
OMC Fashion Center

扫码观看
更多内容

开发单位：青岛中纺亿联开发投资有限公司
设计单位：时境建筑设计事务所
项目地点：山东省青岛市黄岛区
合作单位：青岛志海工程设计咨询有限公司
设计/建成时间：2016年/2022年

主持建筑师：卜骁骏，张继元
主要设计人员：李振伟，张家赫，颜然

技术经济指标
结构体系：钢+混凝土结构
主要材料：混凝土，玻璃，铝板
用地面积：8560m²
建筑面积：5300m²
绿地率：15%
停车位：22个

空间模式重塑

面对海边这样一处拥有特质的场所，我们不希望放置一个城市类型的办公楼，而是考虑引入一些自由的气息，打破可预想的模式。

设计试图从柯布西耶的均质多米诺梁柱空间格局当中发展出一个新的空间形态，从时尚的本质话题——"探讨织物和身体之间的关系"这一充满了空间想象力的领域入手，引入一系列相切相离的空间曲面，形成建筑空间的主要构成元素——巨大的空间几何造型介入一个均质空间当中并产生互动。

多维度的空间

建筑形体在水平向与楼板、垂直向与玻璃幕墙之间形成了若近若远、合而分离的空间剥离关系：从宽敞的空间滑向狭窄锋利的缝隙，或从相切的垂直墙体扭转到水平楼板。空间充满了随时间变化的运动，从外立面的形体开始，滑行到室内，并在垂直方向上和水平方向上发生变化，最后形成了一座位于海边的雕塑感极强的建筑。

入口处细节

西南角立面

沿街立面

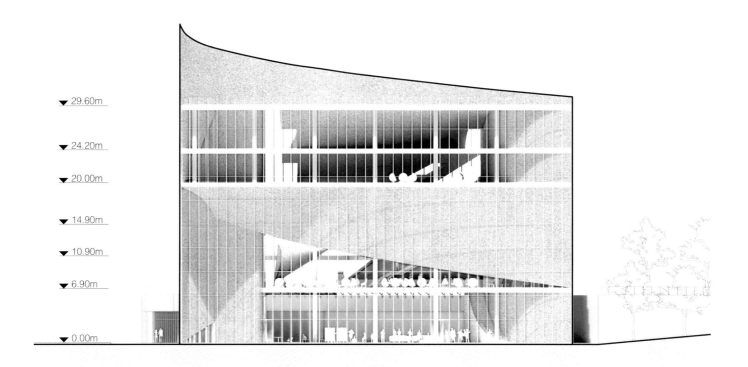

29.60m
24.20m
20.00m
14.90m
10.90m
6.90m
0.00m

北立面图

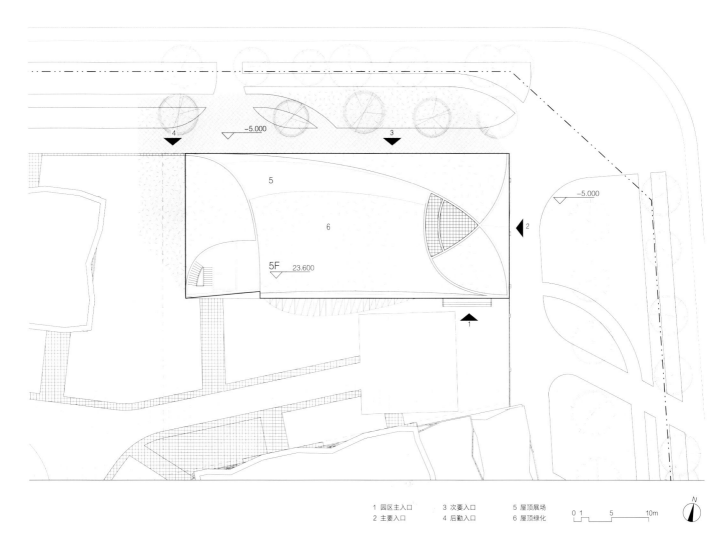

5
6
5F   23.600
−5.000
−5.000

| 1 园区主入口 | 3 次要入口 | 5 屋顶展场 |
| 2 主要入口 | 4 后勤入口 | 6 屋顶绿化 |

0 1   5   10m

N

总平面图

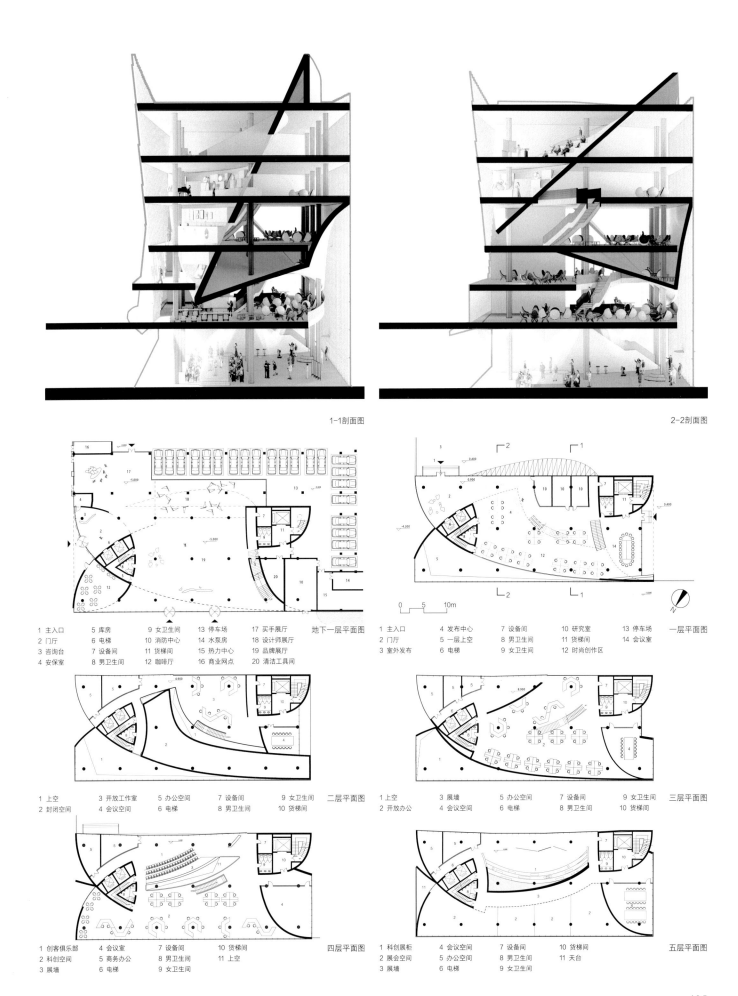

1-1剖面图

2-2剖面图

1 主入口	5 库房	9 女卫生间	13 停车场	17 买手展厅	地下一层平面图
2 门厅	6 电梯	10 消防中心	14 水泵房	18 设计师展厅	
3 咨询台	7 设备间	11 货梯间	15 热力中心	19 品牌展厅	
4 安保室	8 男卫生间	12 咖啡厅	16 商业网点	20 清洁工具间	

0 5 10m

1 主入口	4 发布中心	7 设备间	10 研究室	13 停车场	一层平面图
2 门厅	5 一层上空	8 男卫生间	11 货梯间	14 会议室	
3 室外发布	6 电梯	9 女卫生间	12 时尚创作区		

1 上空	3 开放工作室	5 办公空间	7 设备间	9 女卫生间	二层平面图
2 封闭空间	4 会议空间	6 电梯	8 男卫生间	10 货梯间	

1 上空	3 展墙	5 办公空间	7 设备间	9 女卫生间	三层平面图
2 开放办公	4 会议空间	6 电梯	8 男卫生间	10 货梯间	

1 创客俱乐部	4 会议室	7 设备间	10 货梯间	四层平面图
2 科创空间	5 商务办公	8 男卫生间	11 上空	
3 展墙	6 电梯	9 女卫生间		

1 科创展柜	4 会议空间	7 设备间	10 货梯间	五层平面图
2 展会空间	5 办公空间	8 男卫生间	11 天台	
3 展墙	6 电梯	9 女卫生间		

摄影师索引

餐饮·旅馆民宿

阿那亚北岸市集｜苏圣亮，杨敏

龙泉山镜高空平台｜苏圣亮

阿若康巴·拉萨庄园｜沈湛杰

庐江南山君柠野奢度假酒店｜苏圣亮，赵奕龙，汪领

第十三届中国（徐州）国际园林博览会宕口酒店｜文沛，筑境设计

三亚泰康之家度假酒店·臻品之选｜陈灏

山中屋·屋中山——大观原点乡村旅游综合服务示范区｜梅可嘉，
　汪新，徐松月

东钱湖国际美垸中心住宅群 E1~E3 栋｜MLEE studio

北京旭辉集团新商业办公楼｜AOGVision 奥观建筑视觉，
　斯蒂文·霍尔建筑事务所

济南水晶｜锐景摄影

凯州之窗（凯州新城规划展览馆）｜傅兴，韩金波，朱小地

墟岫园｜陈颢

大疆天空之城｜Foster+Partners，田方方

济南汇中星空间｜夏至

OMC 时尚发布中心｜亮点影像，时境建筑

体育·医疗

大连梭鱼湾足球场｜张虔希，几何建筑摄影 / 黄礼刚

红岭中学高中部艺体中心｜张超

杭州电竞中心｜奥观建筑视觉

杭州奥体中心体育游泳馆｜Shiromio Studio

华中科技大学游泳馆｜谭刚毅，阿尔法摄影 / 邹林

简上体育综合体｜夏至，张超

衢州体育场｜CreatAR Images，奥观建筑视觉，blackstation 黑像素

"云之翼"杭州亚运会棒垒球体育文化中心｜赵强

山东大学齐鲁医院急诊综合楼｜田方方

工业物流·交通

南京江宁凤凰山粮食储备库｜侯博文

南小营供热厂改造——越界锦荟园｜夏至

折叠工厂——台州聚丰机车总部｜金伟琦

南宁双定垃圾焚烧发电厂｜直译建筑摄影

北京丰台火车站｜是然建筑摄影

奉贤 15 单元 37-03A 地块停车场库｜章鱼见筑

杭州萧山国际机场三期项目新建航站楼及陆侧交通中心工程｜远洋，
　乔云峰，李逸

居住·办公

船底之家｜朱雨蒙

浮梁县西湖乡新乡村社区｜三景影像，王恺